LE SOL

ROCHES ET MINERAIS

PAR

C. DELON

Ouvrage contenant 46 figures

PARIS

LIBRAIRIE HACHETTE ET Cie

79, BOULEVARD SAINT-GERMAIN, 79

—

1880

Droits réservés.

LE SOL

ROCHES ET MINERAIS

A

M. A. HOMERY

Grotte basaltique de Fingal dans l'île de Staffa (Hébrides).

TABLE

.—

PREMIÈRE PARTIE

ESQUISSES MINÉRALOGIQUES PRÉLIMINAIRES

DEUXIÈME PARTIE

LES ACTIONS GÉOLOGIQUES CONTEMPORAINES

TROISIÈME PARTIE

LES ROCHES

QUATRIÈME PARTIE

LES MINERAIS

Coulommiers. — Imp. PAUL BRODARD

LE SOL

I

ROCHES ET MINERAIS

PREMIÈRE PARTIE

ESQUISSES MINÉRALOGIQUES
PRÉLIMINAIRES

Éléments et combinaisons.

La Géologie est une science qui date de notre siècle.
A peine née, cette fille audacieuse de l'esprit moderne osa s'attaquer à une tâche immense. Il s'agissait de reconstruire le passé de l'univers. Il s'agissait
de déchiffrer, comme l'archéologue déchiffre une in-
scription antique en hiéroglyphes mystérieux, un
poème grandiose écrit par la nature elle-même : l'*Histoire de la terre*. — Cette histoire, dis-je, elle est
écrite en traits magnifiques dans les lignes puissantes
de l'architecture des continents, en caractères non
moins parlants, non moins expressifs dans chaque accident de la configuration du terrain, dans chaque détail de structure de la plus vulgaire des roches. Une
chaîne de montagnes en est une page; ce simple pli
du vallon, moins encore, ce joint dans la pierre, cette
fissure du rocher, regardez : c'en est une lettre. Si
nous ne voulons pas que cette *Histoire des origines et*

1

des évolutions du globe, dont il n'est plus permis aujourd'hui à personne d'ignorer les principaux traits, nous fasse seulement l'effet d'un roman fantastique et merveilleux, fait pour déconcerter notre imagination et mettre notre faculté de croire à l'épreuve, il faut que nous aussi nous apprenions à épeler quelques mots dans le livre de la nature. Pour comprendre, il faut voir ; avant d'interpréter, il faut observer. — Et tout d'abord, si nous voulons nous faire une idée du travail de formation et de transformation accompli par les grandes forces de la nature aux lointaines périodes de la vie de notre globe, il faut commencer par les regarder travaillant sous nos yeux, ces mêmes forces jamais inactives, à leur œuvre jamais interrompue. En d'autres termes, l'examen des phénomènes *géologiques* contemporains est l'introduction indispensable pour l'intelligence des faits du passé. D'autre part, l'étude du sol a un second côté encore : le côté pratique et utilitaire, le côté des observations et des applications, tout aussi important et non moins attrayant que le côté purement théorique. Disons enfin que l'examen de la structure du sol supposant une connaissance au moins sommaire des matériaux, des *éléments* divers qui le constituent, il est nécessaire de commencer par résumer brièvement les notions préliminaires sur la constitution intime de la matière et les propriétés des principales substances *minérales*. Ces diverses considérations nous dictent le programme de notre étude élémentaire, et jusqu'au plan, aux divisions mêmes de ce petit ouvrage.

Atomes et molécules. — La science nous conduit à concevoir toute *matière* comme formée par l'agglomération d'un nombre incommensurable de parcelles pour ainsi dire infiniment petites, qu'on appelle *atomes*. De simples moyens mécaniques nous permettent déjà de diviser un menu fragment de matière en une quantité vraiment incroyable de parcelles prodigieusement petites, tellement que chacune d'elles prise à part échappe absolument à l'œil ;

mais quand nos sens, nos procédés de division n'ont plus de prise sur ces poussières insaisissables, notre imagination admet très bien que celles-ci soient subdivisées, subdivisées encore, et cela indéfiniment. — Par atome entendez donc la plus petite quantité possible et concevable de matière, quelque chose de tellement petit que, dans le plus mince fragment de matière qu'à grand effort notre œil puisse discerner, il y en a des milliards de milliards, tous réunis par certaines *forces* intérieures qui les maintiennent groupés, liés les uns aux autres; sans quoi ils se sépareraient, et la masse entière se disséminerait, s'évanouirait...

Rien n'est inerte dans la nature. La force, le mouvement, quelque chose de comparable à la vie sont partout et en tout à des degrés différents. Chaque atome de matière possède en soi une certaine somme de force, certaines énergies propres qui le font actif, agissant, et pour ainsi dire comme vivant. Ces forces intérieures se manifestent par divers phénomènes, notamment par des *attractions*. Les atomes s'entre-attirent. Imaginez deux atomes pris à part, placés à une distance excessivement petite l'un de l'autre, libres d'ailleurs de se mouvoir. Ces deux atomes s'entre-attirent : c'est-à-dire qu'une force qui réside en eux tend à les mettre en mouvement l'un vers l'autre. Comparez, pour vous familiariser avec cette idée, l'*énergie* qui sollicite l'un vers l'autre les atomes à la force qui attire le fer vers l'aimant, l'aimant vers le fer; comparez-la à cette autre force non moins mystérieuse, non moins inconnue dans son essence parce que l'expérience de tous les instants nous a familiarisés avec ses effets : je veux dire la *pesanteur*. Un objet *pesant* tend vers la terre, comme un atome vers un autre atome. — De ces attractions réciproques, il résulte tout d'abord que les atomes se réunissent en groupes plus ou moins compliqués et très serrés. Ces groupements premiers, qui ne constituent encore que des masses excessivement petites, absolument indiscernables, portent le nom de *molé-cules* (en latin : petites masses). — Un nombre incommensurable de ces molécules entassées, réunies, liées entre elles, forment enfin une quantité perceptible et plus ou moins considérable de matière.

Vous concevez facilement que ces molécules dont est formée cette masse de matière soient plus ou moins serrées, agglomérées, ou bien, au contraire, plus ou moins écartées les unes des autres. Imaginez -qu'elles soient *relativement* très écartées les unes des autres (j'entends à des distances toujours excessivement petites par rapport à nous, mais très grandes relativement à l'infinie petitesse des atomes); qu'elles soient très libres, en même temps, très mobiles, se déplaçant avec une facilité extrême : les grains de poussière qui voltigent dans un rayon de soleil, les petites parcelles noires qui constituent la fumée, disséminées dans l'air, les gouttelettes indiscernables qui forment un brouillard ou un nuage, voilà des images grossières, mais pouvant aider, avec le secours de l'imagination, à concevoir l'état, la manière d'être de ces molécules flottantes. Vous avez alors là ce qu'on appelle un *gaz,* une matière excessivement légère et mobile, comme l'air, comme le gaz d'éclairage, insaisissable, presque invisible, tant ses molécules sont disséminées.

Maintenant concevez que les molécules, les mêmes si vous voulez, soient beaucoup plus rapprochées; que par leur attraction mutuelle elles soient déjà quelque peu liées entre elles, conservant cependant encore beaucoup de leur mobilité, pouvant, pour ainsi dire, rouler les unes sur les autres, comme les grains d'une poignée de sable : encore une comparaison bien grossière et lointaine. Cet état de la matière est celui qu'on appelle l'*état liquide.* Enfin, admettez que cette attraction réciproque, agissant plus énergiquement, groupe les molécules d'une façon plus stable, les fixe pour ainsi dire, les lie, leur ôte leur mobilité, en sorte que pour les déranger de leurs places en modifiant la forme de la masse, ou pour les séparer les unes des autres en la rompant, il faille mettre en œuvre un effort plus ou moins grand : vous avez une matière *solide*. Une même substance, comme vous le savez, l'eau par exemple, suivant les circonstances, est susceptible de prendre ces trois *états :* solide (sous forme de glace), liquide, gaz (ou vapeur, ce qui est la même chose); et cela sans altérer aucunement sa nature intime, par un simple changement dans le groupement et dans l'écartement de ses molécules. Et ce changement se produit ordinairement sur l'influence d'un plus ou moins haut degré de chaleur.

Corps simples et corps composés. — Les atomes de la matière ne sont pas tous absolument identiques, tant s'en faut; ils diffèrent par leur nature, par leurs propriétés, par leur manière d'être et d'agir. Les atomes qui constituent, par exemple, une masse de fer, sont des *atomes de fer*, différents des *atomes d'or*, qui forment un objet d'or; des *atomes de soufre*, dont est constitué un fragment de soufre.

Quand une certaine substance est formée exclusivement d'atomes tous de même nature, tous identiques entre eux, cette substance est appelée par les chimistes *substance simple*. Tels sont le fer, l'or, le soufre que nous venons de citer pour exemples; tel est l'argent, uniquement formé d'atomes différents de ceux de l'or, du fer, etc., mais tous semblables entre eux, d'*atomes d'argent;* tel est le *carbone* ou *charbon pur*, exclusivement constitué d'atomes de *carbone*. Vous comprenez alors pourquoi du fer, par exemple, de quelque façon qu'on s'y prenne, on ne peut tirer autre chose que du fer, toujours le même, toujours identique; non pas de l'or, ni de l'argent, ni du soufre.

Mais vous admettez fort bien aussi qu'une certaine masse de matière contienne à la fois des atomes de nature différente; vous concevez, par exemple, une matière formée d'atomes d'or et d'atomes de soufre, une autre contenant à la fois des atomes de soufre et

des atomes de carbone, etc., etc. De telles matières
seront appelées, par opposition, *substances composées ;*
et le chimiste moderne, avec son art merveilleux,
pourra toujours, à l'aide de procédés appropriés,
décomposer une telle matière, séparer et recueillir à
part les atomes de nature différente, les *éléments* distincts dont elle est formée.

Quoique nous n'ayons pas ici en vue de nous avancer sur le terrain de la chimie, nous ne pouvons faire
autrement que d'arrêter un instant encore notre
attention sur le grand phénomène de la *combinaison.*
Imaginons pour fixer nos idées, un atome isolé : soit
par exemple un atome de fer. En présence de cet
atome, concevons un autre atome de *nature différente ;* ce sera, si nous voulons, un atome de soufre.
Admettons enfin que ces atomes soient dans de telles
conditions que rien ne mette obstacle aux effets de
leur attraction réciproque, attraction qui est énergique, puissante. Les voilà donc qui vont se précipiter
l'un vers l'autre ; ils se joignent, s'unissent étroitement, se confondent presque : de deux atomes de
matières simples, différentes, il s'est formé un groupe,
une *molécule composée.* — Et maintenant, si nous vou-
lions séparer ces deux atomes, il nous faudrait employer pour les arracher l'un à l'autre une force agissant en sens contraire et supérieure en énergie à
celle qui les lie. Une telle opération inverse du phénomène de la combinaison serait ce qu'on appelle
une *décomposition.*

Soit à présent, non plus un seul atome de fer mis
en présence d'un atome de soufre, mais toute une
certaine masse de fer en présence d'une quantité
correspondante de soufre ; et supposons réalisées les
circonstances qui permettent à la combinaison de se
faire. Le même phénomène que nous venons d'étudier va se reproduire identique des milliards de
milliards de fois en même temps. Chaque atome de
la masse de fer va se détacher de ses semblables,
s'élancer vers un atome de soufre détaché de la masse

de soufre, s'accoler à lui, l'*épouser* pour ainsi dire ; le phénomène accompli, chaque couple constitue une *molécule composée*, et l'ensemble de tous ces couples forme une certaine masse d'une *matière composée de soufre et de fer*, unis *atome à atome*.

Nous ne donnerions de la combinaison qu'une idée incomplète et inexacte, si nous n'ajoutions bien vite que les atomes de matière différente peuvent ainsi s'unir, non pas seulement deux à deux, mais trois à trois, quatre à quatre, etc., formant des groupements de plus en plus nombreux, des *molécules composées* de plus en plus compliquées. Ainsi, deux atomes de soufre peuvent s'associer à un seul atome de carbone ; et une substance composée existe, formée de semblables molécules. De même il existe des molécules constituées d'un atome de *carbone* autour duquel sont groupés quatre atomes d'*hydrogène*, substance simple avec laquelle nous ferons bientôt plus ample connaissance. Chez telle autre substance composée, chaque molécule contient un atome de carbone uni à un atome de soufre et à deux atomes d'hydrogène, etc., etc. Inutile d'accumuler les exemples ; d'ailleurs nous aurons lieu de revenir maintes fois sur ces idées.

Description sommaire des principales substances simples. — Les substances simples sont en nombre très restreint dans la nature ; nous en comptons une cinquantaine ; et encore, sur ce nombre, vingt ou vingt-cinq seulement jouent un rôle important et méritent d'attirer notre attention. Pour celles-ci, nous ne saurions nous dispenser d'esquisser leur description ; mais nous nous bornerons à énoncer brièvement leurs caractères distinctifs, leurs propriétés principales à l'*état isolé*. Notre étude, du reste, s'abrégera beaucoup de ce fait que nous rencontrerons sur la liste d'anciennes connaissances : je veux dire tous nos métaux usuels, individualités trop familières pour que nous nous arrêtions à en faire le portrait ; nous nous contenterons de les inscrire à leur rang sur la liste,

Commençons donc, si vous voulez, par l'*or* et l'*argent* ; mais déjà, à côté de l'or, nous devons ranger le *platine*, beau métal inaltérable comme l'or, d'un éclat moins vif et d'une couleur blanc grisâtre, semblable à celle du zinc frais coupé : métal rare et cher, extrêmement difficile à fondre et à travailler, qui trouve peu d'usages dans l'industrie, mais que les physiciens et les chimistes recherchent pour la construction de leurs instruments, à cause de son inaltérabilité, de sa résistance extrême à l'action du feu et des substances corrosives. A côté de l'argent, il faut nommer le *palladium*, qui a plus d'un trait de ressemblance avec lui, du reste très peu usité.

Voici maintenant le *mercure*, vulgairement dit *vif-argent*, c'est-à-dire argent liquide ; objet privilégié des rêveries des anciens alchimistes, qui espéraient le transformer en or; individualité extrêmement remarquable, puisqu'il nous offre l'exemple unique d'un *métal liquide*, — liquide à la température ordinaire, s'entend. Sa mobilité extrême, l'éclat merveilleusement vif de sa surface luisante attirent l'attention ; mais c'est une nature méchante et dont il faut se défier : lui et tous ses composés sont parmi les plus perfides ennemis de la vie. — Le *cuivre*, le beau cuivre rouge, malheureusement se ternit à l'air; sans quoi il serait rival de l'or en beauté. Dans cette liste, après le *plomb* et tout auprès de l'*étain*, il faut citer un métal moins vulgaire : l'*antimoine*. Celui-ci, de couleur plus grise et d'éclat moins vif, est cassant, ce qui est pour un métal, au point de vue de l'usage, le plus grave des vices ; cassant à tel point qu'on peut le réduire en poudre dans un mortier. Mais si pour cette raison l'antimoine ne peut trouver d'emploi à l'état isolé, il a en revanche la propriété de former d'importants *alliages* en se combinant à faible dose avec d'autres métaux, auxquels il communique de la dureté et de la résistance à l'usure. Le plus précieux de ces alliages est celui qu'il forme avec le plomb, et dont on fond les caractères d'imprimerie. En raison

de ce noble usage, ce métal a depuis trois siècles acquis une importance qui va toujours croissant. — Le
fer, la plus précieuse conquête de l'homme, tient la
tête d'un groupe important. Le fer a un frère : le *manganèse*, de couleur grise et un peu terne comme lui,
très analogue à lui par l'ensemble de ses propriétés.
Sans être, tant s'en faut, aussi répandu que le fer, le
manganèse n'est pas rare dans la nature. Il ne s'utilise pas seul ; mais, depuis que l'industrie l'emploie
en grand dans la fabrication des aciers, il a pris rang
parmi les matériaux les plus importants du travail.
Au-dessous de ces métaux se range le *zinc*, plus mou,
plus altérable, depuis longtemps connu et employé
comme élément d'une alliage très usuel, le *laiton*
(dit cuivre jaune), mais qui n'a trouvé d'usage, à l'état
isolé, que depuis un petit nombre d'années, depuis
qu'on sait économiquement l'extraire et le purifier.
Un autre métal, de découverte toute récente et dont
il convient de dire quelques mots, c'est l'*aluminium*.

Celui-ci est un présent de la chimie moderne. C'est
un métal d'un beau blanc gris légèrement bleuâtre,
d'un éclat discret et agréable, inaltérable à l'air. Doué
d'une ténacité suffisante avec une faible dureté, il
est extrêmement sonore et d'une légèreté surpre-
nante. Un objet en aluminium pèse cinq ou six fois
moins que s'il était en argent. Malgré certaine difficulté qu'on rencontre à le travailler, il est évidemment propre à de nombreux usages, soit à l'état de
pureté, soit à l'état d'alliage. L'aluminium est encore
core assez rare dans le commerce, et il y a quelques années il était totalement inconnu. Et pourtant
une notable partie de la masse du sol en est formée.
Mais il est bien caché, bien dissimulé par la nature,
le léger métal à l'aspect argentin, si commun que
la masse des roches les plus vulgaires en contient une
proportion très grande ; il n'existe nulle part à l'état
isolé. Engagé, au contraire, dans des combinaisons
extrêmement compliquées, il est retenu par des at-

tractions si puissantes qu'il ne peut en être arraché sans un effort extrême.

Prenons pour type d'un autre groupe le *calcium* (du latin *calx*, chaux), métal qui est l'élément fondamental de la *chaux*. Je n'ai pas besoin de vous dire, après cela, combien il est commun dans la nature. Vous ne l'avez jamais vu à l'état isolé, pourtant; car, beaucoup plus difficile encore à extraire que le précédent, il n'est connu que des chimistes. Du reste, ce métal léger, grisâtre, extrêmement *inflammable*, ne vaudrait pas la peine qu'on se donnerait pour l'extraire : il est impropre à tout usage, tant il est altérable ; exposé à l'air, il tombe avec une rapidité extrême en une sorte de *rouille* blanche qui, justement, n'est autre chose que la *chaux*. Entre le *calcium* et l'aluminium, tenant à peu près le milieu par l'ensemble de ses propriétés, se place le *magnésium*, qui fait partie de la *magnésie* comme le calcium de la chaux. Celui-ci est un métal très léger aussi, gris, d'un éclat assez doux, inaltérable à l'air, mais qui prend feu si on l'allume, et alors brûle avec une vivacité extrême en répandant une lumière éblouissante dont on a pu tirer partie en quelques circonstances : — c'est peut-être la chandelle de l'avenir... Une sorte de rouille blanche qu'il produit en brûlant, comme une cendre légère, est la magnésie elle-même. Le *baryum*, le *strontium*, ce dernier brûlant avec une flamme rouge splendide, doivent être cités seulement ici et mis tout près du calcium.

Deux métaux remarquables nous représentent le dernier groupe et vont clore la série : le *potassium*, élément principal de la potasse, et le *sodium*, qui fait partie de la *soude* et du sel *commun* de nos tables. Ces deux métaux à l'état libre sont mous comme la cire, si légers qu'ils flottent sur l'eau, d'une couleur gris bleu et d'un éclat métallique qu'on peut apercevoir seulement dans la coupure très fraîche ; mais si altérables à l'air qu'en un instant ils se couvrent d'une croûte blanchâtre. Ils fondent à la plus douce chaleur, et sont tellement inflammables qu'ils prennent feu au contact de l'eau et brûlent d'une violence excessive, le sodium avec une lumière jaune, le potassium avec une lumière pourprée. Cette altérabilité qui les fait impropres à tout usage, cette facile inflammation qui les rend même très dangereux à manier, sont dues justement à l'excessive force d'attraction que possèdent leurs atomes. Avec cette tendance extrême à s'unir aux autres substances, il n'est pas besoin de vous dire qu'ils ne se rencontreront jamais isolés dans la nature.

Abordons maintenant l'autre série, comprenant les corps simples non métalliques (dits *métalloïdes*). En tête de ceux-ci il convient de placer l'oxygène, l'*air vital*, comme disaient les anciens chimistes, la partie respirable de l'air; « substance simple et primordiale, répandue partout; élément essentiel de la roche solide, de l'eau aussi bien que de l'air ; agent par excellence de la combustion, aliment de la flamme, aliment indispensable de la vie. » (**Le Fer.**) L'oxygène est un gaz léger, insaisissable, incolore et invisible (en petites quantités) comme l'air dont il fait partie. Ses atomes sont doués d'énergies attractives puissantes. L'oxygène s'unit à toutes les autres substances. Dans certains cas, la combinaison s'effectue avec une vivacité extrême et s'accompagne d'un subit et intense dégagement de chaleur et de lumière ; c'est alors le beau phénomène que nous appelons la *combustion* : phénomène splendide, où l'*action chimique* se résume sous ses traits les plus larges, les plus brillants, où se déroulent comme dans un orageux tournoi les grandes luttes des énergies destructives et créatrices des formes de la matière, avec leurs manifestations diverses et leurs diverses métamorphoses; merveilleux spectacle auquel, ne pouvant nous y arrêter ici, nous convions nos lecteurs dans un ouvrage tout entier consacré à cet attrayant sujet (**Le Feu**). Nulle substance plus importante par son rôle que l'oxygène; nulle plus largement répandue : c'est pour ainsi dire un élément universel. Nécessaire aux animaux, dont la vie s'entretient par la respiration qui est une sorte de combustion, il n'est pas moins indispensable aux plantes ; il fait partie des tissus de tout être organisé. A l'état de combinaison, il est dans toutes les roches qui constituent la masse du globe ; à l'état libre, il est dans l'air, dont il forme environ un cinquième. — L'autre partie de l'air est l'*azote*, autre gaz léger, incolore et invisible en faible masse, comme l'oxygène, mais faisant, par l'ensemble de ses propriétés, un contraste frappant avec ce dernier. Autant l'oxygène est actif, énergique dans ses attractions, autant l'azote semble inerte, paresseux, indifférent. Irrespirable, incapable par lui-même d'alimenter la flamme et la vie, on dirait qu'il n'est là que pour tempérer la fougueuse ardeur de son compagnon. Mais, notons bien, dans l'air l'azote et l'oxygène ne sont point à l'état de *combinaison ;* leurs atomes ne sont pas liés, groupés par les forces attractives chimiques; non : ils sont à l'état de simple *mélange ;* leurs molécules distinctes, librement flottantes, sont, si vous voulez encore une comparaison, comme seraient des grains de sable noir mêlés à des grains de sable blanc.

Malgré la différence extérieure, les chimistes rapprochent de l'oxygène le *soufre*, à cause de certaines analogies dans leur manière de se comporter dans les combinaisons. —Pour de semblables raisons, dans le groupe qu'ouvre l'azote ils rangent deux substances très différentes d'aspect. Le *phosphore*, matière molle comme la cire, incolore, extrêmement fusible, extrêmement inflammable, comme chacun sait, et qui, mélangé avec certaines substances combustibles et colorées, forme la pâte rouge ou bleue de nos *allumettes chimiques*, est la première. La seconde est cet *arsenic* mal famé, substance d'un gris foncé, pailletée et brillante, qui a presque l'aspect d'un métal : et en effet l'arsenic tient d'aussi près aux métaux qu'aux substances non métalliques, et peut être re-

gardé comme formant une transition, un passage de
l'une des séries à l'autre. L'arsenic a les plus grandes
analogies avec l'*antimoine*, matière bien plus franchement métallique, et qui, d'un autre côté, ne saurait
être séparée de l'étain, comme nous l'avons vu.

Un autre groupe maintenant appelle notre attention, celui dont le type est le *chlore*. Cette substance
simple ne se rencontre dans la nature qu'à l'état de
combinaison. Associée au *sodium*, elle forme le sel
marin, dont les eaux de l'Océan tiennent une si
grande quantité en dissolution. A l'état libre, isolé,
le chlore est un gaz plus lourd que l'air, d'une odeur
suffocante, et visible, parce qu'il est d'une couleur
verdâtre très accusée. C'est une substance très active.
Plus énergique encore est le *fluor*, autre gaz, substance presque inconnue à l'état libre ; mais nous aurons lieu de remarquer une de ses combinaisons, qui
joue un certain rôle dans la nature et accompagne
souvent les minerais. Nommons seulement l'*iode*, substance solide, en paillettes gris noirâtre d'éclat
presque métallique, et le *brome*, qui est un liquide
rouge brun : deux corps très actifs, analogues au
chlore, mais sans grande importance.

Voici maintenant une substance merveilleuse : le
carbone. Celle-ci est l'élément fondamental de toute
matière organisée; c'est pour ainsi dire le point d'appui de la vie. Tout ce qui vit est formé (en partie)
de charbon. Dans le règne minéral, isolé, ou à l'état
de combinaison, il tient une place importante. A
l'état libre, il a trois formes; trois formes si éloignées
d'aspect qu'on hésiterait à reconnaître son identité
si la preuve n'était là : il est le *diamant* limpide,
radieux, d'une excessive dureté; il est le *graphite*,
la vulgaire mine à crayon grise, molle et luisante;
le noir charbon de nos foyers. Sous cette triple
figure, le même être : le simple, l'inaltérable carbone.
Comme nous aurons à revenir sur cette importante
individualité pour l'envisager à d'autres points de
vue, notons seulement dans notre mémoire ce trait

capital de son histoire, et passons à son compagnon
le *silicium*. Celui-ci aussi est triple : il a trois formes,
correspondantes à celles du charbon. Mais, à cet état
d'isolement, il n'existe nulle part dans la nature : le
chimiste, qui s'est donné bien de la peine pour
l'extraire, vous montrera dans un petit flacon un
peu de sable grisâtre ou de petites paillettes brillantes; c'est une curiosité sans usage. A l'état de
combinaison, au contraire, c'est un élément d'une importance majeure. Il ne joue pas, il est vrai, comme
le carbone, un rôle considérable dans le domaine
de la vie; mais, dans la nature minérale il tient une
place plus grande encore, une place immense, puisque la masse des roches qui constituent les fondements du sol en est constituée pour la plus large part.

Nous clorons cette rapide revue par une individualité bien remarquable et bien tranchée : l'*hydrogène*.
L'hydrogène est un gaz incolore, d'une subtilité
incroyable et d'une légèreté excessive. C'est le plus
léger de tous les corps : quatorze fois et demie plus
léger que l'air!... Il est extrêmement inflammable; il
est, c'est tout dire, l'élément essentiel de notre *gaz
d'éclairage*, auquel il communique ce caractère de
combustibilité et quelque chose de son extrême légèreté. Mais dire qu'une substance brûle, c'est dire
qu'elle se combine avec l'oxygène. Quand l'hydrogène brûle, deux de ses atomes se réunissent pour
tenir compagnie à un seul atome d'oxygène. Eh bien,
savez-vous, lecteur, ce qui s'est ainsi formé? C'est le
plus beau, le plus merveilleusement doué de tous les
composés; l'agent universel des grands travaux de la
nature, parure de notre petit globe, à nous; le sang
de la terre : l'*eau*, sans qui toute vie est impossible.
L'eau, c'est hydrogène et oxygène. Cela dit, n'est-ce
pas, l'importance capitale de l'élément simple par lequel nous terminons n'a plus besoin de démonstration.

Propriétés des substances composées. — On serait
naturellement porté à croire qu'une substance composée doit résumer en elle les qualités des substances

simples dont elle est formée; tout au moins qu'elle
doit tenir une sorte de moyenne entre elles, ressemblant à la fois, comme aspect et comme propriétés,
un peu à l'une, un peu à l'autre. Eh bien, chose
étonnante, il n'en est rien. Chaque composé distinct
est un être nouveau, une individualité tout à fait à
part; il a son aspect spécial, ses propriétés à lui,
qui ne sont pas celles de ses composants, et qui
subsistent tant qu'on n'a pas détruit cette individualité en séparant ses éléments par une *décomposition
chimique*. Ainsi, la matière composée de soufre et
de fer unis atomes à atomes ne ressemble en rien
ni au fer ni au soufre. Combinons ce même soufre
avec du carbone : le composé obtenu contraste
violemment par son aspect, par toute sa manière
d'être, aussi bien avec le carbone qu'avec le soufre.
Le travail intérieur des forces atomiques, des énergies puissantes qui groupent les atomes, est tel et
si grand, que les caractères propres aux éléments
unis en sont profondément altérés, totalement mé-
tamorphosés. Mais, si nous décomposons une pareille
combinaison en séparant ses éléments, l'individualité
que nous avions créée s'évanouit; et les éléments
isolés, le soufre et le carbone si vous voulez, se
retrouvent avec leurs qualités particulières, tels absolument qu'ils étaient avant d'entrer en combinaison.
Il y a plus : une simple différence de dosage, — et
nous avons vu que les atomes peuvent se réunir en
nombre variable pour former des groupements différents, — cela suffit pour changer du tout au tout la
nature et les qualités du produit. En sorte, par
exemple, qu'avec les deux mêmes *éléments simples*,
combinés en deux proportions différentes, on obtient
deux composés radicalement distincts, souvent même
doués de caractères absolument opposés. — Et si
maintenant vous ne perdez pas de vue que non
seulement deux, mais trois, quatre, cinq substances
simples différentes peuvent entrer à la fois en combinaison et dans les proportions les plus variées,

alors vous commencez à comprendre comment la nature, avec un petit nombre d'éléments premiers, a pu produire l'immense, la prodigieuse diversité des matières, si différentes d'aspect, de manière d'être et d'agir, que nous observons autour de nous.

Même en ne tenant compte que des éléments simples les plus importants, le nombre de composés que l'esprit conçoit résultant de leurs associations multiples est vraiment effrayant, presque infini. Mais, tout d'abord, un nombre immense de ces associations que nous pourrions imaginer ne sont pas réalisables, de par les lois des forces atomiques; d'autres, sans être impossibles en elles-mêmes, le deviennent, faute des conditions qui leur permettraient de se produire. Parmi les combinaisons possibles, il en est un nombre immense que la nature ne nous offre point et que le chimiste seul, dans son laboratoire, amène à se réaliser : celles-là sont pour ainsi dire des *êtres arti-ficiels*, de véritables créatures de l'homme. — Quand nous disons que le chimiste crée, qu'il combine, dissocie, transforme à son gré la matière, c'est là, comme vous l'entendez bien, une façon de parler; l'homme n'a pas de prise *directe* sur ces atomes insaisissables. Il prend les substances diverses, il les met en présence, l'une près de l'autre, dans les con-ditions que l'expérience lui a démontrées nécessaires. Et alors voilà que ces forces intimes qui appartien-nent à la matière et la constituent active vont tra-vailler, vont *agir*. Ce sont elles qui dans leurs conflits, dans leurs luttes souvent tumultueuses, font, défont les combinaisons, unissent, séparent, échangent, métamorphosent. Le savant les regarde faire et profite de leur œuvre; il prépare, il dirige l'action, mais il n'*agit* pas; il est l'*occasion*, non la *cause* des phénomènes. Quoi qu'il en soit, ces êtres, qui n'eussent pas existé sans lui, appartiennent exclusivement au domaine du chimiste; le *naturaliste* n'a rien à y voir.

Parmi les substances composées que la nature elle-même produit, il faut enfin mettre à part celles qui ne prennent naissance que sous l'influence de la vie, dans l'*organisme* vivant de l'animal ou du végétal : les *composés organiques*. Restent donc celles qui appartiennent au domaine de la *matière non organisée*, réservoir commun où l'animal et la plante puisent les éléments de leurs tissus ; restent les matériaux dont se constitue la masse du sol, les substances qui se rencontrent dans son sein, à sa surface. Celles-là exclusivement appartiennent au domaine du *minéralogiste* et du *géologue*. — Ainsi successivement rétréci, le cercle, sous l'empire de certaines considérations, va se resserrer encore davantage devant nous.

Nomenclature des composés. — La chimie a dû se créer une langue et une écriture à elle. Dans la langue chimique, chaque composé reçoit un nom formé, suivant certaines règles, des noms associés des substances simples dont il est constitué ; en sorte que le nom est à lui seul une définition de la constitution intime de la substance qu'il désigne. Nous ne saurions exposer ici les règles, assez simples du reste, de cette nomenclature des chimistes, légèrement modifiée par les minéralogistes pour leur usage particulier. D'ailleurs des mots ainsi construits sont tellement expressifs qu'ils se font comprendre d'eux-mêmes, et nous aurons rarement besoin de les expliquer par un bref commentaire. Notons seulement deux ou trois règles d'importance majeure. Lorsqu'il s'agit de dénommer un composé *binaire*, c'est-à-dire *double*, formé seulement de deux substances simples différentes, on associe les noms des deux éléments, et l'un d'eux reçoit la terminaison *ure*. Ainsi les mots *sulfure de fer* définissent en le nommant le composé formé de soufre et de fer seulement. Vous construisez sur le même modèle le nom de *sulfure de cuivre* pour un composé de soufre et de cuivre ; celui de *chlorure de sodium* donné au *sel marin* vulgaire indique que ce composé est formé du gaz *chlore* et du métal *sodium*. — L'oxygène seul fait exception : on dit *oxyde* et non pas *oxyure*... Ainsi les mots *oxyde de fer*, *oxyde de cuivre*, *oxyde de zinc*, désignent les importants composés formés par la combinaison de ces métaux avec l'oxygène. Le nom chimique de l'eau, exprimant sa constitution, sera *oxyde d'hydrogène*. Certains composés *ternaires* (triples) très importants, formés de trois substances simples diverses dont l'une est ordinairement l'*oxygène*, reçoivent des noms terminés en *ate* et en *ite*. Ainsi les mots *carbonate de cuivre* désignent la substance composée formée de carbone, d'oxygène et de cuivre. Le *silicate de fer* est formé de silicium, d'oxygène et de fer. Le *carbonate de chaux*, qu'il faudrait appeler, pour être absolument correct, *carbonate de calcium*, résulte de la combinaison du carbone et de l'oxygène avec le métal de la chaux, le *calcium*. Le *silicate d'alumine*, ou mieux *silicate d'aluminium*, contient du silicium, de l'oxygène et de l'aluminium. — Les minéralogistes modifient un peu les noms chimiques ; ainsi, au lieu de *sulfure de fer*, *sulfure de cuivre*, ils disent plus volontiers *fer sulfuré*, *cuivre sulfuré* ; au lieu de *carbonate de chaux* (ou de *calcium*), ils disent *chaux carbonatée*. Mais ce renversement de l'expression n'est pas de nature à nous dérouter, une fois prévenus.

Minéraux et minerais.

Une substance *naturelle*, *inorganique*, simple ou composée, qui se rencontre en masses grandes ou petites, mais distinctes et bien caractérisées, est un *minéral*. Chaque minéral qui diffère nettement des autres et se fait reconnaître par ses caractères propres constitue une *espèce* particulière. Il y a un assez grand nombre de ces *espèces minérales*, les unes plus ou moins rares, les autres répandues partout ; les unes sans usages, les autres matériaux indispensables du travail humain. La MINÉRALOGIE les détermine, les classe, étudie leur composition, leurs formes, leurs caractères ; mais elle considère chaque espèce à part, indépendamment des autres. La GÉOLOGIE, au contraire, considère les matières minérales en grandes masses; elle prend les choses d'ensemble. Laissant de côté les minéraux rares ou seulement *accidentels,* elle s'occupe de ceux qui tiennent une place notable dans la structure même du sol, objet spécial de son étude. Mais tandis que le savant purement théoricien, jaloux seulement de découvrir les grandes lois de l'univers, semble se désintéresser absolument de toute considération utilitaire, la *science appliquée,* par une concession bien naturelle faite aux besoins de l'homme, modifie un peu son programme et· son point de vue. Le minéralogiste alors accorde une attention particulière et fait la plus large place dans son étude aux espèces utilisables dans les arts et l'industrie; le géologue accueille dans son domaine certaines substances·*accidentelles* qui ne tiennent dans la structure du globe qu'une place bien restreinte, mais qui jouent un rôle considérable dans la vie des sociétés. Notre but étant d'arriver à une connaissance générale des grands traits de la structure du sol, des révolutions qu'il a subies, des richesses minérales qu'il nous garde dans son sein, c'est surtout du géologue que nous devons recevoir la leçon. Mais le minéralogiste nous dira qu'avant d'étudier l'architecture de l'édifice il est nécessaire d'avoir une·notion au moins sommaire des matériaux qui entrent dans sa construction. Nous allons donc tout d'abord rapidement passer en revue les *espèces minérales* qui rentrent dans notre cadre; c'est-à-dire d'une part celles dont sont constituées les grandes masses des assises du sol, de l'autre celles dont l'exploitation fournit à l'industrie ses *matières premières* les plus indispensables. Ces espèces minérales sont toujours ou les *éléments simples* principaux, dont nous avons déjà dressé la liste, ou des composés de ces mêmes éléments. Mais ces composés, et aussi les éléments simples eux-·mêmes si nous les retrouvons sur notre route, nous les considérerons à un point de vue spécial; non pas tels que les chimistes les préparent, mais tels qu'ils se rencontrent dans la nature, avec l'aspect particulier, les formes, les conditions d'existence qu'ils affectent alors : à l'*état de minéraux* enfin.

Observations des caractères spécifiques. — Mais, avant d'énoncer les *caractères distinctifs* qui permettent de *déterminer* chacune de ces espèces, voyons d'abord par quelles séries d'observations et d'épreuves on peut arriver à constater ces caractères. — Nous tenons en main un *échantillon*, un fragment bien défini d'une de ces matières minérales; il s'agit de la reconnaître, de lui appliquer son nom. Comment nous y prendre? Par où commencer? Évidemment, ce qui nous en dirait davantage sur la nature intime de la substance examinée, ce serait de savoir directement de quels éléments simples elle est formée et en quelle proportion : de connaître, en un mot, sa composition chimique. Le chimiste a toujours des procédés d'*analyse*, plus ou moins laborieux et délicats, qui lui permettent de résoudre le problème; de constater, sans doute possible, la composition d'un fragment de minéral. Mais le minéralogiste, lui, ne saurait s'embarrasser de tout l'attirail compliqué du laboratoire, ni se lancer dans de longues opérations. C'est par l'œil et la main, à sa couleur, à sa structure, aux particularités de sa forme et de son aspect, qu'il entend reconnaître un minéral donné, comme on reconnaît un voisin à sa physionomie; c'est par l'observation des *caractères extérieurs*. Presque toujours, ce simple examen lui suffit; tout au plus aura-t-il recours, au besoin, à quelque petit *essai* très facile, très bref, pour se fixer. Apprenons de lui la valeur de ces caractères apparents qu'il consulte, et les moyens pratiques de les apprécier. Écartons pour le moment le cas où nous aurions affaire à un liquide; c'est donc une petite masse de matière solide que vous tenez à la main. Vous constatez tout d'abord si cette matière est *cohérente*, c'est-à-dire si elle forme un fragment plus ou moins consistant; ou si elle se présente en sable, en poussière; ou si elle est en masse sans consistance, *friable*, s'écrasant sous la pression du doigt. Vous observez si cette matière a l'aspect *terreux*, ou la texture *mate*, rude et pierreuse ; si elle est plus ou moins *compacte*, ou tout au contraire *poreuse*, ou même spongieuse, criblée de trous. — Au cas où le minéral offrirait la forme de cristaux ou de masses cristallines, vous saisiriez là un des caractères les plus remarquables.

On appelle *cristaux* de petites masses minérales qui affectent une forme régulière géométrique et sont taillées à facettes, comme un brillant par exemple, ou comme le bouchon d'une carafe de verre. Pour bien comprendre ce qu'on entend par cristal il vous suffira de vous rappeler les cristaux artificiels du sucre candi, ceux qui se forment dans un sirop épaissi. Un très grand nombre de minéraux se rencontrent dans la nature à l'état de cristaux. Or les formes des cristaux sont très diverses, et de plus, *caractéristiques*. Cela veut dire qu'une espèce minérale donnée et susceptible de se cristalliser a toujours ses cristaux d'une certaine forme déterminée, ou de deux ou trois formes spéciales à cette substance ; tandis que telle autre forme de cristaux appartient en propre à telle autre espèce. Exemple, le sel de cuisine, dont les grains sont de petits cristaux ayant toujours la forme de petits cubes ; exemple, notre sucre candi de tout à l'heure dont les cristaux brillants se terminent toujours en pointes de pyramides obliques. Pour se reconnaître à travers l'extrême diversité des *formes cristallines*, on les a rapportées à six types ou *formes simples* principales, dont toutes les autres sont dérivées ; mais souvent cette forme simple disparaît si complètement sous la multiplicité des facettes qu'il devient très difficile de la retrouver. Nous ne pourrions nous étendre sur cette étude des formes cristallines, qui constitue à elle seule une branche de la science minéralogique sous le nom de *cristallographie :* il nous suffira d'avoir bien compris ce que c'est qu'un cristal. Le plus souvent, les facettes des cristaux sont nettes et polies, parfois brillantes et d'un éclat magnifique. Si de plus la substance est transparente, limpide, incolore ou richement colorée, ce sont alors de véritables joyaux naturels, qui excitent l'admiration du minéralogiste. Il est très rare, toutefois, observons-le dès maintenant, de rencontrer des cristaux ainsi isolés, parfaitement nets, et réguliers de tous points. Ordinairement quand un minéral est *cristallisé* les cristaux sont groupés, accolés les uns aux autres, enchevêtrés les uns dans les autres, comme ceux du sucre candi encore : la figure de la page de titre, représentant les cristaux du soufre, offre un bon spécimen de ces groupements. Alors ils ne sont ni complets ni parfaitement réguliers; souvent, leurs pointes seules font saillie. Et cependant ce qu'on en voit permet de juger de la forme qu'ils offriraient s'ils étaient isolés et complets. Dans beaucoup de cas, au contraire, les cristaux sont tellement enchevêtrés et imparfaits qu'ils ne sont réellement pas discernables; et pourtant il est encore évident pour l'œil que la matière a la tendance à prendre la forme régulière. On dit alors que la masse offre une texture *confusément cristalline :* tel est un morceau de vulgaire sucre blanc, formé par l'agglomération confuse et pressée d'une quantité innombrable de très petits cristaux, discernables seulement à la loupe.

Un excellent moyen du reste de connaître la texture d'un échantillon consiste à le casser. C'est là une épreuve des plus révélatrices, une épreuve qu'il ne faut jamais négliger. La surface d'un fragment de minéral peut avoir été altérée par le temps; elle peut avoir été dressée, polie ou rayée, ce qui change son aspect. La cassure vous fournit une surface toute fraîche et toute naturelle, qui accuse nettement la texture intérieure du minéral. Vous observez si la cassure est nette et vive, ou inégale, écailleuse; plane ou affectant des surfaces courbes; brillante ou terne, lisse ou âpre au toucher; compacte, grenue ou cristalline. Vous notez si la matière se brise franchement ou s'égrène, ou s'enlève par feuillets; si la texture est fibreuse ou *rayonnée*, c'est-à-dire figurant comme des rayons divergents partant d'un centre. La même épreuve vous a déjà permis de constater le plus ou moins de *ténacité* ou de fragilité de la matière essayée, par la résistance plus ou moins grande qu'elle a opposée au choc du marteau. La dureté proprement dite s'apprécie autrement : c'est en essayant d'entamer la matière avec un objet aigu, une pointe d'acier. De deux substances, la plus dure est celle qui raye l'autre. Il y a, dans la série des minéraux, tous les degrés de dureté, depuis le *gypse* ou pierre à plâtre qui se raye avec l'ongle, jusqu'au *cristal de roche* que l'acier ne peut entamer, jusqu'au diamant qui est le plus dur de tous les corps. C'est là un caractère très important, qui souvent suffira à lui seul pour distinguer deux substances que leur aspect, leur couleur, etc., pourraient faire confondre. Remarquons bien que dureté et ténacité sont choses très différentes ; le verre, par exemple, qui est assez dur, est très fragile ; l'acier trempé, très dur, se brise facilement. Le fer, rayé et entamé par l'acier, est au contraire difficile à rompre. La propriété de faire feu au briquet tient encore à la dureté; c'est une petite épreuve à faire. Quelques rares matières minérales ont un certain degré de flexibilité et d'élasticité : cela les dénonce tout de suite. D'autres — tel est le bitume — offrent une odeur caractéristique, surtout quand on les frotte. Certaines substances salines ont une saveur spéciale : le sel *gemme*, par exemple, le sel de nos tables, qui se montre souvent dans la nature en blocs vitreux et qu'on pourrait prendre pour la première pierre venue ; vous en touchez un fragment avec le bout de la langue : plus d'hésitation possible. Enfin, certains composés de fer et quelques autres substances sont *magnétiques*, c'est-à-dire attirables par l'aimant : l'épreuve se fait en approchant un fragment de matière de l'aiguille aimantée d'une boussole, qui s'agite et dévie si le minéral est magnétique. Toutefois, dès maintenant, prévenons une erreur qui pourrait être fâcheuse ; certains minerais de fer sont magnétiques, d'autres ne le sont pas ; et, par cela que l'aiguille aimantée n'est pas attirée, vous n'aurez aucunement le droit de conclure que le fer est absent du minéral que vous lui présentez. — Vous trouverez peut-être étrange qu'en énumérant les caractères des minéraux nous n'ayons pas encore parlé de la *couleur* : la couleur, première chose qui saute aux yeux. C'est que la couleur est un caractère très parlant, mais malheureusement très variable et capable d'induire en erreur si l'on n'y prend garde. Pourquoi? Chaque minéral n'a-t-il pas sa couleur naturelle? Sans doute, mais souvent la plus petite quantité d'une substance étrangère, dissoute, pour ainsi dire, dans la masse du minéral, suffit pour altérer cette couleur naturelle et lui donner une teinte toute d'emprunt, absolument étrangère à son espèce. Prenez un morceau de craie blanche, plongez-le dans une liqueur colorée quelconque; il en prendra la nuance, n'est-ce pas? C'est par une action semblable que le teinturier communique les nuances les plus riches et les plus variées aux fibres naturellement blanches des tissus. Mieux encore : comparons ce phénomène à l'opération du verrier, qui, faisant dissoudre dans le cristal fondu, incolore par lui-même, les plus petites quantités de certaines matières, produit les verres si diversement, si richement colorés de nos vitraux. Or il y a dans la nature beaucoup de minéraux *teints*... Voici par exemple de l'argile : sa couleur naturelle serait blanchâtre ; mais ce fragment a été imprégné d'un peu d'oxyde (rouille) *de fer* : il s'est teint d'un rouge sang intense. Un autre échantillon d'argile, pénétré d'une combinaison ferrugineuse un peu différente, est devenu d'un beau jaune pur et vif; pourtant, au fond, c'est toujours le même minéral, la même argile autrement colorée, comme un même tissu qui serait diversement teint. Voulez-vous un autre exemple? Ce

sera le marbre, substance qui apparaît dans toute
sa pureté sous la forme de marbre blanc. Mais que
de faibles quantités de matières colorantes diverses
aient pénétré plus ou moins inégalement sa masse,
et la voilà teinte dans son ensemble, ou veinée des
nuances les plus variées, du noir au bleu, du brun
au rouge, au vert : toutes nuances étrangères à la nature du minéral. Mais, étant prévenu et sur ses gardes, la couleur n'en est pas moins un caractère utile
à consulter, souvent parfaitement net et révélateur.
Ainsi tel minerai métallique est naturellement bleu
intense, tel autre vert, tel autre rouge ; la houille est
noire, le soufre est jaune, etc. Une utile épreuve à
faire à l'égard de la couleur, c'est d'écraser un petit
fragment de la substance examinée. Souvent la
nuance de la poussière est tout autre que celle de
la matière prise en masse, ordinairement plus claire
et bien plus caractéristique. Ainsi, tel minerai de fer
est de couleur gris foncé, et sa poussière est d'un
rouge sang tout à fait parlant. — Un caractère important, mais à l'égard duquel il y a aussi quelques
réserves à faire, c'est la transparence. Certains minéraux sont diaphanes comme le cristal ; d'autres, par
leur nature, sont seulement plus ou moins *translu-
cides*, surtout vers les bords amincis des fragments ;
d'autres, enfin, sont absolument *opaques*. Mais il arrivera que telle matière, qui serait d'une transparence
parfaite si elle était pure, se montrera, moins pure,
en masses un peu ternes, grisâtres ou laiteuses. L'*éclat*
de la surface est encore une chose à consulter, surtout dans la cassure fraîche ou sur les facettes des
cristaux. On distingue l'éclat *gras*, l'éclat *vitreux*,
nacré, l'éclat *métallique*, qu'il n'est pas besoin de définir ; ou bien au contraire on constate l'aspect terne
et mat de la matière. Enfin le *poids relatif* est un caractère important. Dans certains cas assez rares le
minéralogiste peut être obligé de mesurer exactement la *densité* de l'échantillon par des pesées délicates ; mais le seul poids apprécié à la main suffit

déjà pour donner de précieuses indications. Ainsi la plupart des minerais métalliques sont beaucoup plus lourds que de simples matières pierreuses; en sorte que le poids d'un échantillon comparé, à la main, avec celui d'un fragment de pierre offrant à l'œil à peu près le même volume, suffit souvent pour en dénoncer la nature métallique. Parmi les *épreuves* chimiques ou petits *essais* que l'on peut faire subir à un minéral, nous ne mentionnerons que deux ou trois des plus simples : l'épreuve qui consiste à vérifier si la matière se dissout ou non dans l'eau, et qui sert à caractériser certains sels ; l'essai par le feu, pour constater comment le minéral se comporte à la chaleur : s'il brûle, s'il fond, s'il se fend, éclate, *décrépite*, pétille comme le sel sur les charbons; s'il répand une odeur, s'il s'altère et se décompose, ou résiste à l'action du feu. On peut aussi mettre un très petit éclat de la matière à examiner dans la flamme d'une bougie d'une lampe à esprit-de-vin, ou mieux encore dans celle d'un bec de gaz baissé jusqu'à brûler *bleu* presque sans lumière, afin d'observer s'il ne communique pas à cette flamme quelque couleur caractéristique.

Quand le minéral soumis à l'examen est d'une pureté parfaite, ses caractères s'offrent avec toute la netteté possible. Mais les substances minérales très souvent, le plus souvent même, se rencontrent dans la nature plus ou moins impures, mélangées de substances étrangères. Les caractères du minéral sont alors plus ou moins altérés; tout au moins ils perdent leur netteté et deviennent vagues, difficiles à saisir, à apprécier; la *détermination* de la nature de l'échantillon examiné devient beaucoup plus difficile. En bien des cas, quelle que soit l'habileté de l'observateur, il peut y avoir incertitude; et on peut être contraint de recourir à l'analyse chimique. Mais la science, l'habitude d'observer, de manier des minéraux de toute sorte et de toute provenance, aiguise singulièrement les sens du minéralogiste; et souvent, à certain signe insaisissable ou trop vague d'appréciation pour tout autre œil que le sien, il se prononce sur la nature de la substance, fût-elle mélangée et impure. Tel n'est pas, certes, le cas de l'observateur novice, qui pour la première fois détache un échantillon de la roche ou ramasse un caillou sur la plage! — Mais ne nous décourageons pas. Il ne s'agit pas pour nous de devenir des minéralogistes, mais tout simplement d'apprendre à reconnaître les substances minérales les plus importantes, au point de vue où nous nous plaçons. Elles ne sont pas déjà en si grand nombre. En effet, si on peut évaluer entre 500 ou 600 les espèces minérales bien définies et de quelque valeur, sur ce nombre, 150 environ peuvent être considérées comme offrant de l'importance. Mais, si nous entendons nous borner aux espèces tenant une certaine place parmi les éléments des roches qui forment les grandes masses dont est construit le sol, d'une part, et, d'autre part, à celles qui constituent des matériaux industriels de premier ordre, tels que les minerais métalliques, les combustibles minéraux, nous voyons cette liste déjà si restreinte se réduire à une cinquantaine, même moins. En somme, *une dizaine d'espèces minérales*, diversement associées, constituent à elles seules le gros œuvre de l'architecture de l'univers. — En ce qui nous concerne, et pour l'accomplissement de la tâche modeste que nous nous sommes imposés, nous nous trouverons seulement en présence d'un petit nombre de substances minérales principales, avec lesquelles il nous faudra faire brièvement connaissance.

Caractères des espèces minérales les plus importantes constitutives des roches. — En tête mettons la *silice*. Vous retrouverez dans notre liste des substances simples principales, à côté du *carbone*, avec lequel il a d'étroites analogies, le *silicium*, qui est inconnu dans la nature à l'état isolé. Tout au contraire, à l'état de combinaison avec d'autres substances, ce même *silicium*, caché, dissimulé, constitue une partie considérable de la masse de l'écorce terrestre. Le silicium

combiné à l'oxygène forme un *oxyde* que l'on appelle
la *silice;* matière très répandue, et qui, toujours la
même au fond, se présentant sous des formes très diverses, constitue plusieurs *espèces minérales* distinctes
par leurs caractères. Ces espèces peuvent se grouper
autour de deux grands types : le *quartz*, le *silex*.

Je vous présente d'abord une belle substance, admirablement cristallisée, transparente, limpide, à facettes étincelantes. La forme de ses cristaux est celle
d'un *prisme* à six pans, terminé par deux *pointements*
en forme de pyramides aiguës. Mais le plus ordinairement les cristaux sont groupés, enchevêtrés de telle
sorte qu'on ne peut apercevoir qu'un des pointements,
très souvent un peu déformé. Ce magnifique minéral,
c'est le *quartz* (prononcez *couarce*), à l'état pur et cristallisé, aussi appelé *cristal de roche*. Il n'est pas rare ;
dans les pays *granitiques* le quartz cristallisé forme
des veines dans la roche, tapisse les parois des fissures naturelles, absolument comme les cristaux de
sucre tapissent les parois d'une bouteille de sirop qu'on
a laissé évaporer. Dans les contrées *calcaires*, on peut
encore le rencontrer fréquemment, dans certaines
conditions que nous indiquerons tout à l'heure. Quelquefois ces cristaux sont teints de nuances éclatantes,
vertes, plus souvent violettes. Quand la substance est
moins pure et moins parfaitement cristallisée, ce qui
est le cas le plus ordinaire, les cristaux sont blanchâtres
et laiteux, groupés très serrés. Le quartz est une matière très dure qui raie le verre comme le diamant, fait
feu au briquet. La même substance se présente en
masses demi-transparentes, laiteuses ou grisâtres, dont
la cassure montre une certaine texture confusément
cristalline ; d'autres offrent une apparence *vitreuse*, semblable à celle que présenterait un bloc de verre brisé
par le choc. Sous cette forme, le quartz constitue des
masses énormes de roches. Si la substance est impure
ou mélangée, elle prend toute l'apparence d'une pierre
assez vulgaire, très variable de couleur ; mais sa dureté lui reste, et quelque chose dans son aspect, dans

l'éclat de sa cassure, qui fait retrouver l'identité de la matière. Tachez de vous procurer un échantillon de quartz, non pas un échantillon du cristal de roche le plus diaphane et le mieux cristallisé, mais de préférence, au contraire, du plus vulgaire, cristallisé confusément; et quand vous l'aurez bien examiné, surtout dans la cassure, vous vous habituerez sans trop de peine à reconnaître le quartz partout où il se rencontrera; du reste, nous aurons bientôt occasion de faire plus ample connaissance avec cette importante matière.

Prenez maintenant une vulgaire pierre à fusil, un gros caillou de *silex* (d'où les noms chimiques de *silice* et de *silicium*). Le *silex* est de la *silice*, comme le quartz ; mais c'est de la silice sous une autre forme, à un état différent. La surface extérieure d'un silex est souvent lisse et polie, blanchâtre, comme vitreuse. Brisons la pierre pour examiner sa cassure; vous observez qu'elle est très dure et se brise en fragments à bords aigus et tranchants. La cassure est ordinairement quelque peu courbe, lisse, mais non d'un vif éclat ; le fragment est demi transparent à ses bords amincis. Le silex offre des teintes blanches souvent, parfois une couleur grise, brune ou même noire. Mais, étant prévenus de ces différences de teintes, si vous avez examiné attentivement un morceau de pierre à fusil, surtout sa manière de se casser, difficile à décrire, mais très caractéristique, vous n'hésiterez pas à reconnaître le silex ordinaire, extrêmement répandu dans les pays *calcaires*, comme le quartz dans les pays *granitiques*. Le silex se rencontre surtout au sein de certaines roches, sous la forme de gros noyaux irrégulièrement arrondis. Beaucoup de ces noyaux sont creux à l'intérieur, et si on les brise on voit la cavité tapissée de jolis cristaux de quartz : c'est ce qu'on nomme une *géode*. Imaginez un silex très pur, à grains excessivement fins, et d'une belle demi-transparence, souvent relevée par les plus vives teintes : vous avez l'*agate*. L'agate ordinairement se présente en noyaux comme le silex, et ces noyaux sont souvent formés de plusieurs couches superposées figurant comme des rubans onduleux de couleurs variées ; souvent au centre se trouve une belle géode de cristal de roche limpide. Les agates si finement rubannées, les *onyx* dont on fait d'élégants bijoux, les *cornalines* veinées de jaune et de rouge, ne sont pourtant que de la silice, comme le plus vulgaire caillou ; l'agate est un silex fin, ou, si vous aimez mieux, le silex est une agate grossière, souvent rubannée aussi, mais de moins vives couleurs.

Une autre variété de silex à grains fins, compacte, terne dans la cassure, et de couleur ordinairement foncée, est le *jaspe*, qui se rencontre parfois en grandes masses. Il y a des jaspes rouges, bruns, vert foncé, noirâtres ; des plus belles variétés on fait des objets d'ornement. Enfin l'*opale* demi transparente, aux reflets nacrés, est encore une forme de la *silice*. Tous ces minéraux sont très durs et font feu au briquet, comme le quartz et le silex.

La silice, composée déjà de deux substances simples, en se combinant à son tour avec d'autres matières forme tout un groupe nombreux et très important de minéraux qui portent le nom de *silicates*. Dans ce groupe, distinguons d'abord la famille des *feldspath*. Sous ce nom allemand, rude à prononcer, mais qu'il faut retenir, on désigne un des éléments les plus importants des grandes masses rocheuses. Le feldspath, quand il est cristallisé, l'est toujours moins nettement que le quartz ; ses cristaux sont moins brillants, demi transparents, blanchâtres, laiteux, souvent teintés de jaune pâle, ou doucement rosés, soyeux, empâtés en masses cristallines. Si l'on brise la masse cristalline, elle se *clive*, c'est-à-dire que les petits fragments détachés par le choc offrent des facettes planes et ont eux-mêmes la forme plus ou moins accusée de petits cristaux en forme de prismes aux *arêtes* vives. Nous aurons bientôt occasion d'observer de près cette structure. — De même que le feldspath cristallisé peut être comparé au quartz, de même le feldspath *compact*, non cristallisé, se compare au silex. Sa cassure alors est tantôt lisse et comme vitreuse, d'autres fois grenue ; ses couleurs peuvent varier beaucoup. Sous cette apparence peu caractérisée, il est difficile à reconnaître. Il forme alors des roches massives, et nous aurons lieu de l'étudier sous ce nouvel aspect en parlant de ces roches. Le feldspath est beaucoup moins dur que le quartz et cela seul suffit pour le distinguer de celui-ci : le quartz raye le verre ; le feldspath ne le raye pas ; il est rayé, au contraire, par une pointe d'acier trempé, qui glisse sur le quartz sans l'entamer. Or, comme la matière avec laquelle on est le plus ordinairement tenté de confondre le feldspath est le quartz, vous voyez que dans bien des occasions ce simple caractère peut suffire à déterminer complètement une substance si variable d'ailleurs dans son aspect. Il y a plusieurs espèces distinctes de feldspath. Mais, comme toutes ces substances diffèrent assez peu entre elles et jouent un rôle tout à fait semblable dans la composition des roches, nous pouvons nous en tenir pour le moment à la dénomination générale.

Voici maintenant un autre silicate que vous reconnaîtrez du premier coup d'œil, sans hésiter, à sa structure toute spéciale. Le *mica* (d'un nom qui signifie le *brillant*) se présente quelquefois en larges plaques luisantes d'une transparence parfaite, *flexibles* et *élastiques*, propriétés très rares, avons-nous dit, parmi les minéraux, et se *clivant*, se dédoublant indéfiniment sans effort en feuillets de plus en plus minces. Le plus ordinairement il est en lamelles plus petites ou en paillettes excessivement minces, blanc d'argent ou jaune d'or, quelquefois vertes, noires, mais toujours caractérisées par un éclat vif nacré, scintillant, avec des reflets métalliques. Connaissez-vous la prétendue *poudre d'or* dont on saupoudre l'écriture ? C'est tout simplement du mica jaune en fines paillettes, broyé et tamisé. Du reste nous retrouverons bientôt ce joli minéral, et, quand vous l'aurez vu une fois, vous ne l'oublierez jamais. A côté du mica, mentionnons une autre substance du même groupe qui lui ressemble par plus d'un côté et joue un rôle analogue dans la composition de certaines roches : le *talc*. Le *talc* est feuilleté comme le mica; mais il se clive moins facilement en lamelles minces. Il se présente aussi tantôt en lames assez larges, tantôt en lamelles, en grains pailletés d'une légère couleur grise verdâtre. Il est extrêmement tendre et se raye avec l'ongle; il se réduit très facilement en poudre. Mais ce qui le caractérise plus encore, c'est son aspect gras et son toucher doux, onctueux comme celui du savon. La poussière de talc entre les doigts est extrêmement glissante; et on s'en sert parfois pour enduire des objets dont on veut adoucir le frottement. Nous mettrons à côté du talc un autre minéral qui, comme le talc lui-même, contient une certaine proportion de magnésie : c'est la *serpentine*, substance qui se distingue par sa couleur propre, qui est le vert foncé. L'*amphibole*, qui est verte, presque noire, contient de la *chaux* au lieu de magnésie; et le *pyroxène*, souvent brun ou noir, renferme, en outre de la chaux, une notable quantité de fer. — Nous retrouverons tous ces minéraux dans la composition des roches, et alors nous aurons une meilleure occasion de les comparer, de distinguer leurs caractères.

Pour clore la série des silicates, citons enfin l'*argile*, composée de *silice* et d'*alumine*, c'est-à-dire de l'oxyde du métal appelé *aluminium* (silicate d'alumine). L'argile est, comme nous le verrons, le produit de la décomposition de certaines roches. L'argile parfaitement pure est d'un blanc de neige, extrêmement fine, douce au toucher. Sèche, elle tombe en poussière sous les doigts; pétrie avec de l'eau, elle forme une pâte plus ou moins molle et *plastique*, pouvant se modeler sous la pression des doigts.

L'argile est la matière première de l'industrie *céramique*, c'est-à-dire de l'art du potier. Selon son

degré de pureté plus ou moins parfaite, l'argile est
plus ou moins fine et estimée. L'argile fine, dont on
fait la porcelaine, est appelée *kaolin*. Moins pure,
moins fine, avec une couleur grisâtre, elle constitue
la terre à faïence, la terre à grès ; la terre à poterie
vulgaire est toujours mélangée de sable. Les argiles
sont très souvent teintées de couleurs variées : vertes,
jaunes, rouges, brunes, vineuses ; mais vous les reconnaissez cependant facilement à leur aspect général, à leur propriété de tomber en poussière et de
faire pâte avec l'eau.

A la suite de la série des minéraux dont l'élément caractéristique est la *silice* (silicates), mettons
celle des minéraux calcaires dont la *base* est la
chaux. La chaux, il est vrai, ne joue pas le même
rôle chimique dans la composition de ceux-ci, que
la silice dans la formation de ceux-là ; mais peu importe, au point de vue où nous sommes placés. La
chaux, avons-nous dit, est l'*oxyde* du métal appelé
calcium. Or si ce métal, doué d'affinités trop énergiques, ne peut exister isolé dans la nature, non plus
que le *silicium*, l'*aluminium*, la chaux elle-même,
l'oxyde du calcium ne demeure pas à l'état libre ;
elle s'unit à d'autres substances pour former des
minéraux plus compliqués de structure.

La plus importante de ces matières est un composé triple (sel) dans lequel il entre, avec le calcium
et l'oxygène, du carbone : c'est celui qu'on appelle
carbonate de chaux ou *chaux carbonatée*. Cette substance, elle aussi, est susceptible de formes diverses et
constitue, tout en restant identique au fond, plusieurs
espèces minérales, distinctes par leurs caractères.

La *chaux carbonatée* pure, à l'état cristallisé, est un
beau minéral limpide, incolore, aux larges facettes
éclatantes, qu'on appelle *spath d'Islande* parce qu'il
abonde dans cette île. Le plus ordinairement, il se présente en masses d'une texture cristalline telle que, si
on la brise, chaque fragment détaché offre la forme
d'un prisme à facettes obliques, à arêtes vives, à

angles alternativement aigus et obtus. Le spath d'Islande est fragile, peu dur; une pointe de fer le raie
facilement. Un caractère remarquable de cette substance, c'est que si l'on regarde au travers un objet
quelconque, des caractères d'imprimerie par exemple, les rayons lumineux se brisant, pour ainsi dire,
en deux, lors de leur passage à travers la substance
diaphane, l'objet observé apparaît *double :* phénomène
que l'on désigne sous le nom de *double réfraction.*
Cette propriété appartient également à un très grand
nombre d'autres minéraux; mais le *spath d'Islande*
la manifeste avec une netteté et une facilité d'observation tout à fait caractéristiques. Il y a plusieurs
autres espèces minérales cristallisées formées par la
chaux carbonatée et qui se distinguent surtout par les
formes différentes de leurs cristaux; mais ces espèces,
beaucoup plus rares, sont sans importance au point
de vue géologique.

La même *chaux carbonatée* se présentant cette
fois non plus en cristaux nets, mais en masse compacte et grenue, forme des minéraux très répandus,
éléments de roches très importantes. Il suffit de citer
le *marbre.* Le marbre à l'état pur est le marbre
statuaire, blanc comme le lait, légèrement translucide, et qui montre dans la cassure une texture confusément cristalline, rappelant un peu celle du sucre
en pain. Les autres marbres sont plus compacts. Les
variétés de couleur qui les distinguent tiennent, avons-
nous dit, à des substances étrangères dont ceux-ci
sont imprégnés; et nous avons même choisi ce fait
. pour exemple de la variabilité des couleurs chez les
minéraux. A l'état de pierre plus ou moins compacte
et moyennement dure ou peu dure, de couleur très
variable, en masse grenue, à grains plus ou moins
fins, plus ou moins fortement agrégés, le même minéral *chaux carbonatée* constitue des roches que nous
aurons occasion d'étudier et dont la *craie* offre un
des types les mieux caractérisés. — Sous ces aspects
si divers, on hésiterait à reconnaître une seule et

même substance, si l'on ne s'était familiarisé par l'observation avec chacune de ces formes. Il est toutefois deux caractères, deux petites épreuves qui permettent à l'observateur le moins exercé de reconnaître le minéral chaux carbonatée sous ses déguisements les plus divers. La première est l'épreuve du feu : tout fragment de *chaux carbonatée*, quelle que soit sa variété, sous l'influence d'une forte chaleur rouge se transforme en *chaux vive;* il perd son carbone et un excédant d'oxygène, sous forme d'acide carbonique *gazeux* qui s'envole invisible, et la chaux, *base* du composé, demeure, facilement reconnaissable. C'est ce que fait en grand l'industrie, qui se procure la chaux par la cuisson des diverses sortes de pierres *calcaires* (pierres à chaux); on y emploie le marbre, la craie, le spath, en un mot, la *chaux carbonatée* sous toutes formes.

Un autre *essai*, plus facile encore, consiste à verser sur le fragment à déterminer quelques gouttes d'un *acide*, *acide sulfurique* (vitriol), *acide chlorhydrique*, ou tenez, plus simplement, un peu de fort vinaigre. Voyez-vous apparaître une ébullition, des petites bulles de gaz se produire sur le fragment (c'est l'acide carbonique que cette opération expulse), écrivez dessus sans hésiter : *chaux carbonatée.* — Ah! pardon, il y a une exception, et j'y viens. La *dolomie* est un minéral formé en partie de *chaux carbonatée*, il est vrai, mais qui, de plus, tient en combinaison de la *magnésie*. Moins commun que la précédente, elle en diffère seulement, disions-nous, en ce qu'une partie de la chaux y est remplacée par une quantité équivalente de cette substance blanche, âcre, amère, purgative, qu'on nomme *magnésie*, oxyde du métal nommé *magnésium*, et qui est, pour ainsi dire, la sœur de la *chaux*. Comme la chaux carbonatée, la dolomie s'offre en masses cristallines; elle offre alors une couleur blanchâtre nacrée, parfois légèrement jaunâtre; mais elle est opaque ou seulement translucide, non pas transparente. Comme la chaux carbonatée encore, la dolomie se présente sous forme de roche grenue ou compacte, tout à fait semblable au marbre et plus dure seulement, ou enfin de pierres grossières, semblables aux diverses sortes de pierres à chaux. La dolomie produit aussi avec les acides une ébullition, mais plus lente, moins caractérisée. La *magnésie carbonatée* pure, dépourvue de chaux, est beaucoup plus rare et a peu d'importance.

Revenons aux composés de la chaux. Voici le *gypse*, autrement dit *pierre à plâtre*. A l'état cristallisé, il forme le plus souvent des blocs qui se *clivent* avec une facilité extrême, se lèvent par grands feuillets minces et transparents, et brillent parfois de reflets irisés. C'est, parmi les minéraux, un des plus tendres; l'ongle le raye très facilement, et cette absence de dureté le caractérise très bien. Souvent le même *gypse* se présente sous la forme d'une roche très tendre, très friable, formée de tout petits cristaux brillants enchevêtrés, ou bien d'un grain fin et mat. Ce minéral, *cuit* à une faible chaleur et réduit en poudre, constitue le *plâtre*, usité dans nos constructions. Une autre forme de la même substance plus compacte, plus fine, susceptible d'un certain poli, et possédant une demi-transparence agréable, constitue l'*albâtre*, dont on fait certains objets d'ornement; mais ce minéral assez rare est sans importance au point de vue géologique. Une belle substance qui cristallise ordinairement en gros cubes enchevêtrés, diaphanes, souvent teints des nuances les plus vives et les plus variées, est le *spath fluor*, composé de chaux, d'oxygène et d'un corps simple nommé *fluor*. Il est d'une dureté moyenne, se taille et se polit facilement; des beaux échantillons on fait des coupes, des objets de luxe d'un aspect très riche. Ce beau minéral a surtout ceci pour se recommander à nous qu'il accompagne très souvent les minerais métalliques, au sein des filons. Citons enfin la *chaux phosphatée*, composé où la chaux entre en combinaison avec le phosphore et l'oxygène. Cette substance, de dureté moyenne, de couleur blanchâtre, assez rarement cristallisée, a acquis une certaine importance pour l'agriculture, qui l'exploite, à titre d'*amendement*, comme un excitant puissant de la végétation.

Généralités sur les minerais métalliques. — Nous venons de décrire sommairement les principales *espèces minérales*, éléments essentiels des roches. Il nous reste à jeter un rapide coup d'œil sur d'autres substances qui appellent notre attention à titre de matériaux précieux de l'industrie humaine. Commençons par les minerais métallifères, et, ne pouvant ici les décrire individuellement, contentons-nous de quelques notions générales sur leur composition. Les minéraux contenant dans leur composition un métal ou plusieurs métaux associés sont très nombreux et très diversifiés ; leurs beaux échantillons, par leurs teintes éclatantes et variées, leurs cristaux à facettes brillantes, font l'ornement des collections. Mais la plupart de ces combinaisons n'offrent d'intérêt que pour le savant ; le mineur les néglige, parce qu'ils ne constituent pas des *minerais*. Le terme de minerai n'a pas, comme ceux de minerai de roche, une signification *spécifique* nettement définie, au point de vue de la science : j'entends qu'il n'exprime pas un caractère essentiel tenant à la nature même des substances ainsi désignées. C'est une expression de sens vague et tout *empirique*, c'est-à-dire n'ayant de valeur qu'au point de vue pratique et industriel. Est *minerai* tout minéral ou mélange de minéraux contenant un métal en proportion et dans des conditions telles qu'il y ait avantage à l'extraire, et se rencontrant dans la nature en masses suffisantes pour valoir les frais de recherche, d'exploitation, de traitement. Cette qualification dépend à la fois de l'abondance de la matière, de sa richesse proportionnelle, de la valeur du métal qui y est contenu. En un mot, l'expression de *minerai* correspond à l'idée d'*exploitable*. La valeur de ce terme, subordonné à toutes sortes de conditions économiques, est donc toute relative, et variable, vous allez voir jusqu'à quel degré. Le *fer*, par exemple, n'a qu'une faible valeur vénale, à cause de son abondance. Une matière contenant seulement un dixième de son poids, 10 0/0 de métal, ne payerait pas par son *rendement* (produit) les frais d'extraction , de combustible, de force motrice, de main-d'œuvre, etc., nécessaires à sa transformation; elle n'est donc pas exploitable, économiquement, industriellement : ce n'est pas un *minerai de fer*. Pour avoir droit à cette qualification, il faut que la masse minérale contienne au moins le quart de son poids de métal, ou, comme on dit, soit au *titre* (richesse relative en métal) de 25 0/0 environ. Tout au contraire, l'argent ayant une haute valeur, des matières argentifères ne contenant que deux ou trois millièmes de leur poids d'argent disséminé dans leur masse constituent des minerais d'argent, qui seront même avantageusement exploitables si l'abondance de la matière compense sa faible *teneur* en métal. De même un mélange de substances renfermant 1 0/0 de cuivre est exploitable et doit porter le nom de minerai de cuivre. — Mais, si le prix de l'argent ou du cuivre venait à baisser, ces mêmes matières aujourd'hui exploitées, ne couvrant plus les frais du travail, seraient abandonnées et perdraient leur dignité de minerais. Imaginez que le fer vienne à augmenter de valeur, ou que, ses plus riches *gisements* étant épuisés, on soit obligé de se rabattre sur de moins riches ; ou, ce qui est bien plutôt dans la donnée réelle, admettez qu'une nouvelle méthode de traitement réduise considérablement les frais du travail transformateur; il deviendra possible de tirer parti d'une matière ferrugineuse au titre de 10 0/0, aujourd'hui négligée ; elle deviendra exploitable et prendra rang parmi les minerais. Ceci bien compris vous explique pourquoi les minéraux métallifères étant très nombreux, les *minerais* appartenant au domaine de l'industrie sont au contraire en nombre assez restreint.

Un métal peut se rencontrer dans la nature en deux conditions distinctes : à l'état natif, c'est-à-dire isolé, non combiné, à l'état métallique enfin ; ou bien au contraire à l'état de combinaison, faisant partie intégrante de certains minéraux composés, en compagnie de divers autres éléments dont un traitement métallurgique approprié aura pour but de le séparer. Cette dernière condition est de beaucoup la plus commune. Les éléments simples qui accompagnent les métaux dans les minerais sont, le plus ordinairement, l'*oxygène* et le *soufre*, surtout ce dernier. Le *carbone* s'y rencontre assez fréquemment, beaucoup plus rarement le *chlore*, le *phosphore*, l'*arsenic*, enfin le *silicium*. Le nom minéralogique de la substance indique sa composition. Ainsi, quand le métal est uni à l'oxygène, de manière à constituer une sorte de *rouille* comparable à celle qui se forme sur le fer, un *oxyde* en un mot, le minerai prend la qualification d'*oxydé*; on dit : *fer oxydé, cuivre oxydé, étain oxydé*. Il y a souvent, pour un même métal, plusieurs combinaisons *oxydées* différentes, que l'on distingue alors par des noms ou des adjectifs particuliers. Si le métal est en combinaison avec le *soufre*, le minerai est dit *sulfuré : cuivre sulfuré, argent sulfuré, zinc sulfuré*. De toutes les substances qui entrent dans la formation des minerais métallifères, la plus importante est le *soufre;* les minerais sulfurés sont les plus abondants; le soufre, disent les mineurs, est le grand *minéralisateur* des métaux. Les minerais, assez rares, qui contiennent du *chlore*, sont dits *chlorurés*. Le *carbone*, toujours accompagné d'*oxygène*, forme avec les métaux des composés triples (sels) appelés *carbonates*. On dit : le *fer carbonaté*, le *zinc carbonaté*. Le phosphore, l'arsenic et le silicium, forment avec les métaux et l'oxygène les minerais *phosphatés, arséniatés, silicatés*.

Combustibles minéraux et substances industrielles diverses. — Il nous reste un mot à dire de certaines substances accidentelles exploitables, qui n'appartiennent pas à la classe des minerais, quoiqu'ils se rencontrent dans le sol en des conditions à peu près identiques. Le titre de minéral pourrait même être contesté à la plupart d'entre elles, puisque la *houille,* par exemple, à laquelle nous faisons allusion, est, ainsi que tout le monde le sait, le produit d'une certaine décomposition de matières *organiques*, de débris végétaux. Nous dirons, si vous voulez, que la houille est une substance *minéralisée...* La base, l'élément essentiel et dominant, dans tout ce groupe important, est le carbone ; mais, sauf dans le *graphite,* dont nous avons déjà parlé et qui est du carbone presque pur, l'*hydrogène* s'associe à cet élément fondamental sous diverses formes de combinaison et dans des proportions diverses. A côté de la houille proprement dite, qu'il est inutile de décrire, et outre le *lignite*, qui n'est qu'un produit végétal incomplètement transformé et pour ainsi dire une houille imparfaite , la *tourbe* , qui conserve encore la texture végétale et n'a subi qu'un commencement de minéralisation, il faut encore ranger les *bitumes*, plus riches en hydrogène que la houille, de couleur noire ou brune , tantôt solides , durs même et cassants (*asphalte*), tantôt mous, demi-coulants, comme le goudron, ou même plus fluides. Par l'intermédiaire de ceux-ci, nous arrivons aux diverses variétés de *pétroles,* *naphtes*, huiles minérales très connues aujourd'hui, et qui se rencontrent dans la nature, quelquefois limpides et pures, le plus souvent noirâtres et souillées de bitume, faciles à reconnaître à leur odeur caractéristique, à leur inflammabilité. En dehors des composés charbonneux, nous devons rappeler le *soufre,* qui se présente à l'état de minéral avec tous ses caractères si tranchés, et souvent très nettement cristallisé ; enfin deux sels : l'un, le sel proprement, le sel par excellence, le *chlorure de sodium*, qui porte le nom de *sel gemme* lorsqu'on le rencontre dans le sol à l'état de masses solides; l'autre est le *sel de nitre* ou *salpêtre* naturel, *azotate de soude*, de saveur fraîche et salée, qui, jeté sur des charbons ardents, excite vivement leur combustion.

DEUXIÈME PARTIE

LES ACTIONS GÉOLOGIQUES CONTEMPORAINES

Le travail des eaux.

Érosions, transports et dépôts. — Un pli de terrain
se creuse entre deux modestes chaînes de collines.
Depuis la double *ligne de faîte* que forme la série de
leurs humbles sommets, l'étendue des versants et
le fond de la petite vallée constituent le *bassin* d'un
ruisselet sans nom. Toutes les eaux pluviales tombant
sur cette superficie, toutes les sources jaillissant des
fentes du rocher et les eaux qui s'égouttent lentement des terres humides se réunissent dans son lit.
Son cours, abandonné à sa pente naturelle, occupe
le *thalweg*, c'est-à-dire la partie la plus profonde du
pli. A l'origine, la vallée est étroite et resserrée ; les
versants, courts et rapides, lui donnent l'aspect pittoresque d'un petit ravin. Plus loin, elle s'élargit ; les
pentes opposées se raccordent par des inclinaisons
plus douces ; au-dessous, elle s'ouvre, et entre les
versants s'étale la nappe verdoyante d'une prairie. La
pente du *thalweg*, elle aussi, assez forte d'abord, va
s'affaiblissant graduellement à mesure qu'on suit au
fil de l'eau le petit sentier qui borde les rives. Près
de sa source l'eau fuyait rapide et bruyante sur les
cailloux, dans l'étroite coupure de son lit, dispa-
raissant à chaque instant sous le lacis des ronces et
des houblons sauvages ; mais bientôt ses rives s'écar-
tent, son courant s'étale et se calme, et là-bas, dans
la prairie, elle se traîne en *méandres* errants, entre

les saules gris. — Sur les sommets dénudés, sur les versants des collines, chaque jour les intempéries, les alternatives d'humidité et de sécheresse, les pluies, les gelées, l'ardeur du soleil, désagrègent peu à peu la roche ; sa superficie altérée tombe en sable, en poussière. Les racines des plantes, s'enfonçant dans les fentes de la pierre, travaillent à les agrandir et ouvrent le chemin aux eaux ; la mousse entretient sous ses plaques vertes une humidité qui ronge la pierre. C'est ainsi que sur la roche dure et nue, à ses dépens, s'est formée une mince couche de terre végétale qui la recouvre presque partout, et que les mousses, les herbes courtes retiennent entre leurs racines enchevêtrées. La terre végétale, nourricière des plantes, n'est autre chose, en effet, que de la pierre égrainée, décomposée, plus ou moins engraissée de débris de végétaux (*humus*). Mais voici qu'un orage éclate ; la pluie, tombant à flots, fouette le sol, ruisselle fangeuse. Des milliers de petits torrents se forment, se précipitent sur les pentes, délayant la terre, entraînant les sables et les petits cailloux, ravinant les versants ; après l'averse, vous pourrez voir leurs traces sillonnant profondément les sentiers. Toutes ces eaux troubles et chargées descendent au fond du ravin, vers le ruisseau. Ce filet d'eau murmurante accomplissait son travail lent, insensible, mais persistant, sans cesse creusant son lit, minant en dessous ses rives, rongeant grain à grain le roc sur lequel il court, et entraînant les fines parcelles de sable arrachées. Subitement grossi, il précipite son élan ; impétueux, grondant, prêt à déborder, il s'en prend à ses rives trop resserrées, les affouille de ses remous violents. Les eaux jaunies entraînent les sables, les limons, roulent les cailloux au fond du lit. Chaque averse a ainsi pour effet d'enlever aux croupes des collines, aux pentes des versants des parcelles de roches désagrégées, de les raviner, de les dénuder : le ruisseau, surtout lors des crues, charrie des débris plus ou moins finement broyés. —

C'est bien peu de chose ce qu'en un jour d'orage les pluies peuvent enlever à la colline ; c'est bien peu de chose, le grain de sable que le patient travail du ruisseau arrache au fond de son lit. Oui ; mais pensez aux siècles, aux milliers d'années ; depuis combien d'hivers les pluies lavent les collines, le ruisseau coule dans le pli de la vallée : et alors vous comprendrez que ce travail accumulé des eaux arrive à modifier sensiblement le relief du sol. Vous comprendrez que le ruisseau lui-même non seulement se soit scié dans le roc l'étroite entaille de son lit, mais ait, sinon creusé à lui seul, du moins considérablement approfondi le petit ravin qui l'enserre. — On donne le nom d'*érosion* à cette action destructive des eaux.

Mais que dis-je ? Rien n'est détruit, au sens absolu du mot. La matière qui constituait la roche, réduite en fragments, en limon, n'est que *transformée*, et surtout *déplacée*. Il faut bien qu'elle se retrouve quelque part. Ce que les eaux ont pris ici, il faut qu'elles le déposent ailleurs. Tout travail d'*érosion* est donc nécessairement accompagné de *transport*, et d'une action compensatrice de *dépôt*. C'est, du reste, ce que nous pouvons observer sans sortir de notre petite vallée. Descendons un peu le cours du ruisseau ; bientôt, là où la pente devient moins forte, où le courant se ralentit, nous retrouverons ce qui a été enlevé plus haut. En outre, une sorte de triage s'est accompli tout naturellement. Les plus gros fragments, entraînés au cours torrentueux du ruisseau grossi par l'orage, s'arrêtent dès que la pente devient moins rapide ; ils s'étalent, tapissent le fond du lit élargi, s'accumulent en couches plus ou moins épaisses, sur lesquelles l'eau fuit agitée. En certains endroits du lit nous pourrons observer des amas de cailloux longtemps *roulés*, dont le frottement aura plus ou moins arrondi les angles. Les grains plus fins de la roche sont encore entraînés au delà par le courant, qui n'a plus la force de remuer les cailloux. Les eaux calmées vont les étendre en molles et blondes cou-

ches de sable au fond du lit, ou les étaler en de
petites plages au détour des *méandres* qu'elles tracent
dans la prairie. Les parcelles imperceptibles de limon
qui troublent, plusieurs jours encore après les averses,
la transparence de l'eau, seront emportées au delà.

Imaginez qu'un accident de terrain ou une digue
élevée de main d'homme interrompe la pente du
thalweg. Devant l'obstacle, les eaux accumulées dans
la cavité viennent former un étang. Là, elles s'étendent, se reposent et s'épurent. Les limons descendent
lentement, s'étalent en couches au fond. C'est à l'embouchure du ruisseau, dans la partie la moins profonde, là où le cours de l'eau se trouve tout à coup
suspendu, que le phénomène est le plus apparent.
Les limons successivement déposés, accumulés, ont
fini par s'élever jusqu'à la surface de l'eau ; ils forment de petits îlots bas et fangeux, entre lesquels le
courant divisé se fraye de tortueux passages. Une
végétation aquatique touffue, les glaïeuls, les roseaux,
les joncs s'emparent de ces îlots, les fixent, retiennent la vase entre leurs racines feutrées. Les dépôts
sans cesse ajoutés font croître les îlots et envahissent
sur l'étang ; ils arrivent à transformer en marécage
la partie la moins profonde, à l'embouchure du ruisseau ; tandis que d'autre part, un peu plus en *amont*,
les terres marécageuses provenant de dépôts plus
anciens formés de même sont en train de se dessé-
cher graduellement et se couvrent d'herbes serrées.
Le fond monte peu à peu ; le marécage gagne sur
l'étang, la prairie sur le marécage. Toutes ces actions
ont pour effet de combler lentement l'étang et de réduire l'étendue de sa nappe. En sorte que, si elles se
continuent indéfiniment, l'étang finira par disparaître
totalement, transformé en une étroite plaine de terrain ferme, au milieu de laquelle le ruisseau traînera
son cours lent et sinueux. — Mais ceci déjà ne vous
fait-il pas pressentir que toute l'étendue plane de terres
meubles qui comble et nivelle le fond de la vallée a
dû avoir une semblable origine ? Quelques coups de

bêche donnés dans la prairie confirmeront cette induction, en nous montrant que ce terrain bas et plat
est constitué de couches superposées de sable et de
limon, pareilles à celles que nous reconnaissons aujourd'hui, en voie de formation, à l'embouchure du
ruisseau dans l'étang. — Ces bancs de cailloux anguleux ou roulés, ces couches de sables, de terres, de
vase, se désignent sous le nom général d'*alluvions*,
qui rappelle leur commune origine. Ceci encore est
le travail des eaux; l'envers, pour ainsi dire, de leur
œuvre d'*érosion*. Leur action, en définitive, est donc
de dénuder, de raviner et d'abaisser les collines, de
combler et relever graduellement la vallée; elle tend,
en un mot, à niveler le sol. Je conviens avec vous
qu'elles auront fort à faire, même ici, même en
admettant qu'aucune autre cause n'intervienne pour
défaire leur ouvrage... mais c'est sur le travail
déjà accompli, qu'il faut fixer un instant notre
attention.

Tout d'abord, il est bien évident que la nature de
ces *matériaux de transport* dépend de celle des *roches en place*, dont ils représentent les débris. Un
simple coup d'œil jeté sur des cailloux un peu volumineux nous permettra de reconnaître leur provenance. Et si les collines qui bordent le *bassin* sont,
en des endroits différents, formées de roches de
nature distincte, parmi les fragments entremêlés dans
le lit du ruisseau il sera facile de déterminer ceux
qui descendent de chaque massif. Le sable même et
les limons accuseront leur origine à un examen plus
approfondi. — Autre conséquence toute naturelle de
leur mode de formation : c'est que les alluvions sont
disposées en couches plus ou moins étendues, mais à
peu près *horizontales* ; de plus, elles sont *superposées
par ordre de date*, chaque *lit* nouveau venant s'étendre par-dessus les lits déposés antérieurement. Une
tranchée ouverte dans le sol de la prairie, offrira
à notre observation, en nous les montrant *en coupe*
(c'est-à-dire par leur épaisseur coupée), ces couches

étagées plus ou moins distinctes, les plus anciennes dessous, les plus nouvelles à la surface.

Une observation encore. Tandis que les alluvions s'accumulent lentement sous la nappe paisible, les débris des *êtres organisés* qui vivent et meurent dans les eaux de l'étang ou sur ses rives, d'autres débris semblables charriés par le ruisseau, tombent au fond et se trouvent ensevelis dans la couche de dépôt en train de se former. Ce sont, par exemple, des arêtes de poissons, de fragiles coquilles de *limnées* et de *planorbes*, sorte de limaçons aquatiques très communs dans toutes nos eaux; puis des fragments de branches mortes tombées des arbres qui se penchent sur la rive, des feuilles à demi décomposées, que le vent a jetées au ruisseau. Si donc nous creusons le sol de la prairie, ancien dépôt formé dans de semblables circonstances, nous devrons naturellement rencontrer sous la bêche des traces plus ou moins abondantes d'êtres organisés ayant vécu dans les eaux tandis qu'elles recouvraient encore cette partie du sol, et dont les restes ont été ensevelis dans les alluvions, alors en voie de formation. Ces débris de la vie sont des *témoins* des phénomènes de dépôt anciennement accomplis; ils nous en retracent l'histoire. En sorte que si en un point quelconque du terrain par nous exploré nous découvrons de semblables restes, leur seule présence nous atteste que ces couches du sol où ils gisent ont eu une semblable origine, et que ce lieu fut jadis recouvert par les eaux.

Avant de quitter notre petite vallée, remarquons encore vers l'embouchure du ruisseau, près de l'eau peu profonde, sur une place moins envahie par les limons, une certaine étendue de terrains spongieux et tremblants, couverts d'une végétation vivace et serrée. Ce sont des mousses aquatiques (*sphaignes*) d'un vert vif, des *prêles* légères, tout un fouillis indiscernable de plantes marécageuses. Notre coup de bêche entamerait ici, non plus de la terre et du sable, mais une masse fibreuse, feutrée, de débris de plantes, de feuilles, de racines enchevêtrées, plus ou moins décomposée et noircie. La surface verdoie; au-dessous, les parties mortes, étouffées, s'entassent et se compriment. Cette accumulation de débris végétaux va croissant avec lenteur. Nous trouverions sans doute quelques couches semblables, plus anciennement formées et ensevelies depuis sous une plus ou moins grande épaisseur de terres superposées, dans certaines parties de la prairie où le sol est resté longtemps marécageux. C'est la *tourbe*, qui, extraite à la bêche et desséchée à l'air, fournit aux paysans des hameaux voisins un combustible économique.

Les mêmes phénomènes d'*érosion*, de *transport* et de *dépôt* que nous avons observés se produisant en petit dans l'étroit bassin de notre ruisselet, vous devez bien vous attendre à les retrouver s'accomplissant avec des proportions grandioses sur la vaste étendue des continents et le puissant relief des hautes terres. Partout l'élément fluide et mobile est aux prises avec l'élément solide; et toujours c'est le premier qui l'emporte : toujours le mouvement a raison de l'inertie, l'eau a raison de la pierre. C'est partout et sans trêve que les pluies, aidées de l'action de l'air, des chaleurs, des gelées qui désagrègent la pierre, patiemment, irrésistiblement, travaillent à ameublir la surface du sol; et le résultat de ce travail de désagrégation a été tout d'abord d'étendre à la superficie des continents, comme un manteau sur l'âpre nudité du roc, la couche de terre végétale, la terre arable, richesse du globe, nourricière des plantes, des animaux et de l'homme. Partout, les eaux courantes sont à l'œuvre pour modifier le relief même du sol, acharnées à abaisser les montagnes, à raviner les plateaux, pour combler de leurs débris les vallées, les lacs, le lit même des mers : œuvre gigantesque et qui, à première vue, peut nous paraître hors de proportion avec la cause. — Mais quiconque veut avoir une idée de la puissance destructive des eaux doit parcourir les pays de montagnes. Là, toutes les

pentes se montrent âprement sillonnées et pour ainsi
dire déchirées. Chaque pli a son torrent, et chaque
torrent s'est creusé une brèche profonde, comme une
blessure béante au flanc de la montagne. Au fond de
la coupure grondent les eaux sauvages, qui travaillent sans cesse à l'approfondir encore, à la transformer en un précipice vertigineux. Lors des crues,
à l'époque des grandes pluies ou de la fonte des
neiges, la violence exaspérée du torrent devient véritablement effrayante. Les eaux tourbillonnent, se
précipitent, entraînant des débris, roulant des pierres
énormes; et ces pierres qu'elles ont arrachées deviennent des instruments de destruction, un moyen pour
saper le rocher, broyer les cailloux. Des pans énormes, minés par la base, s'écroulent; le torrent en
précipite les débris, les roule en cailloux arrondis
par le frottement incessant, les broie en sable que le
courant emporte au loin. Avec les siècles, le cube de
matériaux ainsi déblayés est énorme. De toutes parts
le massif est entamé. Un coup d'œil que l'observateur, du haut de l'un des sommets, jette sur l'ensemble des formes de la chaine lui révèle l'immensité
du travail accompli par les eaux : tous les flancs
ravinés, cannelés par de vastes *couloirs d'écroulement*;
toutes les cimes amincies, dégradées, abaissées ; les
hautes vallées recreusées. Le bloc montagneux a pour
ainsi dire été sculpté et refouillé; si bien qu'en maint
endroit il ne reste plus, semble-t-il, que le squelette
décharné de la montagne.

Mais peut-être se rend-on plus facilement compte
de l'étendue de l'œuvre d'érosion en appréciant la
puissance des dépôts qui en représentent la contre-
partie. Au sortir des passes étroites de son ravin,
quand le torrent débouche dans la vallée plus large
et plus ouverte, ses eaux fougueuses se calment sur
la pente moins rapide; elles abandonnent alors les
blocs entraînés, les cailloux roulés qu'elles ne peuvent
emporter plus loin. Ces *galets* s'étalent latéralement
en talus, en vastes *plages*, que chaque crue vient

remanier, augmenter en largeur et en épaisseur. La masse de débris ainsi accumulée par certains cours d'eau torrentueux, tels que ceux des Alpes, l'Isère, le Drac, la Romanche, etc., est vraiment incroyable. Pour citer un seul exemple, la fougueuse Durance, en plusieurs endroits de son cours, a comblé la vallée de couches de cailloux roulés sur plus de 2 kilomètres de largeur ; et l'épaisseur de ces dépôts dépasse sur certains points 15 ou 20 mètres. La même Durance, dans ses crues redoutables, et le Rhône lui-même, grossi par ses affluents débordés, ont jadis entraîné, étape par étape, jusqu'à leur embouchure, l'effrayante quantité de cailloux roulés, qui étalés en couche nivelée forment le sol de la vaste et stérile plaine de la *Crau* provençale, s'étendant d'Arles à l'étang de Berre, sur plus de 33 lieues carrées de superficie. Là, le minéralogiste qui ramasse un de ces galets épars reconnaît la roche dont il représente un débris ; et souvent il pourra dire de quel sommet a été détaché ce fragment, par quel torrent il a été roulé, par quel chemin accidenté, de ravin en ravin et de vallée en vallée, il est arrivé à plus de 60 lieues peut-être de son lieu d'origine. — Ailleurs, ce sont des lacs de montagnes, au lit large et profond, que les torrents qui les alimentaient ont fini par faire disparaître, en les comblant de blocs, de pierres, de galets. — Les eaux calmées, qui n'ont plus la force de rouler les gros cailloux, entraînent encore des graviers arrondis, des sables, des limons, qui représentent la partie la plus finement broyée de la roche. Les rivières même et les fleuves paisibles des pays de plaines emportent dans leur cours des graviers, des sables, des *troubles* qu'ils ont eux-mêmes enlevés à leurs bassins, ou qui leur ont été apportés par leurs affluents torrentueux. Arrivés dans les larges vallées et les plaines, la rivière ou le fleuve déposent à leur tour ces sables, ces limons, sous forme de bancs mollement étalés. Comme notre petit ruisselet a comblé le fond de son étroit et sinueux bassin, ainsi le grand

fleuve, proportionnant son œuvre à sa puissance, a
étendu tout le long de son cours, sur les vallées ouvertes et les plaines à perte de vue, les nappes de ses
alluvions, dont la surface, enrichie par le limon, se
couvre d'une mer d'herbages ou de moissons dorées.
Cependant, surtout à l'époque des crues où les eaux
du fleuve sont rapides et troubles, le courant entraîne
au delà, et jusqu'à son embouchure, les sables fins et
les parcelles limoneuses. Ici la pente se trouve tout à
coup supprimée; le flot s'étale et se nivelle avec les
eaux de la mer. Les troubles se déposent en couches
vaseuses. Si l'agitation des vagues, les courants marins,
les marées ne les délayent à mesure, les couches de
limon superposées ne tardent pas à encombrer le
débouché des eaux. Comme à l'arrivée de notre petit
ruisselet dans l'étang, il se forme à l'embouchure du
fleuve des îles basses croissantes qui finissent par se
rejoindre et former un atterrissement continu, à travers lequel le courant du fleuve s'ouvre passage, se
divisant en plusieurs branches étalées en éventail.
Ces étendues de terrains plats et marécageux sont ce
qu'on appelle des *deltas*, du nom d'une lettre grec-
que (Δ) qui rappelle leur forme à peu près triangulaire.
Les deltas du Nil, celui des *Bouches-du-Rhône*, ceux
du Pô, du Danube, nous offrent les plus beaux exemples de ces formations fluviales. Le delta va croissant, par l'apport de nouveaux limons; en amont, il
se dessèche et se transforme en terres propres à la
culture; de l'autre côté, il gagne sur la mer. Et ne
croyez pas que cet accroissement soit insensible;
chaque année, par exemple, le Rhône ajoute à son
delta une bordure de rivage d'une cinquantaine de
mètres de largeur; une tour bâtie sur le bord au
temps de Louis IX (1240) est maintenant à plus de
2 lieues de la mer. On estime à près de 20 millions
de mètres cubes le volume de limon apporté et dé-
posé chaque année par le fleuve travailleur. Le Pô en
dépose au moins le double, le Danube plus encore.
La seule petite rivière de l'Aude, qui descend en

bondissant les pentes ravinées des Pyrénés orientales, en charrie à la côte, dans le même temps, près de 2 millions. Imaginez un bloc cubique de rocher de 125 mètres de hauteur, avec autant de largeur et d'épaisseur à la base : voilà, réunie sous un coup d'œil, la masse de pierre que ce modeste cours d'eau arrache chaque année à ses vallées, brise, broie et emporte réduite à l'état de fine bouillie. Ces exemples, qu'on pourrait indéfiniment multiplier, suffiront pour vous faire comprendre cette affirmation des géologues, qu'avec les immenses périodes de siècles accumulés la seule action des eaux a rongé et abaissé des montagnes, creusé des vallées profondes, nivelé de vastes plaines, en un mot a considérablement modifié et continue de modifier sans cesse le relief des continents.

Phénomènes glaciaires. — Même à l'état de neige et de glace, l'eau enchaînée dans son cours n'a pas perdu pour cela sa force destructive. Les masses énormes de neige que les hivers entassent sur les hauts sommets, sur les Alpes, par exemple, ne s'accumulent pas indéfiniment : sans cela, la montagne irait indéfiniment croissant en hauteur, ce qui n'est pas. Une grande partie de ces neiges fond à la saison chaude et verse dans les ravins les *eaux sauvages* qui grossissent les torrents. Sur les cimes les plus élevées où la neige ne fond pas complètement, elle glisse par son poids sur les pentes. Souvent elle s'accumule durant de longs mois, durcit, puis tout à coup se détache, s'écroule en fougueuses *avalanches* : telle, au dégel, celle qui charge nos toits glisse sur le plan oblique de l'ardoise et s'écroule sur la tête des passants... Mais dans la montagne l'avalanche est un phénomène grandiose et formidable. La masse de neige et de glace qui se détache est énorme. Elle coule lentement d'abord ; puis sa vitesse s'accroît, son impulsion devient irrésistible. Dans son écroulement, elle sillonne le roc, arrache, broie, entraîne des pierres, de gros blocs même ; puis tout ensemble se précipite avec un bruit de tonnerre au fond des ravins. Là, la neige s'accu-

mule, se tasse, se durcit en glace compacte : c'est le
glacier. Ce couloir, plus ou moins large et ouvert ou
resserré et tortueux, a sa pente vers la vallée : c'est
le *lit* du glacier. Mais la glace n'y dort pas absolument immobile ; elle glisse lentement et régulièrement sur la pente, à mesure que vers la partie inférieure la glace fond à la température plus douce des
lieux moins élevés, tandis qu'au haut du couloir s'entassent de nouvelles neiges durcies qui agissent par
leur pression. Dans son lent mouvement de glissement, — quelques centimètres par jour, — le glacier
entraîne la boue, les pierres, les blocs qu'y ont précipités les avalanches ; les débris forment sur la glace
de longues traînées, qui doucement cheminent vers
la vallée.

Enfin, arrivés au bas de la coulée, là où fond la
glace, les blocs éboulés forment un entassement graduellement croissant, comme une sorte de digue qui
obstrue le débouché et qui porte le nom de *moraine*
(terminale). La masse des débris ainsi arrachés des hauteurs et transportés dans la vallée est considérable :
certaines moraines de glaciers sont de véritables collines. D'autre part, le lit même du glacier a subi une
action remarquable ; par suite du frottement de la
glace et des cailloux qu'elle entraîne dans sa descente,
son fond, ses bords ont été pour ainsi dire rabotés ;
les roches qui le forment ont leur surface usée, polie,
striée, c'est-à-dire sillonnée de raies dans le sens du
mouvement. Leurs saillies ont été émoussées et régulièrement arrondies en *dos ;* elles offrent l'aspect qui
leur a fait donner le nom de roches *moutonnées*. Ces
phénomènes sont observables partout où la fusion
complète de la glace met à nu le roc des couloirs.

Érosions marines. — Les eaux des lacs, mais bien
plus encore celles des grandes mers agitées par les
courants et les marées, soulevées par les tempêtes,
produisent sur les rivages des effets d'érosion, de
transport et de dépôt tout à fait comparables à ceux
des eaux courantes. Les vagues qui se brisent contre

les rochers les attaquent, les minent en dessous, creusent à la base leurs pans menaçants; et bientôt ceux-ci s'écroulent comme un mur qui surplombe. La mer alors s'empare de ces débris; dans son mouvement éternel le flot les roule, les broie en sable, en fragments que le frottement arrondit. Ainsi voit-on sur beaucoup de rivages d'immenses plages de *galets*, de cailloux roulés, qui s'étendent au pied des falaises escarpées. Là où les courants sont rapides et la *houle* des vagues puissante, si surtout la roche est de faible dureté, l'œuvre destructive est rapide. C'est ce qu'on peut observer le long des hautes falaises normandes, qui se dressent de l'embouchure de la Seine à celle de la Somme comme un long mur ébréché sans cesse assailli par les vagues. Au cap de la Hève la falaise recule de plus de cinq mètres chaque année; deux fois, trois fois dans le cours d'un siècle, il a fallu abattre le phare qui dominait le promontoire, pour le reconstruire en arrière.

Mais si la mer détruit, elle construit aussi : c'est la compensation nécessaire. Nous venons déjà de dire un mot des puissants dépôts de cailloux roulés qu'elle étend le plus souvent au pied même des falaises dont ils représentent les débris. Mais les sables et les limons sont emportés plus loin par les courants et déposés, soit au fond du lit, soit le long des rivages; ils forment, là de vastes *bancs* qui parfois s'élevant jusqu'à fleur d'eau deviennent dangereux pour les navigateurs, ici d'immenses plages de sable ou de vase. Du haut de quelque rude promontoire déchiqueté par le ressac de la lame, combien de fois ai-je contemplé la merveilleuse grève de Saint-Malo, arrondissant sa courbe gracieuse et étalant son immense tapis d'un sable fin et blond, souple et moelleux au pied, sans un pli, sans une ride... Voilà les grains de quartz arrachés un à un, les paillettes argentées de mica; ceci, je le reconnais, c'est bien le vieux granit breton, mais broyé et tamisé par la mer. Ailleurs, c'est sur les côtes basses, au fond des golfes, que la mer accumule des limons sous forme de larges bandes vaseuses ajoutées au vieux littoral. Les *alluvions marines*, comme celles qui doivent leur naissance au travail des grands fleuves, créent des îles basses plus tard reliées entre elles, de longs cordons de terres à demi submergées, étendues indécises entre la mer et la terre, qui graduellement se transforment en marécages salés, semés de *lagunes* (mares) ; puis se raffermissant, s'asséchant et se dessalant, par l'action alternative du soleil et des pluies, peuvent enfin devenir des terres fermes et fertiles.

Actions dissolvante des eaux. Incrustations. — Briser, broyer, désagréger les roches, en entraîner les débris pour les déposer ailleurs, ce n'est pas le seul mode d'action des eaux. Elles peuvent en outre dissoudre certaines matières minérales. Prenons pour exemple le sel. L'argile ne peut que se délayer dans l'eau, le sel s'y dissout : différence très grande. Dans le premier cas, les petits fragments de la matière solide finement broyée sont flottants dans la masse liquide agitée, ils en troublent la transparence ; par le repos, ils descendent au fond. Mais si vous jetez du sel dans l'eau, l'effet produit est tout autre : la substance solide, cette fois, se fond, se liquéfie ; ses molécules, tout à fait détachées les unes des autres, sont devenues mobiles comme celles du liquide lui-même auxquelles elles s'entremêlent. L'eau reste claire. Le sel a disparu pour l'œil ; pourtant, non seulement la substance n'a pas été anéantie, mais elle n'est même pas altérée dans sa nature, ni décomposée ; et la saveur est là pour témoigner de sa présence et de son individualité conservée. Maintenant, abandonnons cette eau salée dans un vase largement ouvert. Au bout de quelque temps, plus ou moins, suivant la température, l'eau se sera évaporée ; mais le sel, lui, qui n'est pas susceptible de s'en aller ainsi en vapeur, restera isolé, rendu à sa forme solide première, formant comme une croûte cristalline au fond du vase. Un semblable phénomène se produit à chaque instant dans la nature. Les eaux de la mer, comme vous savez, contiennent ainsi, à l'état de dissolution, une quantité énorme de ce même sel commun, et en outre plusieurs autres sels et substances solubles diverses, qui mêlent à la saveur salée une amertume nauséabonde. Sur les côtes à grandes marées, où le flot successivement couvre et découvre de vastes étendues de plages, on voit souvent, vers la limite de ses plus hautes invasions, de petites flaques d'eau salée que la mer adandonne en se retirant et qui, dormantes et peu profondes, s'évaporent sous les rayons du soleil. En quelques jours, l'eau a disparu, laissant au fond une couche de sel craquelée, *efflorescente*, comme une couche de gelée blanche sur un toit. Les mêmes effets se produisent aux environs des sources salées; et ces phénomènes naturels régularisés et aménagés par l'industrie humaine en certaines localités favorables, donnent lieu à l'exploitation des *salines*, dont nous tirons la majeure partie du sel consommé. Mais la libre nature opère souvent plus en grand. Ainsi, dans les déserts du Sahara, quand de vastes *chotts* (lacs salés) se dessèchent sous un ciel de feu, à la place de la nappe disparue on voit sur de larges espaces se durcir d'épaisses croûtes de sel, qui craquent sous les pieds des chameaux. Ainsi sur les rives orientales de la mer Carpienne, quand le niveau de cet immense lac salé s'abaisse par l'évaporation due aux chaleurs de l'été, il reste au bord des steppes de grandes flaques isolées ou des golfes peu profonds, bientôt transformés en dures couches de sel qui atteignent parfois de fortes épaisseurs.

Mais le sel, que nous avons pris pour exemple, n'est pas, parmi les substances minérales, la seule que les eaux puissent dissoudre et laisser déposer suivant les circonstances. Les eaux qui ont traversé un sol calcaire, dans leur long trajet souterrain par les fissures de ces sortes de roches, peuvent, en certaines conditions, dissoudre une quantité plus ou moins forte de ces matières au contact desquelles elles ont filtré.

Elles arrivent au jour sous forme de sources, qui peuvent être parfaitement claires et vives, pourtant chargées de substances calcaires, et notamment de *carbonate de chaux*. A l'air libre, elles perdent de leur puissance dissolvante, par une sorte d'évaporation ; elles abandonnent alors une partie de ces matières dissoutes, sous forme de croûtes blanchâtres tapissant le bassin de la source, le lit du ruisselet, et qui vont augmentant sans cesse d'épaisseur. Quand de telles eaux sont captées en des canaux pour un usage quelconque, au bout d'un certain temps les conduits sont obstrués par ces *incrustations* (encroûtements) accumulées, parfois dures comme la pierre et qu'il faut détacher des parois à coups de marteau.

Il est des sources exceptionnellement calcaires où ces dépôts ou incrustations se produisent avec une rapidité extrême : telle est la célèbre fontaine de Saint-Allyre, près de Clermont (Auvergne), tellement chargée de carbonate de chaux que tout objet plongé dans son courant au bout de quelques heures se trouve empâté d'une croûte blanche d'aspect cristallin, épaisse et résistante. Les cavernes si nombreuses ouvertes dans les sols calcaires offrent le même phénomène sous un aspect plus pittoresque. Là, les eaux qui suintent par les fissures de la voûte sont presque toujours plus ou moins fortement *incrustantes*. Chaque gouttelette qui filtre, un instant suspendue avant de se détacher, laisse déposer une imperceptible quantité de substance calcaire. Avec le temps, le carbonate de chaux lentement accumulé arrive à former des masses allongées et de figure conique, au bout desquelles tremblotent les gouttes d'eau, et qui vont sans cesse augmentant de longueur et de diamètre. Ces sortes de clefs pendantes qui descendent de la voûte sont ce qu'on appelle des *stalactites;* on ne saurait mieux les comparer qu'à ces aiguilles de glace qui frangent le bord des toits par une froide matinée d'hiver, quand la neige, après un dégel commencé la veille, a été ressaisie par le vent glacé de la nuit,

Ce n'est pas tout; les gouttes d'eau ou filets liquides
se détachant à l'extrémité inférieure des stalactites
tombent sur le sol de la caverne; et là, abandonnant
encore une nouvelle quantité de substance calcaire,
elles recouvrent le sol d'une croûte durcie sur laquelle,
aux endroits des chutes, se dressent de petits mame-
lons coniques qui vont s'élevant sans cesse, s'allongeant en pointe, s'avançant à la rencontre de la
stalactite pendante. Cette formation, toute semblable
à l'autre, mais renversée, porte le nom de *stalagmite*.
Au bout d'un temps assez considérable chaque stalagmite a rejoint la stalactite correspondante; elle s'y
soude, et il se forme ainsi une colonne naturelle sur
laquelle l'eau ruisselle, qui ira augmentant de diamètre, s'accidentant de cannelures saillantes. Dans
certaines cavernes ces formations ont pris un merveilleux développement; elles arrivent à simuler une
sorte d'architecture fantastique et capricieuse, affectant parfois une vague régularité; ici, de hautes colonnades, des arcades majestueuses; là, des aiguilles
gothiques aiguës et festonnées, en faisceaux hardis;
ailleurs, on dirait d'immenses draperies pendantes attachées à la voûte ou tapissant les parois, et retombant en plis lourds et déchirés; ou bien de puissantes
cascades qui auraient été saisies tout à coup et éter-
nellement fixées par la gelée, blanchies d'une écume
de neige. A la lueur des torches, avec les illusions de
la lumière qui s'accroche aux saillies, des grandes ombres portées qui bondissent en silhouettes bizarres,
et l'imagination aidant, on croirait voir toute une
création féerique surgir de la nuit souterraine..... Ces
palais enchantés, c'est l'œuvre des gouttes d'eau et des
siècles.

Dans les régions les plus diverses du globe on rencontre non seulement des sources incrustantes et des
cavernes à stalactites, mais de larges cours d'eau qui
produisent sur une plus vaste échelle des phénomènes
tout semblables. Citons pour exemple la jolie rivière
de l'Anio, chantée par les poètes, et dont les eaux

fraîches et claires forment les célèbres cascades de
Tivoli (ancien Tibur); les dépôts calcaires qu'elles
accumulent sans cesse constituent des croûtes épaisses
d'une véritable roche : c'est la belle pierre appelée
travertin, blanchâtre, assez ferme, facile à tailler,
que les Romains exploitaient activement pour la construction de leurs monuments, et qui fournit encore
des matériaux de construction aux localités voisines.
Eh bien, cette formation est si puissante et si étendue, que, malgré l'énorme quantité de pierre extraite,
les brèches pratiquées sont absolument insignifiantes
en comparaison ; et si rapide, que lorsqu'en un certain
endroit du lit on a enlevé la pierre sur une épaisseur
de plusieurs mètres en détournant momentanément
le courant, au bout d'une douzaine d'années l'excavation est recomblée et on peut recommencer. Ici,
vous voyez véritablement naître et croître la roche.
— En d'autres localités, c'est l'océan lui-même qui
bâtit. Cela a lieu surtout sur les rivages des mers aux
eaux tièdes, vers les régions de l'équateur, aux Antilles, à la côte mexicaine. A l'île française de la Gua-
deloupe, le dépôt calcaire accumulé par la mer
exhausse continuellement la plage et change le contour des rivages. La pierre formée est activement
exploitée pour les constructions ; mais les vides pratiqués sont bientôt recomblés, et la carrière se refait
pour ainsi dire à mesure, sous le pic des travailleurs.

Les sources ferrugineuses, communes dans tous les
terrains, produisent des phénomènes analogues à
ceux que nous avons observés sur les sources calcaires. Leurs eaux au goût d'encre caractéristique
arrivées au jour laissent déposer les matières ferrugineuses qu'elles avaient dissoutes en traversant
les fissures des roches imprégnées de fer, sous forme
de limons jaunâtres ou brun rouillé tapissant le lit
de la fontaine. Parfois ces limons s'agglutinent, se
durcissent et finissent par former une véritable pierre
de rouille, une roche de fer qui peut être exploitée
comme minerai si elle est assez abondante. — La dure

silice elle-même n'échappe pas à l'action dissolvante des eaux, surtout des eaux chaudes. Provenant de la décomposition de certaines roches siliceuses (feldspaths, granits), ses atomes sont saisis et dissous à mesure, avant qu'ils aient pu s'agréger. Il existe en grand nombre des sources thermales (chaudes), surtout dans les régions volcaniques ; les eaux chauffées aux foyers souterrains circulent presque bouillantes, ou même à l'état de vapeur à travers les fissures profondes du sol, désagrégeant, décomposant énergiquement les roches sur leur trajet. Celles qui surgissent des terrains siliceux arrivent parfois au jour chargées de silice dissoute. A l'air, par le refroidissement, elles perdent de leur énergie dissolvante ; l'excédant de silice qu'elles ne peuvent plus retenir se dépose et revêt le lit de la source d'incrustations dures et lisses ; c'est une pierre de quartz tout à fait analogue au silex si elle est compacte, à la pierre meulière si elle est criblée de trous. Le phénomène nous est offert dans toute sa beauté par les célèbres *geysers* de l'Islande, cette île volcanique, qui n'est que cendre et lave, dont le sol est revêtu d'un manteau blanc de neiges et qui repose sur un lac de feu. Un geyser est une énorme source thermale jaillissante et intermittente ; ou bien encore, si vous voulez, c'est un volcan d'eau. — Vous voyez, béant au ras du sol, un puits vertical profond ; les bords s'évasent en une sorte de vasque arrondie, où dort une eau bleue et limpide ; de légères vapeurs flottent à la surface. Tout à coup des grondements intérieurs ; le sol frémit. L'eau du bassin se gonfle et bouillonne, déborde ; puis une immense gerbe jaillit, s'élance dans les airs d'un puissant effort, jusqu'à une hauteur effrayante (de 50 à 80 mètres), enveloppée de tourbillons de vapeur, et retombant en cataracte. Le spectacle est grandiose et terrifiant. Mais bientôt la gerbe s'abaisse ; la force souterraine des vapeurs comprimées se détend et s'épuise ; le jet cesse, l'eau se calme et s'étale paisible dans son puits, jusqu'à la prochaine éruption. Or

ces eaux bouillonnantes sont fortement chargées de
silice dissoute; celle-ci, se déposant par le refroidissement, enduit d'une couche lisse et demi-transpa-
rente les parois du puits et le bassin qui le surmonte;
elle forme autour de la bouche d'éruption un large
monticule conique qui va s'élevant sans cesse. L'aspect de la roche ainsi produite est celui d'une pierre
blanchâtre, translucide, luisante dans la cassure et
faisant feu au choc du marteau; en un mot, c'est une
roche de silex compacte. Un grand nombre de sources
thermales puissantes, les unes jaillissant à la manière
des geysers, les autres fluant avec une abondance tranquille, existent en Italie, en Algérie, en Amérique, à
la Nouvelle-Zélande, etc., et bâtissent ainsi, les unes
en pierre calcaire, les autres en pierre siliceuse.

Maintenant, imaginez que ces deux effets, entassement de débris entraînés, dépôts de matières dissoutes, se produisent à la fois dans les mêmes eaux.
Les fragments de roche plus ou moins gros, les
grains de sable vont se trouver, à mesure qu'ils se
tassent, agglutinés, comme empâtés par la matière
calcaire ou siliceuse, qui les cimentera entre eux, les
enveloppera dans la masse de dépôt consolidée. —
Voyez préparer le mortier pour nos constructions; la
chaux éteinte, délayée en boue coulante et à demi
dissoute dans l'eau, est mélangée de sable; en se
desséchant et se durcissant, la substance calcaire qui
enveloppe les grains de sable les lie, les soude, en
forme une masse ferme et consistante. A ce mortier,
tandis qu'il est encore pâteux, ajoutez-vous une certaine quantité de cailloux? ces matériaux plus grossiers, cimentés de la même manière, vous fournissent
le *béton*, que l'on peut mouler à volonté, et qui en se
durcissant, devient résistant et compact comme la
pierre : une vraie roche artificielle. C'est de même
enfin que le mortier de chaux, employé tandis qu'il est
mou, empâtera et cimentera les pierres du mur que
l'on veut construire. Eh bien, la nature en agit très
souvent ainsi; le dépôt calcaire ou siliceux aggluti-

nant des grains de sable forme une sorte de mortier naturel qui se durcit en masse; les cailloux empâtés composent une agglomération tout à fait comparable à du béton; tandis que de grosses pierres, des blocs cimentés de la même manière nous figureront un véritable *blocage*, un massif de maçonnerie. En définitive, une roche nouvelle a été créée avec les débris d'autres roches; une roche de seconde main pour ainsi dire, et dans laquelle il est facile de reconnaître les éléments qui la constituent, leur origine, leur mode de réunion. Un tel phénomène se passe chaque jour sous nos yeux, en petit, dans le lit des sources incrustantes, et plus en grand dans le lit de toutes les rivières, de tous les lacs où il se forme des dépôts calcaires assez abondants pour agglutiner les alluvions. Il se produit au fond des mers, aux Antilles par exemple, sur les rivages de la Méditerranée, sur les côtes du Danemark; là, et bien ailleurs aussi, la mer maçonne de vastes bancs de roche nouvelle, avec les galets, les sables entraînés, qu'elle empâte de ciment calcaire à mesure qu'ils s'entassent.

Une observation encore : il est bien évident que si les alluvions consolidées de la sorte contenaient, comme nous l'avons dit, des débris d'êtres organisés, végétaux ou animaux, des ossements par exemple, des coquilles, ces débris *fossiles* englobés avec le reste demeureraient inclus au sein de la roche nouvelle, témoignage patent de son origine. Ainsi ces dépôts consolidés formés par la mer, dont nous parlions tout à l'heure, sont en certains endroits constitués en majeure partie de débris de coquilles entassées en masses énormes; et même le plus souvent ce sont ces coquilles, toutes composées de substances calcaires, qui, attaquées par les eaux, ont fourni elles-mêmes la substance employée à les cimenter. Aux espèces dont il reconnaîtra les formes un naturaliste pourra déterminer le lieu d'origine d'un de ces blocs empâtés, et jusqu'à un certain point son âge : parfois même, on y a découvert des objets d'industrie hu-

maine, des monnaies, qui donnaient une date irrécusable à la formation.

Les actions éruptives.

Une série toute différente de phénomènes appelle
maintenant notre attention; ici ce n'est plus du patient travail des eaux qu'il s'agit; les effets produits
ont un caractère de violence intermittente : c'est le
feu qui entre en scène. Qui n'a lu l'émouvant récit
de quelque terrible *éruption volcanique*? — Dès longtemps, la montagne semblait travaillée dans ses fondements; des grondements souterrains s'entendaient,
sourds, menaçants avant-coureurs; des secousses
ébranlaient le sol. Le volcan crève, enfin; le cratère
ébréché vomit avec d'horribles efforts, au milieu de
vapeurs embrasées, une masse énorme de blocs
ardents, de pierres broyées qui retombent sur les
pentes, des nuées de cendres qui couvrent au loin
le sol, parfois ensevelissant les cultures, les villages.
Le jour est obscurci de noires fumées; des reflets
rouges ensanglantent le ciel. Enfin, le flot de lave,
soulevé par les forces souterraines, arrive jusqu'à la
gueule du volcan et déborde par les brèches du
cratère, ou se fait jour par de larges déchirures qui
s'ouvrent dans le flanc de la montagne. Un fleuve
éblouissant de roche liquéfiée s'épanche en longues
coulées sur les versants. La réverbération des laves,
éclairant en dessous les nuages de cendres et de vapeurs, figure un embrasement immense, à mettre en
feu tout le ciel; des sillons ardents rayent la masse
noire de la montagne; le spectacle est formidable.
— Voilà, résumé à grands traits, le tableau d'une
éruption; mais les détails varient beaucoup, suivant
les lieux et les temps.

Considérons les phénomènes dans leurs origines
et leurs résultats. Qu'est-ce qu'un volcan? — Une
fissure ouverte dans le sol, un conduit plus ou

moins tortueux se prolonge jusqu'aux profondeurs
insondées, jusqu'aux abîmes des foyers intérieurs, où
la matière des roches est tenue en fusion par une
effroyable chaleur. Les forces souterraines, parmi
lesquelles celle de la *vapeur d'eau*, surexcitée par
la température excessive, joue un très grand rôle,
ces forces, dis-je, craquelant et quelquefois soulevant
et bouleversant le sol, se sont ouvert, comme une
sorte d'évent ou de soupirail, cette fissure qui forme
ce qu'on appelle la *cheminée volcanique*. Les roches
fendues et broyées par l'explosion ont été lancées
au dehors ; puis le flot ardent et pâteux de la roche
liquéfiée est monté des entrailles du sol et s'est épanché par l'ouverture. Les débris lancés retombant
autour de la bouche, les couches de lave refroidie
superposées sur le sol, déjà sans doute gonflé en
forme d'ampoule, tous ces matériaux venus des profondeurs se sont entassés en un monticule conique
qui va grandissant à chaque éruption. C'est ainsi
que s'est formé le cône *volcanique*, vers le sommet
duquel s'ouvre le cratère principal. On peut dire que
la montagne s'est vomie elle-même. — Quand la
pression souterraine a épuisé son effort, l'éruption
s'apaise, la gueule refroidie se comble à demi de
débris de roches, de laves figées, de pierres et de
cendres éboulées qui obstruent le conduit. Longtemps le sol tourmenté du cratère reste brûlant ; par
d'étroites fissures s'élancent des jets sifflants de vapeur. Sur les blocs fendillés de lave, du soufre, des
cristallisations ferrugineuses se déposent. Enfin tout
se refroidit ; parfois l'eau ou la neige remplit le
cratère ; ou bien c'est la végétation qui s'en empare,
en fait un jardin. Le monstre dort pour des années,
pour des siècles peut-être ; peut-être aussi la fissure
est-elle profondément ressoudée par la lave, le soupirail définitivement obstrué, et le couvercle de l'in-
fernale chaudière scellé pour jamais.

La lave, arrivée au jour, coulait d'abord ardente
et rapide, sur les pentes du cône ; en se refroidissant,

elle brunit, devient pâteuse, et alors elle chemine avec lenteur. Puis une croûte se forme à sa surface, croûte mille fois fissurée et sans cesse ressoudée, qui se consolide à la fin. Sous cette croûte la coulée de lave, surtout lorsqu'elle a une grande épaisseur, se refroidit très lentement; parfois elle est encore toute rouge dans la profondeur, après de nombreuses années. La masse enfin solidifiée forme une roche façonnée par le feu, et tout à fait comparable dans sa nature et son aspect, son origine, au flot pâteux de *scories* qui ruisselle du creuset d'un haut fourneau et se fige sur le sol. La roche de lave est très variable, du reste, sous le rapport de la dureté, de la texture, de la couleur. Souvent, elle est noirâtre, parfois rouge ou comme rouillée, et cette coloration est principalement due à l'oxyde de fer; d'autres fois, elle est verdâtre, jaune ou grise. Il y a des laves compactes assez dures, celles-là surtout qui se sont refroidies lentement et en grandes masses; les unes ont une cassure vitreuse, luisante; les autres sont grenues, souvent parsemées de petits cristaux empâtés dans leur masse. Mais le plus ordinairement, la lave est criblée de bulles, comme si une vapeur comprimée au sein de la matière fondue l'eût soulevée ainsi qu'une pâte qui fermente, et que cette vapeur fût restée emprisonnée, le refroidissement trop soudain ne lui ayant pas laissé le temps de se dégager. En effet, c'est la lave refroidie rapidement qui offre cet aspect, surtout à la surface des coulées. La matière en certains lieux est tellement bulleuse, qu'elle semble une éponge de pierre; c'est la comparaison qui s'impose tout de suite à l'esprit. Légère alors, buvant l'eau, friable, quoique rude au toucher, elle est assez facilement désagrégée par l'action de l'air et des pluies : certaines laves tombent rapidement en poussière. La *pierre ponce*, si extraordinairement légère à la main, véritable écume figée, n'est autre chose qu'une lave excessivement bulleuse. Les *scories*, les *lapilli* ou cailloux que lance le volcan et qui retombent en grêle, les *cendres volcaniques*, si légères parfois que le vent les disperse au loin, ne sont autre chose que de la lave bulleuse et peu consistante, triturée plus ou moins menue par l'explosion; la même matière prend les formes les plus diverses. Les pentes du cône sont partout couvertes de ces scories, de ces cailloux et de ces cendres qui s'éboulent sous le pied du gravisseur. Les grandes masses même de la montagne, du puissant Etna, du Ténerife qui cache son front dans les nues, de l'imménse Orizaba, sont formées de ces matières meubles; la lave compacte et refroidie sur place n'en est qu'une minime partie.

En certains endroits la lave descendue en flots ardents a coulé jusque dans la vallée, barré le cours des ruisseaux, obstrué les ravins. Elle forme un lac de feu qui comble les dépressions du terrain, comme un métal en fusion se nivelant au fond du creuset; puis la masse lentement refroidie et solidifiée figure un énorme culot. Parfois une telle masse se contractant par le refroidissement se fissure de toutes parts, comme un sol boueux se fendille en se desséchant au soleil. Ces fissures qui affectent une certaine régularité divisent le massif en blocs allongés de forme prismatique; structure curieuse, que nous devons observer en passant. Remarquons enfin que les laves, comme toutes les autres roches, peuvent être attaquées par l'action érosive des eaux; que les débris ainsi entraînés, ou les scories broyées par l'explosion, ou enfin les fines cendres volcaniques peuvent se cimenter par l'intervention de dépôts calcaires ou siliceux, et constituer des roches à la formation desquelles l'eau aura travaillé après le feu.

Quand un fleuve de lave coule sur le sol ou pénètre dans les fissures, il peut arriver que la roche qui lui sert de lit, au contact de cette masse brûlante, s'altère, se modifie par l'action de la chaleur, se *cuise* en un mot; ainsi le sol d'argile se durcit comme une brique autour de la coulée ardente qui sort du creuset du haut fourneau. Aux environs de la coulée de lave des dépôts argileux peuvent se calciner de même, des sables meubles s'agglomérer en masse compacte, à demi fondus, vitrifiés ; des calcaires grenus s'agglutiner, tandis que les débris organiques, les *fossiles* que pouvaient contenir ces dépôts disparaissent plus ou moins complètement. Parfois non seulement la roche est altérée dans sa texture, mais sa composition même est changée. Des substances nouvelles, des exhalaisons dégagées de la lave ont imprégné sa masse ; et cette transformation plus profonde la rend méconnaissable.

Fractures et soulèvements. — Le sol qui nous porte est pour nous, grâce à l'habitude et par contraste avec la mobilité de l'élément liquide, le terme de comparaison pour toutes les idées de fixité, de stabilité. Cette stabilité, cependant, n'a rien d'absolu ; le sol est lui-même susceptible de certains mouvements, tantôt violents, tantôt imperceptibles par leur lenteur. Les tremblements de terre assez forts pour se faire sentir de tous sont des événements assez rares dans notre pays, très communs au contraire dans certaines régions ; mais des observateurs ont pu démontrer, à l'aide d'instruments très délicats, que, dans ces régions surtout, le sol est continuellement agité par de légères trépidations. La secousse peut atteindre une intensité effrayante ; et alors les effets sont désastreux. Tout le monde a entendu parler de villes entières rasées en quelques secondes, de milliers d'hommes écrasés sous les ruines : ce sont des cataclysmes effroyables. Mais ici c'est au point de vue des effets produits sur le sol lui-même que nous devons considérer un instant le phénomène.

Les tremblements de terre peuvent avoir des causes diverses ; mais, le plus ordinairement, les secousses violentes doivent être rattachées aux mêmes causes que les phénomènes volcaniques. C'est en effet dans les régions de volcans et vers l'époque des éruptions que les tremblements de terre sont plus fréquents et plus terribles. Ainsi en Sicile, dans les Calabres, c'est-à-dire vers les régions de l'Etna et du Vésuve, dans les pays volcaniques du Chili, bien ailleurs encore, l'effort soudain des énergies souterraines a pu rompre les assises profondes du sol ; la secousse l'a déchiré ; des fentes se sont ouvertes, tantôt sillonnant parallèlement les roches, tantôt rayonnant comme les fissures d'une vitre fêlée. Ailleurs le terrain n'est pas seulement craquelé, mais totalement bouleversé. Là, le sol a été dénivelé ; des étendues de plaine, des cultures ont été élevées de 10, 20, 30 mètres au-dessus de leur niveau ; ailleurs elles se sont effondrées comme dans un gouffre. La surface du sol, autrefois horizontale, a été déjetée, inclinée fortement; souvent, le long d'une fissure, le terrain s'est affaissé d'un côté, et l'autre paroi de la fente se dresse au-dessus comme un rempart à pic; le niveau du terrain ne se correspond plus d'un côté à l'autre de la fente. — Imaginez qu'une telle fracture ouverte assez près du volcan se remplisse de lave fondue, fait qui est arrivé bien des fois ; après le refroidissement, voilà une tranche de roche éruptive contre-coupant, traversant les couches d'un terrain de toute autre nature : c'est ce qu'on appelle un *dyke*. Que plus tard le terrain environnant, de nature ébouleuse et friable, rongé, dégradé par les eaux, abaisse son niveau, la tranche de roche volcanique, plus compacte et plus résistante, demeurera, faisant saillie au-dessus comme une sorte de mur plus ou moins ruineux : phénomène souvent observable dans les régions volcaniques. D'autres fois au contraire une mince et profonde fêlure, demeurée ouverte, sert longtemps d'évent aux émanations souterraines; des vapeurs s'en élèvent, des eaux thermales y circulent. Certaines matières minérales dissoutes par les eaux chaudes ou entraînées par les vapeurs se déposent le long des parois, comme les substances calcaires dans un conduit ou comme la suie dans les tuyaux d'une cheminée ; et ces dépôts, lentement accumulés, finiraient par obstruer le vide étroit de la fissure et ressouder le terrain.

TROISIÈME PARTIE

LES ROCHES

Formation des roches.

Observations sur le terrain. — Un côté par-dessus tout attrayant dans la géologie, c'est qu'elle est une *science de grand air*... C'est sous le ciel qu'elle s'étudie, à travers monts et vallées, par les sentiers vagues des collines et le long du cours des eaux. Une excursion géologique a tous les charmes d'une promenade avec tout l'intérêt d'une expérience. Pour le savant à l'œil pénétrant, esprit dès longtemps habitué à converser avec la nature, pensez-vous quelle joie lorsque tel trait bien saillant du paysage, telle forme bien expressive, lui offre une éclatante confirmation des théories de la science, ou lui raconte, dans la langue qu'il sait entendre, quelque épisode lointain du grand travail des eaux et du feu ! Moi-même, humble disciple... — Ah ! je sais bien ce que vous allez me dire ; mais les premiers pas non plus, je m'en souviens, ne sont pas sans jouissances. Et, tenez, je vous promets du plaisir, non seulement à reconnaître quelques roches, mais bien plus encore à examiner la configuration du sol, la disposition des masses, quand vous verrez quelles imposantes conséquences s'en induisent et que vous les tirerez vous-mêmes. Je ne vous propose pas de vous mettre en frais d'excursion lointaine ; simplement de transformer votre promenade coutumière en une occasion d'observer et d'apprendre. Tout en cheminant, on jette un coup d'œil sur les formes du terrain ; on quitte un instant le sentier pour considérer la texture d'une *roche* qui fait saillie au flanc du coteau ; on dégage un fossile qui apparaît dans un joint des couches ; on ramasse un caillou sur le chemin : c'est ainsi qu'on devient observateur. — Une chose, il est vrai, contrarie notre examen : c'est que les masses rocheuses se montrent assez rarement à découvert. La végétation, richesse et parure du sol, nous en dissimule la structure. La surface plane ou légèrement ondulée de la campagne, en outre de son manteau de verdure ou du voile doré des moissons, est revêtue d'une couche de terre végétale qui nous cache ce que l'agriculteur appelle le *sous-sol*. C'est seulement sur les sommets arides ou le long des escarpements que le roc perce et que l'ossature du terrain apparaît. Vous rechercherez donc les escarpements naturels ou artificiels, les pentes ravinées par les eaux, les berges des rivières, toutes les coupures qui entament le sol, telles que les tranchées des routes et des chemins de fer, même peu profondes, et de préférence les plus récemment ouvertes; par-dessus tout les carrières de la localité. Si l'on creuse quelque part un puits, une cave, les fondements d'une maison, vous y jetterez un coup d'œil en passant. — Comme vous le pensez bien, c'est surtout aux travaux souterrains des mines, dont les puits d'effrayante profondeur, les longues galeries pénètrent dans les entrailles obscures du sol, que nous devons les données les plus positives sur la structure des couches inférieures. Les observations des mineurs, accumulées depuis des siècles, ont formé le premier fonds à l'aide duquel la science géologique a pu se constituer. Les *puits artésiens*, les grands tunnels des chemins de fer sont venus aussi apporter des renseignements précieux, d'autant plus précieux que les occasions sont rares d'aller voir directement ce qu'il y a dans ces dessous mystérieux de la scène du monde. Mais ces moyens d'observation nous ne pouvons en parler ici que pour mémoire ; ils ne sont pas à la portée de tout le monde. Si pourtant, aux environs du lieu que vous habitez, quelque percée était ouverte, mine ou tunnel, vous ne manqueriez pas, tout au moins, d'aller examiner les déblais de

l'excavation jetés près de l'ouverture; vous trouveriez
là, à profusion, des échantillons de toutes les roches
que la percée a dû traverser. — Aux endroits même où
le roc se montre, sa surface est le plus ordinairement
envahie par les mousses, par de grandes croûtes de li-
chens grisâtres ou rouillés, toujours ternie par la
poussière et les pluies. Lors donc que vous voulez reconnaître la couleur et le grain de la pierre, il faut
obtenir une surface fraîche et vive, en détachant un
éclat par le choc ; et pour ce, il est utile de se munir
d'un petit marteau d'acier.

Tous les terrains ne sont pas également favorables
pour l'étude. Dans la plaine rase, couverte d'herbages
et de cultures, il y a peu à voir. D'autre part les
régions de montagnes offrent au géologue le plus
magnifique *champ d'observation*; mais leurs terrains
bouleversés, leurs couches rompues, leurs masses
rocheuses entassées dans un apparent désordre sont
trop difficiles à déchiffrer pour un observateur novice : et de plus la moindre excursion s'y complique
de toutes sortes d'obstacles matériels. Ce sont donc
les terrains moyennement accidentés, les régions de
plateaux onduleux et de collines, coupées de vallons
et de petits ravins, qui réunissent les conditions les
plus faciles et les plus commodes pour les premières
études. Si je savais quelle localité vous habitez, mon
cher lecteur, nous ferions ensemble la promenade. Je
vous tracerais votre itinéraire, je vous dirais où
porter votre attention, quels faits vous aurez lieu
d'observer. Mais quoi! la nature et les accidents du
sol diffèrent tellement d'un lieu à un autre, que force
est de nous en tenir à des données très générales. Je
suppose donc que vous vous êtes mis en campagne,
ce petit livre en poche. En vous conformant aux
principes et aux procédés indiqués pour l'examen et
l'appréciation des *caractères*, vous essayerez de *déterminer* l'espèce des minéraux distincts, la nature des
roches que vous pouvez rencontrer. Vous reportant
au texte, vous confronterez la brève description avec

vos observations. Vous ne réussirez pas toujours : souvent les caractères d'un minéral ou d'une roche sont difficiles à apprécier pour un débutant ; et d'ailleurs nous n'avons pas donné une description détaillée de tous les minéraux, loin de là ; mais seulement une description sommaire des plus importants, de ceux qu'on rencontre le plus souvent : nous ferons de même pour les roches. Mais souvent aussi vous aurez la satisfaction de reconnaître l'individu sur son signalement ; ou, si vous hésitez à déterminer positivement l'espèce, vous constaterez au moins le *genre*, le groupe auquel le minéral, la roche appartiennent. C'est déjà quelque chose ! Attendez : bientôt vous pourrez en dire un peu davantage. Nous nous demanderons, par exemple, l'*âge* de cette roche, l'*histoire* du terrain auquel elle appartient. Pour le moment, ce qui doit nous occuper spécialement, c'est la nature des roches, leur composition et leurs caractères, leur emploi ; puis nous examinerons leurs formes et la disposition de leurs masses. Munis de quelques notions préliminaires indispensables sur les espèces minérales les plus importantes, préparés d'autre part à l'intelligence des grands faits géologiques par l'observation des phénomènes qui s'accomplissent journellement sous nos yeux, nous pouvons aborder l'étude générale de la constitution du sol.

Distinction des deux sortes de roches. — Définissons d'abord, dans l'acception plus rigoureuse que leur donne la science, certains mots que nous avons dû employer jusqu'ici avec le sens plus vague du langage ordinaire. En géologie, on nomme *roche* toute masse minérale caractérisée qui se rencontre avec des dimensions telles qu'on puisse la considérer comme tenant une place notable dans la structure du sol. Ainsi la *craie blanche*, dont les assises puissantes servent de support à la terre végétale sur toute l'étendue de vastes régions, est une roche ; le *granit*, qui forme d'énormes massifs montagneux, est une roche ; tandis que les minerais métalliques ou même la houille, quelle que soit leur abondance, mesurée aux besoins de notre industrie, ne peuvent être considérés comme matériaux essentiels de la constitution du sol : ce sont des matières *acciden-telles*. D'autre part, cette même appellation de *roche*, à laquelle nous rattachons d'ordinaire des idées de fermeté, de dureté, il a fallu l'étendre, par une nécessité de généralisation, à des entassements de matériaux mobiles non agglomérés, tels que des sables, des amas de cailloux. On distingue donc, sous ce rapport, les *roches meubles* et les *roches con-sistantes*. Le sable est une *roche meuble*. Pourvu qu'elle se tienne en bloc, la roche sera dite *consistante;* mais elle peut présenter tous les degrés de fermeté, à partir de *roches tendres*, telles que l'argile, la craie que l'ongle entame, jusqu'à l'intraitable roche de quartz sur laquelle s'émousse le tranchant de l'acier. Quand la roche, prise en masse, est constituée d'une seule *espèce minérale*, c'est une *roche simple;* si elle est formée de plusieurs minéraux distincts associés, c'est une *roche composée*. Ainsi la craie est une roche simple, car elle est essentiellement constituée d'un seul minéral appelé *craie*, qui est de la *chaux car-bonatée* sous une certaine forme bien caractérisée (quoique la chaux carbonatée ne soit pas une sub-stance simple au sens qu'on donne à ces mots en chimie). Le granit, où l'œil distingue les parcelles enchevêtrées de trois minéraux d'espèces différentes, est une *roche composée*. On nomme *roche d'agréga-tion* une roche composée formée de débris d'autres roches, en fragments, en grains plus ou moins fins, réunis le plus souvent par un *ciment* de nature diffé-rente. Relativement à la texture, on distingue encore les roches *cristallines*, quand les minéraux constitutifs de la masse se montrent en grains plus ou moins nettement cristallisés : tel le granit ; et les roches *compactes*, qui n'offrent rien de semblable, dont la cassure est irrégulière et comme terreuse : telle la craie. — Enfin, relativement à la disposition des

masses, il est un caractère de la plus haute importance et sur lequel il faut insister. Parmi les roches,
en effet, les unes se montrent toujours disposées en
strates, c'est-à-dire en couches plus ou moins épaisses

Fig. 1. — Carrière ouverte dans des roches stratifiées (*Calcaires*).

et séparées par des joints parallèles plus ou moins
apparents, tantôt horizontales, comme les assises
superposées d'un édifice, tantôt inclinées ou même
dressées presque verticalement. Ces roches sont dites
stratifiées. Celles qui n'affectent point cette disposition par couches, mais sont en blocs informes, parfois
immenses, irrégulièrement fissurés, sont appelées
roches *massives*. La craie encore, pour continuer
notre parallèle, la craie dont les assises nettement
séparées par des joints se montrent très apparentes
aux flancs des escarpements dénudés, nous présente
un exemple parfaitement caractérisé de roche stratifiée; le granit sera pour nous le type des roches
massives. Cette distinction, disons-nous, est capitale

en géologie. C'est que cette différence de structure
est le signe extérieur de deux modes de formation
essentiellement divers. Relativement à leur origine,
en effet, toutes les roches dont le sol est construit se
divisent en deux grandes catégories : les unes représentent le travail des EAUX; les autres sont l'œuvre du
FEU. A l'action des eaux appartiennent les roches
stratifiées; à celle du feu, les roches massives. Ces
deux grandes classes de roches sont souvent désignées
par les expressions de *roches aqueuses* et de *roches
ignées*, qui rappellent leur origine; les anciens na-
turalistes aimaient à dire : roches *neptuniennes*, du
nom de Neptune, dieu des mers, et roches *pluto-
niennes*, par allusion à Pluton, dieu des enfers de la
mythologie antique; ces expressions poétiques sont
à peu près abandonnées. — Tel est le point de départ
de la classification géologique dont nous aurons à
examiner les principales espèces. Mais avant toute
étude de détail rendons-nous compte de ces deux
modes de formation, et sachons quelle valeur précise
il faut attacher à ces formules imagées que nous
avons choisies pour mieux faire ressortir le contraste.

*Caractères généraux et formation des roches stra-
tifiées*. — A la seule mention de roches étendues
sur de vastes surfaces en couches superposées, votre
pensée, n'est-ce pas, s'est immédiatement reportée
vers certains phénomènes contemporains que nous
avons attentivement observés : vous avez songé à ces
amas de débris transportés et déposés par les eaux,
et dont le caractère est justement d'offrir cette disposition par lits successivement étalés, conséquence
nécessaire de leur mode de formation. Et déjà vous
vous sentez entraînés à conclure que toute roche
stratifiée a dû avoir une semblable origine; qu'elle
a dû se former ainsi par voie de dépôt au sein
des eaux. Eh bien, le sentiment de l'analogie ne
vous a pas égaré. Vous allez voir vos conclusions
justifiées par l'étude de la structure de ces roches.
Entre les actions qui, à des époques prodigieusement

reculées, ont entassé leurs puissantes assises, et les faits que nous avons vus s'accomplir sous nos yeux, un parallèle rigoureux va s'établir de lui-même. Il est bien évident, par exemple, que nulle hésitation ne nous sera possible en face d'une couche régulièrement étendue de cailloux, de graviers accumulés, *en quelque situation qu'elle se rencontre*, surtout si nous observons que ces sortes de couches sont le plus souvent formées de *cailloux roulés*, arrondis, usés et polis par le frottement, tout à fait identiques, enfin, aux *galets* de nos plages. Même conclusion s'impose à l'égard des strates de graviers plus fins, dont les grains sont aussi très souvent roulés, et, par une transition insensible, nous passons aux sables plus ou moins ténus, dépôts absolument semblables à ceux que nous observons au fond du lit de nos rivières, le long de nos rivages, et qui ont évidemment la même origine; nous en dirons autant des couches d'argile, tout à fait comparables aux dépôts actuels de limons. — Donc, d'une façon générale, nous sommes fixés sur l'origine des roches stratifiées *meubles*. Mais si les fragments, roulés ou non, nous apparaissent cimentés, en sorte que la couche prenne l'aspect d'une assise de roche consistante, en quoi cette circonstance ébranlerait-elle notre conclusion? Elle ne fera que la confirmer, au contraire; et nous nous souviendrons d'avoir observé des formations tout analogues s'accomplissant sous nos yeux. Il est enfin un groupe de roches consistantes, composées aussi de grains de sable, de parcelles d'argile fortement agglomérées sans trace de cimentation; mais ici la nature même des débris est si facile à constater, et la formation par strates successivement déposées s'accuse si énergiquement, non seulement dans la disposition des assises, mais jusque dans les plus petits détails de la structure de la roche, qu'il ne peut rester aucun doute. Nous rapporterons donc au travail des eaux toute la classe si importante, si nombreuse et si bien caractérisée des roches *d'agrégation*.

Or, en partant des roches cimentées, et traversant toute une série intermédiaire de formations où les matériaux transportés dominent de moins en moins, nous arrivons, par une transition graduée, à des couches de roches exclusivement formées de ces mêmes substances calcaires ou siliceuses que nous avons vues jouer le rôle de ciment. Les grains ont disparu ; la roche est compacte et fine de texture. Elle s'identifie alors, par ses caractères, avec la matière de ces *incrustations* calcaires ou siliceuses que nous voyons encore se produire au sein de certaines eaux.

Il est du reste un autre caractère qui vient confirmer toutes nos conclusions : je veux parler de la

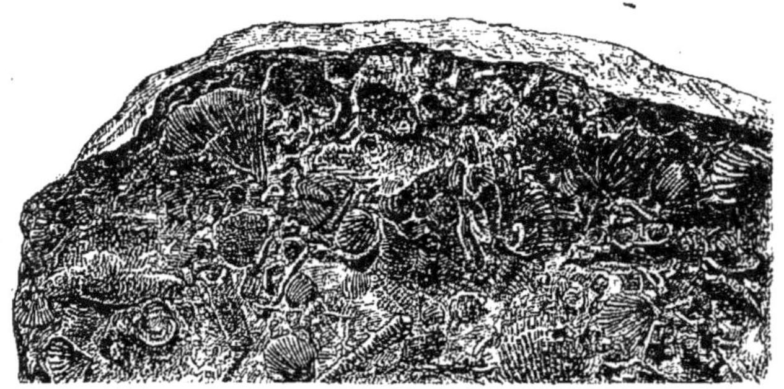

Fig. 2. — Fragment de roche calcaire avec fossiles.

présence des *fossiles*. Nous avons déjà observé comment des restes d'êtres organisés, ossements, coquilles, débris de végétaux, peuvent se trouver enclavés dans la masse des roches, meubles ou consistantes, formées au sein des eaux. Toute roche, quelle qu'elle soit, dans laquelle nous rencontrerons des fossiles, fût-ce même une seule coquille, fût-ce une simple empreinte de feuille, est une roche d'origine aqueuse. Pas de doute possible. Or la plupart des roches stratifiées contiennent des fossiles ; quelques-unes même en sont absolument pétries : fait que vous aurez mille occasions de vérifier par vos propres yeux. — Toutefois, remarquons-le bien, de ce qu'on ne trouve pas de fossiles dans une roche, on ne peut pas, par réciprocité, en conclure qu'elle ne doit pas son origine à des dépôts aqueux. Ou bien les eaux au sein desquelles cette roche s'est déposée ne contenaient pas d'êtres vivants; ou bien ces êtres n'avaient aucune partie dure susceptible de se conserver; ou bien enfin ces débris, incapables de résister aux causes de destruction, ont disparu. Ainsi en général on ne trouve pas de fossiles dans les amas de cailloux anguleux ou roulés, ni dans les roches formées par la cimentation de tels débris, en un mot dans aucune des formations qui accusent une action violente de broyage, et qu'on pourrait appeler *formations de débâcle*.

Caractères généraux et formation des roches massives. — Les roches qui doivent au feu leur structure se distinguent surtout à des *caractères négatifs*, c'est-à-dire à l'absence même des caractères qui révèlent l'origine aqueuse : absence de stratification, absence de fossiles. Elles ont en outre dans leur aspect quelque chose de particulier, difficile à définir, mais bien appréciable pour l'œil un peu exercé. Au point de vue de leur nature chimique, des éléments qui les composent, toutes ont la plus étroite analogie : toutes sont constituées de *silice* et de *silicates*. Le terme de comparaison pour cette sorte de formation est tout naturellement la *lave*. Mais, quoique constituées des mêmes substances simples, les *roches ignées anciennes*, dont nous esquisserons ailleurs la grandiose histoire, diffèrent beaucoup, dans leur structure, des *roches ignées modernes*, qui sont les laves. Cela tient à ce que des éléments identiques sont autrement associés. Les roches ignées sont généralement plus dures que les roches stratifiées; leur texture est plus dense; dans leur forme, leur structure, et la disposition même de leur masses irrégulières, il y a souvent quelque chose de caractéristique qui accuse leur origine. Ainsi, au seul aspect de certaines masses rocheuses, il devient évident qu'elles ont fait éruption, comme des laves, à l'état fluide, et se sont répandues en *coulées*, étendues en lacs ardents sur le sol, ou sont venues combler des vallées, des ravins ; ailleurs, leur structure montre qu'elles ont surgi, non pas fluides, mais à l'état pâteux. Souvent la même sorte de roche, qui constitue en certaines régions de puissantes masses aux contours indéterminés, ailleurs se montre à nous sous forme de *veines*, de plaques, contre-coupant les terrains stratifiés. Mais n'avons-nous pas observé une telle disposition, lorsque des laves ardentes se sont épanchées, puis solidifiées dans certaines fissures? L'étude attentive prouve que l'assimilation est rigoureuse ; la matière en fusion a été injectée dans les fentes du sol bouleversé, qu'elle a ressoudées ensuite en se figeant. Et alors, l'origine éruptive de ces veines rocheuses étant bien établie, il devient impossible de ne pas attribuer à l'action du feu la formation de ces mêmes roches partout où on les rencontre, même sous des-formes moins expressives.

Métamorphisme. — Mais il y a plus, et on pourrait dire que la chaleur a tenu à signer son œuvre. Ne vous souvient-il pas d'avoir observé comment, au contact de la coulée de lave, les roches ont souvent subi une sorte de calcination qui en a changé la texture? Eh bien, les roches ignées anciennes ont donné lieu à de semblables phénomènes. Autour des puissants massifs qu'elles forment le sol a été pour ainsi dire calciné jusqu'à d'étonnantes distances. Les traces de l'action violente du feu sont impossibles à méconnaître. Ici, ce sont des couches de sables meubles, qui, aux approches du massif, se montrent à demi fondues et agglutinées en une roche compacte et vitreuse; là, des argiles ont été *cuites* comme la brique et sont devenues indélayables à l'eau ; ailleurs, des couches de houille se sont transformées en coke ; toutes les roches de dépôt environnantes ont été profondément altérées, à tel point qu'il devient difficile de les reconnaître. De nouvelles substances les ont impréguées ; leur texture elle-même est changée ; elle est devenue plus cristalline et se rapproche de celle de la roche éruptive. *Les fossiles ont disparu :* rien d'étonnant. Et, chose à noter, cette transformation est graduée : très énergiquement accusée près du bloc éruptif, moins apparente à mesure qu'on s'en éloigne. La matière se montre-t-elle sous forme de veines parcourant le terrain stratifié, les mêmes effets de calcination, les mêmes changements de texture se montrent dans la roche traversée, au contact des veines et jusqu'à une certaine distance. Ces actions se sont accomplies, non pas d'une manière exceptionnelle et toute locale, mais dans une mesure si générale au contraire, et ont donné lieu à des transformations tellement profondes, qu'il a fallu créer aux dépens de la grande série *stratifiée* une division à part pour ces roches, ébauchées par les eaux, retravaillées par le feu : œuvre en collaboration des deux grands agents géologiques, et portant les caractères de leur origine mixte. Formant pour ainsi dire transition entre les deux grandes classes, les roches de cette catégorie importante ont un aspect particulier, et leur structure soulève parfois des questions difficiles ; on leur donne le nom de roches *métamorphiques* (métamorphosées, transformées), et le phénomène de transformation dû à l'action de la chaleur est appelé *métamorphisme.*

Les grands traits essentiels de la formation et de la classification des roches ainsi esquissés, apprenons à reconnaître sur le terrain les principales espèces des deux grandes divisions.

Étude des principales roches massives

Groupe des roches granitiques. — Examinons un fragment de granit. Il n'est pas difficile de s'en procurer, car la dureté propre à ces sortes de pierres les fait communément employer dans la construction, là où il est besoin de matériaux doués d'une grande résistance ; on les fait venir de loin pour les seuils de portes, les bordures de trottoirs, les piédestaux de statues, etc. Sur la cassure fraîche, toujours âpre, inégale et comme ébréchée, vous reconnaissez les fragments enchevêtrés de trois minéraux distincts associés : ce qu'on appelle les *trois éléments* du granit. Tout d'abord des grains ou petits fragments anguleux excessivement durs, rayant le verre, cristallins, d'aspect vitreux, transparents, un peu grisâtres ou jaunâtres : on dirait de menus morceaux de verre enchassés au sein de la pierre ; ce sont des grains de quartz. Rapprochez-les d'un échantillon de cristal de roche, si vous en avez un ; et vous comparerez surtout la cassure de ce dernier. Entre ces grains, d'autres fragments cristallins, d'un éclat gras, à facettes plates anguleuses, demi-transparents seulement, et, suivant les cas, blancs, grisâtres, jaunâtres ou rosés, mais toujours d'une teinte un peu terne et laiteuse : c'est du *feldspath*. Enfin, vous voyez scintiller de petites paillettes d'un éclat très vif, parfois blanches, parfois jaunes, brunes ou noires, mais toujours à reflets dorés ou argentés : ce sont des lamelles de *mica*. Avec la pointe d'une aiguille ou d'un canif vous en détacherez aisément des feuillets excessivement minces que vous pourrez recueillir sur une feuille de papier blanc, et que vous trouverez identiques, avons-nous dit, aux paillettes du « sable d'or » dont on saupoudre l'écriture. La texture de la roche est variable ; quand les fragments associés sont de dimension un peu notable, chose commode pour l'observation, on a le granit à *gros grains* ; le granit à grains fins, de texture serrée, plus beau, plus dur, susceptible de taille et de poli, est préféré par les constructeurs. La couleur diffère aussi : il y a des granits presque blancs, d'autres gris clair, gris foncé ; quelques-uns ont une belle teinte rosée ; d'autres, tels que les granits fins de Bretagne, offrent une couleur bleu grisâtre harmonieuse. L'obélisque de la place de la Concorde, à Paris, est de granit rosé égyptien ; le piédestal qui le supporte est un bloc de granit bleu de Bretagne. Dans certaines variétés, dites *orbiculaires*, les éléments sont groupés de telle sorte qu'ils figurent de petits cercles à la surface polie de la roche. Enfin, la proportion des trois minéraux constitutifs peut varier dans certaines limites, sans que la roche perde son caractère ni son nom.

Autour du granit proprement dit, pris pour type, se rangent des roches qui en diffèrent plus ou moins, tout en conservant les caractères essentiels, et qui forment avec lui le groupe des *roches granitiques*. Chacun des minéraux constitutifs de la roche type, quartz, feldspath, mica, peut être, disons-nous, plus ou moins abondant. Supposons que l'un vienne à manquer complètement ; la roche alors, réduite à deux de ses trois éléments, change d'aspect. Parfois c'est le quartz qui est très rare, ou disparaît presque complètement ; la roche, sans perdre son nom de granit, se rapproche par sa composition et son aspect des *roches porphyriques*, dont nous parlerons bientôt. Si le feldspath est absent, la masse n'est plus constituée que de quartz entremêlé de parcelles de mica : c'est un *griesen* (pr. *grisenne*). Mais le plus ordinairement c'est le mica qui fait défaut ; le mica, c'est l'élément mobile, instable. Vient-il à manquer, la roche, uniquement formée de grains de quartz et de feldspath, n'étant plus piquée de points scintillants, prend un ton plus mat et plus terne : c'est une *pegmatite*. La pegmatite, c'est un granit sans mica, comme le griesen est un granit sans feldspath. D'autres fois, le mica, au lieu de disparaître purement et simplement, se fait remplacer dans la roche par une autre substance analogue à lui et jouant le même rôle. Quand ce substitut du mica est le *talc*, minéral feuilleté aussi et assez brillant, l'aspect de la roche est vraiment peu modifié ; c'est, au lieu d'un granit micacé, ou granit normal, un granit *talqueux*, qu'on nomme *protogyne*, d'un mot qui signifie que cette

roche est de formation très ancienne. De la pointe
du canif vous pouvez effeuiller les parcelles de talc ;
mais cette matière, plus tendre que le mica, au lieu
de se lever bien nettement en paillettes miroitantes,
se réduit facilement en une poussière grise, onctueuse
sous les doigts. Parfois le mica est remplacé, non
par des feuillets de talc, mais par des grains verts
ou noirâtres d'*amphibole*, qui donnent une teinte
foncée à l'ensemble de la roche : vous avez une *syénite*.

Malgré ces diversités, les roches granitiques forment un groupe parfaitement naturel ; toutes ont un
air de famille qui s'impose au premier coup d'œil, et
l'étude attentive ne fait que mieux ressortir les analogies de leur structure. Ce sont les roches cristallines par excellence ; les grains ou noyaux cristallins
qui les forment sont adhérents, mais seulement
enchevêtrés, non pas soudés par un ciment, ni empâtés. En outre, leur origine, le mode et l'âge de
leur formation, les dispositions de leurs masses, le
rôle qu'elles jouent dans la structure du sol et la
place qu'elles y occupent, tout cela est commun au
groupe entier. Aussi les prend-on très souvent toutes
en bloc et sous cette dénomination·commune : les
granits, c'est-à-dire les *roches à grains*. En général,
les granits sont des roches très dures et très tenaces.
Les variétés à très gros éléments, impropres à la
taille, ne peuvent fournir à la construction que des
moellons ; les granits à texture fine et compacte
constituent des pierres de taille et d'ornement magnifiques, mais difficiles à mettre en œuvre. Sous le
tranchant bientôt émoussé de l'acier la pierre s'égraine
plutôt qu'elle ne se taille. Elle reçoit donc difficilement
des formes compliquées et des structures délicates ;
mais quand l'habileté de l'artiste a su vaincre ces
résistances, les sculptures et les ornements taillés
dans le granit offrent, avec des teintes harmonieuses,
un aspect fin à la fois et robuste, un effet très monumental. Certains granits peuvent recevoir le poli ;
la pierre alors, ébauchée au ciseau, s'achève et se

doucit avec le diamant. Une belle vasque de granit
poli, près du palais de l'Industrie, à Paris, présente
un spécimen admirable de cette sorte de travail.

La résistance des roches granitiques aux diverses
causes de destruction est variable suivant leur texture
et leur composition. En tous les cas l'action érosive
des eaux, aidée du frottement des fragments qu'elle
entraîne, arrivera toujours à broyer, à désagréger la
roche; mais plus ou moins difficilement et lentement.
L'élément dur, c'est le quartz. Le feldspath est moins
héroïque; il cède plus facilement au choc, au frottement. Mais il y a autre chose encore; la nature
chimique de ces minéraux que nous appelons feldspaths est, avons-nous dit, très variable. Or certaines
variétés de feldspath sont susceptibles de se décomposer sous l'action de l'air, de l'eau. Il ne s'agit pas
ici d'une simple réduction en poussière plus ou moins
fine, remarquons-le bien. La substance, cette fois, est
atteinte dans sa constitution intime, altérée dans sa
nature profonde, *dénaturée;* ses molécules sont dé-
faites et remaniées, dissociées; leurs atomes disséminés; en un mot, le minéral feldspath est détruit;
ce qu'il advient de ses débris, c'est, comme vous le
verrez, toute une histoire. En attendant, l'un des trois
éléments qui forment le granit se détruisant, la
roche tombe en sable, naturellement. La résistance
d'un granit dépend donc de la nature du feldspath
qui entre dans sa composition. Est-ce une variété de
feldspath très difficilement altérable, comme il en
est, la pierre est pour ainsi dire indestructible; les
monuments qui en sont construits sont faits pour
braver les siècles. Est-ce au contraire une variété
de feldspath cédant plus facilement aux causes de
décomposition, la roche est moins durable. Dans la
carrière, pourtant, elle se montrait aussi rude : elle
résistait à la taille, émoussait l'outil et faisait bra-
vement feu sous l'acier..... Mais, au contact prolongé
de l'air, des pluies, des eaux ruisselantes, par les
alternatives de chaleur et de froid, elle se désagré-

gera plus ou moins lentement à la superficie. Les
édifices construits avec ces matériaux subiront l'ou-
trage du temps. La pierre se creuse, les profils des
moulures s'émoussent; au pied des murailles chaque
averse qui les lave dépose une légère alluvion de
grains de sable, provenant de la décomposition du
granit; et au bout de deux, trois ou quatre siècles,
les *parements* (surfaces des murailles) seront plus ou
moins profondément entamés. Ces pierres, si dures
sous le marteau et si rudement écorchées par des
agents pour ainsi dire invisibles, ont fort étonné les
ouvriers maçons. Et comme l'action destructive se
fait surtout sentir à certaines expositions sur les faces
de l'édifice que fouettent le plus souvent les pluies
et où dardent plus fortement les rayons du soleil, ne
sachant à quoi attribuer ce phénomène, ils s'en sont
pris.... à la lune! Pour eux, ces pierres rongées d'une
façon bizarre et irrégulière sont des *pierres lunées.*

Enfin, certaines variétés de feldspath se décomposent avec une rapidité étonnante. Les granits et
autres roches analogues qui en sont formées sont
extrêmement altérables ; à l'air, à la pluie, leurs
blocs énormes fondent, pour ainsi dire. Avec ceux-là,
bien entendu, il n'y a rien à faire en fait de construction. Mais ils vont nous offrir une occasion éminemment favorable pour d'importantes observations.
Quand du feldspath se décompose, se dédouble, une
partie se transforme en substance soluble que l'eau
dissout et emporte; le résidu insoluble en fine bouillie, c'est du *silicate d'alumine :* de l'*argile.* En un
mot, — mais nous l'avons déjà dit, — l'argile est le
produit de la décomposition du feldspath. Quand
c'est une roche granitique qui se détruit par suite de
la décomposition de son feldspath, les grains de
quartz et les paillettes de mica ou de talc, qui ne
se décomposent pas, se détachent; souvent on les
retrouve dans la masse argileuse, reste du feldspath
détruit; on les sent en pressant l'argile molle sous
les doigts. Mais bientôt les eaux opèrent un *triage;*

l'argile légère est entraînée au loin; les grains plus grossiers de quartz et de mica forment des amas de sable. L'art du potier ne fait qu'imiter ce procédé de la nature, lorsque pour se débarrasser des sables mêlés à certaines argiles il soumet la masse limoneuse à l'action d'un courant d'eau, qui laisse tomber les sables et entraîne l'argile, pour l'étaler ensuite en couches d'alluvion fine et pure au fond des vastes réservoirs où l'eau trouble se repose.

Groupes des roches porphyriques. — Les roches dites *porphyriques*, moins anciennes que les granits, ont une texture toute différente. Le porphyre consiste en une masse compacte et continue de feldspath dans laquelle sont englobés, disséminés, des grains cristallins qui sont aussi du feldspath. La roche est donc essentiellement constituée d'une même et unique substance minérale, mais sous deux formes différentes. L'œil distingue facilement les cristaux de la masse non cristalline qui les contient et qu'on appelle *pâte porphyrique*; celle-ci représente en effet une matière en fusion pâteuse qui a coulé à la manière d'une lave épaisse, puis s'est figée, compacte et comme vitreuse, par le refroidissement. Une partie seulement de la substance feldspathique a pu s'agglomérer en cristaux qui sont demeurés empâtés dans la masse encore molle; puis le tout a fait corps en achevant de se solidifier. Dans le groupe des *roches porphyriques* il y a de nombreuses variétés. La couleur, tout d'abord, est éminemment diversifiée. La matière est le plus souvent *teinte* par des substances accidentelles qui imprègnent la roche. Il y a des porphyres blanchâtres, jaunes, noirs; il y a des porphyres rougeâtres, verts ; et ces deux dernières teintes sont dues à des oxydes de fer diversement combinés. La pâte porphyrique est ordinairement plus foncée, et les grains se détachent sur le fond en nuance plus claire. Cette texture ressort admirablement par le poli, surtout dans certains beaux porphyres rouges et verts, fort recherchés comme pierres d'ornement, et qui offrent le type le plus parfait de la structure porphyrique. Outre la couleur, la composition même de la roche peut varier dans certaines limites. Tout d'abord les cristaux empâtés peuvent être plus ou moins abondants. Sont-ils très nombreux, la cassure de la pierre, toute hérissée des angles de cristaux brisés, est rugueuse et inégale. Sont-ils rares au contraire et clairsemés, la cassure alors est celle qui appartient en propre à la pâte porphyrique figée; elle est luisante, vitreuse, à grands éclats courbes et tranchants sur les bords; telle serait celle d'un bloc de verre à bouteilles. Çà et là se montrent des grains de couleur pâle. Parfois même les cristaux manquent totalement; la roche est formée de la seule pâte porphyrique: on a alors les roches appelées *eurites* et *pétrosilex*. D'autres fois, les parties empâtées, au lieu d'être en grains cristallins, forment dans la masse de petites veines irrégulières, en sorte que la roche polie a tout à fait l'aspect d'un marbre; on dirait que la pâte en train de se figer a été brassée comme avec un mêloir.... Ce sont les porphyres *veinés*. Outre les cristaux de feldspath, certaines espèces de porphyres contiennent parfois abondamment des grains de quartz et même des paillettes de mica. La roche alors, par sa composition et son aspect, se rapproche des granits; observons toutefois qu'ici tous ces grains cristallins sont non pas seulement enchevêtrés, mais *empâtés*, ce qui est le caractère distinctif. Nous dirons donc *porphyre quartzifère*, si la pâte renferme des grains de quartz en quantité notable; *porphyre micacé*, si la cassure s'offre paillettée de lamelles de mica.

Les porphyres généralement sont des roches dures, difficiles à travailler; suivant leur degré de finesse et la beauté de leurs teintes, ce sont des pierres d'ornement ou de simples matériaux de construction. Les beaux porphyres dits *rouge antique*, *vert antique*, reçoivent un poli d'aspect gras et doux; on les employait beaucoup chez les Grecs, les Romains, les

Égyptiens, sous forme de colonnes, de vasques, de coupes, de sarcophages d'un travail précieux; ils ont toujours leur prix, mais la main-d'œuvre coûte trop cher. Les variétés moins fines fournissent encore, dans les régions où elles abondent, d'excellentes pierres de taille pour les édifices. Observons que les porphyres *grenus* seuls peuvent se tailler; ceux qui sont presque dépourvus de cristaux éclatent, comme nous l'avons dit, sous le choc, et ne peuvent fournir que des matériaux très grossiers. — Certaines roches porphyriques se détruisent assez rapidement, par suite de la décomposition de leur feldspath et se transforment en argile.

Voici maintenant tout un groupe nombreux et varié de roches difficiles à caractériser. Elles se rapprochent beaucoup des porphyres, en sorte qu'on peut regarder ce groupe comme *subordonné* au précédent, détaché en quelque sorte de la vaste classe des roches porphyriques. Elles sont souvent réunies sous la dénomination vague de *roches vertes* (en allemand *grünstein*), parce qu'en effet la couleur verte ou vert noirâtre est très prédominante dans cette série, — non pas exclusive pourtant; et d'autre part nous avons vu des porphyres verts. Je préfère donc le titre de roches *amphiboliques,* exprimant que l'amphibole, minéral vert comme vous le savez, est l'élément caractéristique de ces roches. Avec l'amphibole elles contiennent en outre généralement du feldspath, jamais de quartz. Sans entrer dans le détail, établissons seulement deux divisions dans le groupe. Ces deux éléments, le feldpasth et l'amphibole, sont-ils en grains distincts entremêlés, vous avez une *diorite* (ainsi appelée d'un nom qui signifie justement: éléments distincts). Cette roche a une texture qui rappelle celle du granit. Les grains d'amphibole sont d'un vert foncé; la couleur du feldspath déterminera le ton général de la roche. Il y a des diorites blanches, roses, vivement piquées des points verts de l'amphibole (Vosges, Corse). D'autres, comme celles de Bretagne, sont d'une teinte

grise, bleuâtre ou verdâtre assez foncée. Mais supposez
que les deux éléments, au lieu de s'isoler nettement en
grains distincts, soient restés confondus dans une même
la pâte : vous avez un *trapp*. L'amphibole, fondue dans
masse, lui communique son ton verdâtre, souvent très
foncé, même poussé au noir. Quand l'amphibole domine
dans la roche, elle prend le nom d'*amphibolite*; enfin
on conserve le nom de *serpentines* à des roches vertes,
tendres relativement et douces au toucher, très fissurées, qui sont formées en masse du minéral appelé
serpentine, quelquefois associé à du *talc*; ces minéraux,
vous vous en souvenez, sont très analogues à l'amphibole. Les serpentines, avec leurs belles teintes verdâtres, leurs veines, leur grain fin, susceptibles d'un poli
gras et doux, sont parfois employées comme pierres
de luxe. Les autres roches de la même série, trop peu
dures, trop grenues, trop ternes, sont réservées aux
constructions. Pour cet emploi les diorites des Vosges
et de Bretagne rivalisent avec les plus fins granits.

Groupe des roches volcaniques. — Les roches porphyriques et amphiboliques forment, avec celles qu'il
nous reste à examiner, la vaste série des roches spécialement désignées sous le titre d'*éruptives*, parce
que leur caractère éruptif s'exprime plus énergiquement par l'ensemble de leurs allures. Mais le dernier
groupe auquel nous arrivons reçoit particulièrement
le qualificatif de *volcanique*, pour indiquer que le
mode d'éruption de ces roches est plus complètement
assimilable aux phénomènes offerts à notre observation par les volcans modernes. Ce groupe se subdi-
vise en *trachytes*, *basaltes* et *laves* proprement dites.
Pour toutes ces roches comme pour celles du groupe
précédent et plus encore, l'observation de la disposition des masses, de la structure en grand, vient puissamment en aide, lorsqu'il s'agit de les déterminer,
aux données que peuvent fournir les caractères de
composition et de texture, caractères souvent un peu
vagues, mobiles et difficiles à apprécier.

Les trachytes ont de l'analogie avec les porphyres.

C'est encore une pâte de feldspath, ordinairement foncée. Mais cette pâte est beaucoup moins dure, plus terne que celle du porphyre, moins vitreuse ; elle a un aspect mat et comme terreux. Elle offre au toucher une rudesse spéciale, une âpreté sèche qui a valu son nom à la roche (*trachyte* signifie rude). On dirait toucher la cassure d'une terre cuite un peu grossière fraîchement brisée. La couleur, du reste, est très variable ; il y a des trachytes gris, bruns, verdâtres, violacés. La roche se rencontre souvent en grandes masses dont les formes, en rapport ainsi que nous le verrons avec les circonstances de leur éruption, sont caractéristiques.

Le *basalte* ressemble davantage aux laves de nos volcans modernes : un basalte n'est en effet qu'une sorte de lave plus compacte, plus dure, moins bulleuse que la lave proprement dite, et plus ancienne. Il en diffère encore par les traits de sa structure en grand et par sa composition minéralogique. Le basalte est encore une roche essentiellement formée de feldspath ; c'est une pâte feldspathique fondue et figée, empâtant ordinairement une infinité de petits grains cristallins, quelquefois même de gros cristaux de *pyroxène* et autres matières très analogues au feldspath lui-même : structure qui offre, vous voyez, de l'analogie avec celle des porphyres. La roche est parfois grise, plus ordinairement de teinte foncée, brune ou noirâtre. Elle offre au plus haut degré cette propriété de se fendiller par le refroidissement que nous avons déjà constatée, moins apparente, dans certaines laves plus modernes, mais que les basaltes présentent souvent avec une netteté très caractéristique.

Quant aux laves proprement dites, nous ne reviendrons pas sur la description que nous en avons faite. Une seule occasion nous était donnée de voir travailler avec une activité encore effrayante pour nous, mais bien réduite pourtant, un des deux grands agents qui ont collaboré à la construction de la croûte du globe. En observant l'éruption d'un volcan, nous avons voulu nous rendre compte de la formation d'une roche par le feu ; la lave était pour nous un point de départ et un terme de comparaison destiné à nous faire comprendre l'origine des roches ignées. Nous voici revenus à ce point de départ ; nous confirmerons encore tout l'ensemble d'analogies que nous avons établies en constatant que la lave aussi, comme le basalte, comme en général toutes les roches éruptives, est constituée de la même substance minérale dans une de ses nombreuses variétés : le feldspath. Quand la lave moderne se refroidit lentement et en grande masse, elle est plus compacte, moins bulleuse ; on peut plus facilement reconnaître les petits cristaux disséminés dans sa pâte feldspathique : en un mot, elle est tout à fait analogue au basalte. Les coulées, plus minces sur les pentes, plus rapidement refroidies, sont formées de lave très bulleuse, scoriacée, offrant un aspect inégal et comme brûlé, quelque chose d'âpre et d'hostile. Pourtant quand la roche se désagrège elle fournit à la végétation un sol d'une fertilité remarquable. Rappelons seulement encore que les cailloux, les cendres volcaniques, les ponces légères comme de l'écume, ne sont autre chose que de la lave sous des aspects divers.

Les roches volcaniques sont employées pour la construction des édifices dans les régions où elles sont abondantes. Le trachyte, facile à tailler, liant bien au mortier et résistant aux agents de destruction, fournit d'excellents matériaux. On bâtit beaucoup en lave, en Italie, à Naples par exemple, sur les croupes de l'Etna ; on en fait surtout des dallages. Clermont-Ferrand et plusieurs des petites villes du plateau volcanique de la France sont construites en lave. Il faut avouer pourtant que ces sortes de pierres sont peu commodes pour le maçon. Le basalte se refuse absolument à la taille : il éclate sous l'outil ; s'il est compact et lisse il prend très mal le mortier. Les laves criblées de trous ne peuvent pas, évidemment, fournir des pierres de taille d'un aspect bien monumental ; mais, comme elles sont poreuses, légères, qu'elles adhèrent

fortement au ciment, on les emploie comme matériaux irréguliers, en blocage ; elles forment des murailles, des voûtes très légères et très solides. Les
variétés moins bulleuses sont même employées comme
pierres de taille ; avec leurs teintes sombres elles donnent aux édifices qui en sont construits un aspect
sévère tout particulier.

Étude des principales roches stratifiées.

Au point de vue des matériaux qui les constituent,
on peut diviser en trois grandes séries les roches de
formation aqueuse : les roches *arénacées* (arène, gravier), les roches *argileuses* et les roches *calcaires*.
Mais soyons dès maintenant bien avertis qu'entre les
types parfaitement tranchés de ces trois séries il y a
des transitions graduées, ce que les géologues appellent des *passages*. Ainsi, entre les roches exclusivement formées de substance calcaire et la roche d'argile pure il y a des roches qui contiennent à la fois
du calcaire et de l'argile, l'un ou l'autre dominant, ou
tous deux se trouvant en proportion à peu près égale.
C'est ce qu'on exprimera en disant que *le calcaire
passe à l'argile* par la transition des roches intermédiaires *argilo-calcaires*.

Groupe des roches arénacées. — Parmi les roches
arénacées, dont les matériaux essentiels sont des débris transportés de roches massives plus anciennes,
des fragments plus ou moins volumineux, plus ou
moins réduits, comparables à du sable ou à du gravier, nous établissons une division bien naturelle:
d'un côté les roches *meubles*, de l'autre les roches
consistantes. Les premières sont des amas de blocs,
des *strates* de gravier, des couches de sable parfois
grossier et inégal, parfois d'une finesse et d'une égalité extrêmes. Dans ces couches, avec la grosseur des
fragments, il importe de noter la nature de ces fragments, leur état anguleux ou roulé. Ainsi on dira :
une couche de galets *granitiques ;* une couche de sable

quartzeux; une couche de cailloux *porphyriques* ou *basaltiques,* si c'est le porphyre ou le basalte qui a fourni les matériaux.

Passons aux roches d'agrégation *consistantes.* Parmi celles-ci, nous aurons à distinguer si la masse agrégée est formée avec ou sans ciment. Un ciment intervient-il pour lier les matériaux, la roche sera appelée *conglomérat* si les fragments sont volumineux, en sorte que la masse ressemble à un blocage de maçonnerie ; *brèche,* si les fragments anguleux étant réduits à la grosseur du macadam de nos routes, la masse semble justifier l'expression de béton naturel. Mais très souvent les cailloux sont arrondis, roulés, semblables à des œufs d'oiseau, à des noyaux, à des noisettes... Les Anglais ont imposé à une telle agrégation le nom pittoresque de *poudingue*, d'un certain mets national où les amandes et les grains de raisin sont englobés dans une tourte de pâte. Quand les parties agglutinées sont réduites à la dimension de fin gravier ou de sable, nous avons un *grès;* grès *grossier* ou grès *fin*, selon la ténuité des grains. Comme les grès sont des roches très importantes et très variées, il convient d'en examiner attentivement la texture. Prenez donc une meule à aiguiser vulgaire, ou un simple pavé de Paris; nous pouvons prendre l'un ou l'autre pour type du grès fin. La surface, âpre au toucher, révèle déjà la texture grenue de la pierre; l'œil, aidé d'une loupe s'il le faut, discerne nettement les grains. Détachez un fragment et écrasez-le en quelques coups de marteau : le ciment se désagrège, et vous retrouvez le sable fin, tout semblable à celui de nos plages, tel qu'il était avant de subir l'agglutination. La texture des grès grossiers est plus apparente encore : on distingue les parties agrégées, la pâte qui les enveloppe et les soude. Leurs grains sont souvent roulés, arrondis; analogues, sauf la dimension, à des galets, ou, si vous voulez, semblables à des grains de maïs ou de millet. L'ensemble de la roche présente dans la cassure un aspect que j'assimilerai, puisque nous sommes en train de comparaisons familières, à celle d'une tranche coupée dans un pain au riz... — Quand on veut bien définir la nature d'une roche d'agrégation, il convient d'observer et d'indiquer la nature des fragments. Ainsi on dira : un conglomérat *granitique*. Un empâtement de moyens fragments, débris d'une roche calcaire, formera une *brèche calcaire*. Un grès sera dit *quartzeux* s'il est constitué de grains de quartz : un grès fin est presque toujours quartzeux. Il sera qualifié d'*argileux* s'il contient de l'argile en proportion notable, entremêlée dans sa masse. Mais, de plus, il peut être utile de noter la nature du ciment lui-même, car l'aspect et la qualité de la roche en dépendent aussi. Le ciment est ordinairement de nature *calcaire;* parfois il est *siliceux* ou *ferrugineux*. Ce dernier ne saurait dissimuler son identité, trahie par les teintes rouges, ou jaunes, par le ton de rouille ; l'élément calcaire, lui, se décèle, comme nous le rappellerons bientôt, par le plus simple des essais. — L'ensemble de toutes ces roches à ciment est souvent désigné, en faisant abstraction de la dimension des fragments, par le nom de *grès*, employé alors dans un sens général et vague.

Groupe des roches schisteuses. — Voici maintenant un groupe important de roches qui, par leur compotion et leur origine, se rapprochent beaucoup des précédentes. Elles aussi sont des roches consistantes, formées de débris transportés; mais, à certains traits de leur structure, vous les distinguerez sans peine des grès. Leur caractère tout spécial, qui saute aux yeux, c'est leur structure *feuilletée*, rappelant celle de l'ardoise. La roche attaquée se *clive*, se lève par plaques minces; et, si vous examinez de près le grain, vous observez que toutes les parcelles perceptibles dans la masse sont couchées dans le même sens : caractère éminemment expressif, n'est-ce pas, de la formation par dépôt. Des pierres noires et plates qu'on trouve souvent dans le charbon de terre vous offriront encore un bon exemple de cette structure. Les roches

feuilletées de cette sorte reçoivent le nom commun
de *schiste*. Autre caractère remarquable : les schistes
sont formés sans trace visible de ciment. Vous vous
étonnerez peut-être, et vous vous demanderez comment ces grains, ces débris transportés ont pu faire
corps, former des masses consistantes, sans ciment qui
les empâte. Qu'est-ce donc qui a pu lier ces parcelles
incohérentes ? — D'abord, elles ont été fortement tassées par la pression des terrains ; mais il y a autre chose
encore, et la chaleur est souvent intervenue ici. Les
schistes sont généralement des roches *métamorphi-*
ques. Des débris meubles entassés ont pris, par l'action de la chaleur, une ferme cohésion, sans que la
matière ait fondu, ait même éprouvé un commencement de ramollissement. Et si encore vous êtes tentés
de faire quelques objections sur ce que, sans se fondre, les grains de la roche aient pu faire corps... je
vous renvoie tout simplement au four à briques de
votre localité. Là, vous verrez la terre argileuse et
sableuse incohérente, facilement délayable, sous l'influence de la simple chaleur rouge changer de couleur et de texture, prendre cohérence et fermeté,
devenir indélayable à l'eau, former une *brique*, véritable roche métamorphique artificielle, capable de
remplacer la pierre naturelle là où elle fait défaut.

Les roches schisteuses varient d'aspect suivant la
nature et la forme des éléments dont elles sont constituées : grains de quartz plus ou moins fins, de feldspath, parcelles d'argile, paillettes de mica, talc,
amphibole ; tous débris de roches massives. Lorsque
les grains de quartz sont l'élément dominant, la texture schisteuse est moins accusée ; les schistes quartzeux se rapprochent du grès. Si au contraire le
mica domine, la roche est très fissile, très feuilletée :
c'est le schiste micacé ou *micaschiste*. Certains micaschistes sont presque exclusivement composés de
paillettes de mica étincelant, blanches ou dorées,
brunes ou noires : ce sont des roches splendides.
Elles forment souvent des dents aiguës ou des pans

taillés à pic. Sous un certain angle, la lumière rejaillit vivement sur les lamelles de mica; parfois, à l'opposé du soleil couchant, on voit la roche s'embraser comme les nuages du soir; des pointes nues, dépassant le niveau des collines, ruissellent de feu; on dirait des blocs d'or brûlant posés sur un piédestal sombre. Des schistes de teinte grisâtre, à la cassure lustrée et soyeuse, douce au toucher, formés de grains de quartz et de parcelles de *talc* remplaçant le mica, sont appelés schistes *talqueux* ou *talcschistes*.

Beaucoup de schistes contiennent une proportion plus ou moins notable d'argile; quand cette matière devient dominante, on qualifie la pierre de *schiste argileux*. Certains schistes argileux portent le nom de *phyllade*, qui signifie *feuilletée*. Ce sont les schistes par excellence, sous le rapport de la structure; ils sont ordinairement à grains ténus, doux au toucher. Les espèces les plus fines sont essentiellement formées d'argile feuilletée par la pression et durcie par l'action de la chaleur. Elles sont alors facilement clivables, à surface lustrée, souvent de teinte bleu sombre ou bleu violacé; ce sont les schistes *ardoisiers*, dont les variétés assez résistantes sont exploitées sous le nom d'ardoises, pour couvrir nos toits. Ecrasez en fine poussière un fragment d'ardoise : vous retrouvez l'aspect de l'argile; mais celle-ci, transformée par l'action de la chaleur, refuse de faire pâte avec l'eau. — A part l'ardoise, les roches schisteuses, en raison même de leur texture, n'offrent pour la construction que des matériaux médiocres et grossiers.

Concevez une masse feuilletée, composée de grains de quartz, de menus fragments de feldspath et de paillettes de mica, agglomérés sans ciment; vous avez la roche équivoque qu'on appelle *gneiss* (pron. *gnèce*). Ce sont les éléments d'un granit, mais c'est la texture d'un schiste. Les grains de quartz et de feldspath, au lieu d'être enchevêtrés dans tous les sens, sont *étalés à plat*; les paillettes de mica sont toutes couchées dans un sens; la roche se fend en plaques, et la masse est stratifiée. Nous sommes donc conduits à conclure que, des granits ayant été désagrégés, leurs parties, sans être triées, ont été déposées par couches, reprises ensuite et ressoudées à nouveau par une action métamorphique. La difficulté, c'est que les gneiss ne sont pas tous identiques; les uns ont une tendance très peu prononcée à se fendre par plaques, et leur stratification se sent à peine; ceux-là ressemblent tellement à du granit qu'il est parfois difficile de les en distinguer; les autres au contraire sont très nettement feuilletés et se rapprochent beaucoup des micaschistes. En sorte que, entre les granits massifs et les schistes les mieux caractérisés, les gneiss forment toutes les transitions d'un *passage* insensible. — C'est ici qu'il faut dire un mot d'une roche qui apparaît avec un caractère tout particulier. Son nom de *quartzite* vous indique la nature de cette roche, composée d'un quartz très dense et souvent très pur, blanchâtre, laiteux et demi-transparent, en masse compacte et très peu fendillée, excessivement dure, tenace, *récalcitrante*, presque inattaquable, faisant feu au choc et émoussant l'acier. Imaginez qu'une épaisse couche de sable ou de grès quartzeux, débris des vieux granits, ait été refondue et vitrifiée par l'action de la chaleur, comme le sable et la cendre fondent et se vitrifient dans le creuset du verrier : vous aurez une assise de quartzite. Mais malgré cette transformation étrange la roche garde sa disposition stratifiée, témoignage de son origine première. Bien plus, en certaines parties moins énergiquement atteintes par l'action *métamorphique*, on voit encore la texture grenue du sable à demi fondu seulement, à demi agglutiné. Sans doute l'action directe de la chaleur a été souvent aidée de celle des eaux portées à une haute température. En Bretagne, notamment, des couches très puissantes de ces *quartzites stratifiés* s'étendent sur de vastes régions, montrant çà et là, à fleur de sol, leur surface dénudée. Mais on y voit aussi d'autres roches de quartz, massives, traversant les terrains sous forme de *dykes*, dans des conditions qui montrent qu'on a affaire à une matière éruptive, comparable à un granit dans lequel manqueraient à la fois et le feldspath et le mica.

Groupe des roches argileuses. — Les schistes argileux nous conduisent à l'argile. Cette matière, comme nous savons, est un produit de décomposition. Souvent les couches sont mêlées des grains de la roche détruite, fragments de quartz, lamelles de mica, grains de feldspath incomplètement décomposés ; parfois même de graviers et de cailloux. Il y a des argiles *sableuses* et *caillouteuses*. Mais, quand la substance a été bien triée par l'action des eaux, elle se montre fine, douce au toucher, éminemment plastique et parfois très blanche. Assez rare est le *kaolin* ou argile fine à porcelaine. Des argiles grises ou jaunâtres, présentant tous les degrés de pureté et de finesse, sont au contraire extrêmement communes dans tous les terrains et exploitées partout ; selon les localités, elles offrent à l'art du potier des matériaux d'une valeur plus ou moins grande et donnent lieu à des produits différents d'aspect et de prix. Les couches très sableuses et même caillouteuses fournissent des briques et des tuiles.

Série des roches calcaires. — Toutes les roches examinées par nous jusqu'ici, massives ou stratéfiées, ignées ou aqueuses, ont un élément commun, essentiel et dominant : la silice ; en sorte que, faisant abstraction des différences d'origine et de structure, on pourrait toutes les réunir sous la dénomination de roches *siliceuses*. En face de cette série et en contraste avec elle se dresse une autre série de roches, non moins importante, non moins diversifiée : celle des *calcaires*, dont l'élément fondamental est la *chaux*. Un seul et même composé, le *carbonate de chaux*, sous ses formes multiples, varié en outre par certains mélanges, donne naissance aux roches les plus diverses d'aspect, de texture, de propriétés et d'usages. Nous avons déjà étudié le carbonate de chaux dans ses *espéces* les plus importantes, les considérant en tant que minéraux, c'est-à-dire à l'état d'échantillons isolés, choisis parmi les plus purs et les mieux caractérisés. Nous allons retrouver les mêmes substances minérales; mais nous les étudierons cette fois en tant que *roches*, c'est-à-dire constituant des masses puissantes, à des états de pureté très variables, formant des associations et des mélanges dans lesquels les caractères du minéral sont souvent plus ou moins déguisés ou altérés. Les calcaires proprement dits, où le carbonate de chaux forme à lui seul la masse de la roche, peuvent se diviser en trois groupes, suivant leur texture : calcaires cristallins, calcaires compacts, calcaires terreux.

Le beau spath d'Islande en blocs *clivables* et diaphanes est rare et mérite à peine d'être appelé une roche. Le véritable type des calcaires cristallins, c'est le *marbre*. Il faut entendre ici tout particulièrement le marbre blanc statuaire, le plus pur et le plus beau, à texture fine, serrée et confuse de grains cristallins, demi transparents, apparaissant sous le poli. Le même grain, que nous avons comparé à celui du sucre blanc en pain, appartient à tous les marbres proprement dits, si divers de coloration et si richement veinés. On les considère comme des roches *métamorphiques*. C'est en effet aux environs des grandes masses éruptives, là où toutes les autres roches portent aussi les marques de l'action du feu, que les calcaires ont pris cette apparence cristalline. Par la chaleur, des couches déposées de calcaire compact ou terreux ont fondu; des matières étrangères qu'elles contenaient interposées dans leurs strates, entrant en fusion en même temps, ont teint la masse de leurs couleurs propres, ou bien, s'y mélangeant, ont formé des veinures capricieuses. Une expérience intéressante vient à l'appui de cette théorie : en fondant de la craie blanche, dans certaines conditions de *pression* nécessaires pour éviter la décomposition de la substance calcaire et sa conversion en chaux, on obtient par le refroidissement une pierre artificielle, semblable au marbre blanc cristallin. Voulez-vous imiter les marbres colorés, veinés? Il suffira de mélanger plus ou moins intimement à la matière, avant la fusion, des substances colorantes convenablement choisies. Est-il une contre-épreuve plus décisive? — Mais, il y a des degrés dans l'action métamorphique; et d'autre part les constructeurs, peu soucieux des formations, ont été entraînés à donner le nom de marbre, sans distinction, à tous les calcaires plus ou moins veinés, assez durs, assez fins pour recevoir le poli, et s'employant comme pierres d'ornement. De là vient que, sous ce même titre, aux véritables marbres cristallins se sont trouvées réunies certaines variétés de calcaires fins, non métamorphiques, non cristallins mais compacts, et qui, par leur origine, appartiennent légitimement au groupe suivant.

Quoique ce nom rappelle des idées de luxe et de magnificence, tous les marbres ne sont pas des roches rares et de haut prix. Les plus belles variétés, les plus riches de teinte et de veinure sont seules employées pour la sculpture et l'ornement. D'ailleurs il convient d'observer qu'il faut le poli pour faire ressortir ces brillants effets; dans le bloc non travaillé, terni à la surface, tel qu'il apparaît au flanc de la carrière, le marbre le plus chaudement teinté diffère peu au coup d'œil de la première roche venue. Les mêmes marbres que le commerce transporte au loin et auxquels le travail donne un aspect précieux avec un prix élevé sont employés dans les localités où ils abondent à l'état brut ou simplement taillés, comme matériaux de construction. Parmi les matériaux précieux le marbre blanc statuaire tient le premier rang ; les variétés supérieures sont rares et très chères. Impossible de passer outre sans saluer le merveilleux marbre de *Paros*, dans lequel les statuaires grecs ont taillé leurs chefs-d'œuvre. Un ton moelleux et demi transparent donnait aux formes nobles et pures des dieux et des déesses un charme de souplesse et de douceur.

Mais la belle Grèce n'est plus, la Grèce amante de la beauté et de l'art ; Rome a passé là, puis les Barbares ; et depuis les carrières de l'île de Paros sont restées abandonnées . Celles de Carrare et de Saravezza (Italie), à peine moins célèbres, ont fourni aux sculpteurs de la Renaissance et fournissent encore à ceux de notre époque des marbres de ton plus mat et, à tout prendre, non moins harmonieux.

· Les calcaires à grains cristallins et d'origine métamorphique offrent, outre ·les marbres blancs et colorés, des variétés moins pures, moins fines de texture et moins vives de couleur, qui fournissent des pierres de taille d'excellente qualité et d'un aspect monumental, mais un peu coûteuses de main-d'œuvre, en raison de leur ténacité. On peut citer, comme type de cette classe, l'excellente pierre gris bleu exploitée en Belgique sur une vaste échelle, et souvent importée en France, à titre de pierre de taille.

Calcaires compacts et oolithiques . — Outre les pierres d'ornement assimilées aux marbres, il est, dans le groupe des *calcaires compacts*, qui nous représentent des dépôts de matières dissoutes accumulées au fond des eaux par voie d'*incrustation*, des roches importantes à divers points de vue. Une fois sa nature calcaire bien constatée ainsi que nous le verrons plus loin, une roche se fera classer par vous dans ce groupe par un caractère négatif, c'est-à-dire par l'absence même de la texture cristalline ou de toute autre texture spécialement remarquable. Comme le marbre statuaire est le type des calcaires cristallins, le type des calcaires compacts sera pour nous la *pierre lithographique*, à texture serrée, égale, très finement poreuse ; une pierre dense, tenace, sonore au choc, se brisant en éclats courbes qui présentent une cassure nette et lisse. Les variétés qui s'offrent avec une finesse et une égalité extrêmes, en blocs assez étendus, sans fissures, sans veines, sans fossiles, d'une teinte blanchâtre et uniforme, peuvent seules être employées pour le noble usage de la lithographie; mais que l'une de ces qualités vienne à manquer à la roche, elle n'en constituera pas moins d'excellents matériaux de construction, pierres d'appareil ou moellons. Les fossiles surtout, quand ils sont abondants, donnent à une roche une structure inégale et grossière; or ces sortes de calcaires en sont souvent tout pétris, ce qui n'a pas lieu de vous étonner, si vous vous reportez à leur origine; tandis que, dans les calcaires métamorphiques, les fossiles ont plus ou moins complètement disparu, ou tout au moins se sont comme fondus dans la masse. — Mais voici, à côté de ces pierres vulgaires d'aspect, des roches qui se distinguent par une texture tout à fait singulière. Imaginez une masse entièrement formée de grains sphériques accolés les uns aux autres. Souvent ils sont comparables, pour la grosseur, à des petits pois; et alors la structure de la roche offre des détails extrêmement curieux. Chaque globule est formé de couches superposées de matière calcaire, qui se lèvent facilement par écailles; et si, avec la pointe d'un canif, on fait ainsi éclater l'une après l'autre les enveloppes successives, on trouve souvent au centre un petit grain de sable quartzeux. Cette structure bizarre démontre que la matière incrustante calcaire s'est appliquée par couches successives autour d'un noyau. Le globule en voie de formation a dû être roulé, remué par les courants, en sorte qu'il pût grossir également tout autour; jusqu'à ce que, devenu trop lourd, il se reposât au fond et s'agglutinât avec d'autres déjà arrêtés. Un tel mode de formation pourrait susciter votre doute, si je n'ajoutais que le même phénomène se produit aujourd'hui encore en petit, dans le courant de certaines eaux calcaires incrustantes. Ainsi, à Carlsbad (Bohême), dans le bassin des célèbres sources thermales qui jaillissent, puissantes et bouillonnantes, des fissures du sol caverneux, des couches de dépôts calcaires à grains roulés et agglutinés se forment sous nos yeux par le mécanisme que nous venons de décrire. — Le plus communément les globules qui par leur accumulation forment les épaisses assises de la roche calcaire ne dépassent pas la grosseur d'un grain de millet. La pierre alors rappelle par son aspect l'amas de petits œufs ronds accumulés dans la rogue d'un poisson; et cette comparaison, qui s'offre tout de suite à l'esprit, a fait donner à tous ces calcaires à globules le nom d'*oolithes* (en grec *pierres d'œufs*). Quelquefois on distingue par le mot de *pisolithes* (c'est-à-dire *pierres à pois*), les variétés dont les globules atteignent le volume d'un petit pois ou d'un grain de *maïs*. Les calcaires *oolithiques* sont des roches extrêmement communes; elles existent en couches très puissantes, et sur de vastes étendues. Les espèces finement grenues et de texture bien serrée fournissent de très bonnes pierres de taille, recevant facilement la sculpture et résistant aux intempéries; telle est la pierre connue des constructeurs sous le nom de *pierre de Caen*, et dont il existe de belles carrières aux environs de cette ville. Des monuments gothiques à svelte structure, merveilleusement brodés de sculptures refouillées, vives et nettes encore comme au premier jour, attestent l'excellence de ces matériaux. L'oolithe, au contraire, est-elle à gros globules ou trop criblée de fossiles, elle est grossière et rustique d'emploi; si le grain est mal soudé, la texture lâche et poreuse, c'est une pierre molle, gélive et de mauvaise conservation.

Les calcaires à texture dite *terreuse* sont des roches tendres et même friables; leur cassure mate et poreuse, par son aspect, par l'impression qu'elle fait sur le toucher, ne saurait être mieux comparée qu'à celle d'une brique tendre. Le type de ce groupe est la roche de *craie*. Mais il est bien entendu qu'entre la craie friable et les calcaires durs et compacts des groupes précédents il y a des intermédiaires, des *passages*; et ces roches de consistance moyenne, ordinairement pétries de fossiles, sont souvent désignées sous le nom de *calcaires grossiers*. Examinons d'abord la craie, dont nous avons déjà observé les

caractères sur l'échantillon, et que les collines ondu-
leuses de la Normandie ou les plaines arides de la
Champagne nous offriront sous forme de couches puissantes. Le mode de formation de ces roches nous réserve une surprise. Quand on fait tomber en poudre
avec les doigts un fragment de craie, de la craie de
Meudon, par exemple, si l'on reçoit cette farine blanche sur une lame de verre pour la regarder au micros-
cope, on reconnaît avec stupeur que chacun de ces
grains de poussière indiscernable à l'œil est un débris
d'être vivant, un *fossile microscopique*, une coquille
excessivement petite et délicate d'un de ces animalcu-
les marins qu'on nomme *foraminifères*; si délicate que
sa transparence laisse parfois voir les plus merveilleux détails de structure, si petite qu'il y en a plus
d'un million dans un fragment de craie de la grosseur d'une moyenne tête d'épingle! Vous touchez un
morceau de cette craie; une tache blanche reste à
vos doigts : vous en avez là des milliers. La masse
de la roche en est presque tout entière pétrie. Et
si je vous dis maintenant que les couches de craie
forment le sol de vastes régions, avec des épaisseurs
de plusieurs centaines de mètres.... n'est-ce pas à
effrayer l'imagination? Vous voudriez en douter, ce
n'est pas possible. — Oui, des êtres imperceptibles à
l'œil nu ont vécu dans les eaux; ils sont morts, et
de leurs débris tombés au fond à mesure, tassés,
cimentés par la matière calcaire, ils ont formé, ces
infiniment petits, parcelle à parcelle, pour ainsi
dire atome à atome, de puissantes assises continentales. On a décrit, classé leurs espèces. Et ce n'est
pas la seule craie blanche qui se rapporte à cette
merveilleuse origine. En général tous les calcaires
terreux à texture légère et poreuse, sans exclure
d'autres calcaires plus compacts et certains dépôts
siliceux, sont, pour une grande part de leur masse,
formés de coquilles microscopiques agglomérées,
outre les fossiles de plus grande taille qu'elles contiennent en effrayante quantité. En sorte que nous

pouvons dire d'elles ce que disait un jour un géologue en face de l'imposante muraille *crayeuse* des falaises de la côte normande : « Toutes ces pierres furent jadis vivantes! » — Au reste, pour être surprenant le fait n'est ni incroyable, ni sans analogues à l'époque actuelle. Sur d'immenses étendues au fond du lit des océans s'étalent, croissant avec une lenteur infinie, des couches vaseuses et calcaires; et, quand on examine ces limons rapportés par la sonde, on constate qu'ils sont aussi produits en majeure partie par l'accumulation en quantités immenses de coquilles de *foraminifères*, différents de ceux des anciennes époques, qui vivent et meurent dans nos mers actuelles.

Autour de la craie blanche prise pour type nous devons ranger des variétés plus ou moins grossières de *roches crayeuses*. La craie tuffeau, jaunâtre et moins fine de grain, est plus consistante. Puis, la roche s'altérant par un mélange graduel de grains de sable ou d'argile, nous passons aux craies *sableuses*, souvent de teinte verdâtre, aux craies *argileuses*. — Les calcaires terreux de structure plus grossière sont ordinairement plus fermes que les craies; ils forment, disions-nous, un passage ménagé vers les roches de la série compacte. Le type important de cette série sera pour nous le calcaire dit *parisien*, pierre dont il existe de nombreuses variétés. Les édifices et les monuments de la capitale en sont construits, ainsi que ceux de beaucoup de villes du bassin de la Seine. Supposons que vous vous trouviez dans une de ces localités; vous examinerez les murailles d'un édifice, ou mieux vous ramasserez un éclat de pierre sur un chantier, près d'une maison en construction. Vous observerez le grain un peu âpre et sec au toucher de la pierre, tendre pourtant à la taille; et vous reconnaîtrez que ce grain tient le milieu entre la structure friable de la craie et la texture dense et résistante des calcaires compacts. Vous aurez lieu de remarquer ces trous dont la pierre est parfois criblée, et qui déprécient un peu son aspect dans les parements dressés des pierres de taille : chacun de ces trous est la place vide d'une coquille fossile presque complètement détruite, mais dont il est facile de reconnaître la forme à l'empreinte très nette qu'elle a laissée dans la roche comme une sorte de *moule*. Malgré certains défauts, les calcaires terreux demi-compacts, tels que la pierre de Paris et les variétés analogues, comptent parmi les plus recherchés des matériaux de construction. Ils n'ont pas, il est vrai, la ténacité des calcaires compacts ; mais leur résistance est ordinairement suffisante, leur taille plus facile; ils reçoivent sans effort et à peu de frais la sculpture. Les couches choisies fournissent de très beaux blocs, d'autres plus grossières sont exploitées pour moellons. Il n'en est pas de même de la craie blanche et des roches voisines, trop tendres, trop friables. Elles s'écrasent sous le poids de la construction; aux intempéries, elles s'en vont en poussière. Ce sont de détestables matériaux; et, pour en élever la plus humble maison, il faut être absolument dépourvu de toute autre pierre. Nous ferons seulement une exception en faveur de la craie *tuffeau*, qui, malgré sa texture trop lâche et trop terreuse, fournit cependant des pierres de taille passables comme résistance et comme durée, assez commodes d'emploi.

La série des calcaires proprement dits que nous venons de passer en revue nous a déjà donné lieu d'observer certains mélanges qui, sans faire perdre son nom générique à la roche, lui valurent les qualifications de *sableuse* ou d'*argileuse*. Mais d'autre part, nous le savons, la substance calcaire est un élément très répandu dans les eaux, extrêmement mobile, pénétrant, sociable; nous l'avons vu se glisser entre les parcelles sableuses, les graviers, pour les cimenter. De toute manière donc nous sommes avertis que cet élément s'est associé dans les proportions les plus diverses à toutes sortes de formations de dépôt, outre celles qu'il constitue essentiellement. En d'autres termes il ne pouvait manquer d'y avoir, il y a en effet, en outre des calcaires les mieux caractérisés, des roches mixtes très variées. Ainsi, comme nous l'avons déjà fait prévoir, entre les calcaires simplement sableux ou caillouteux, et les grès ou brèches à ciment calcaire, il y a tous les intermédiaires ; et les roches résultant de ces mélanges seront désignées sous l'une ou l'autre dénomination, selon que l'un des deux éléments paraîtra dominer. Y a-t-il doute, proportions à peu près égales, vous pourrez employer l'une ou l'autre désignation, sans y attacher plus d'importance qu'il ne faut ; car, en définitive, il s'agit toujours là d'un même mode de formation, et, dans un même banc de roches, le rapport peut varier d'un lieu à un autre. Comme exemple de ces *passages*, il faut citer un certain sable ferrugineux à grains vert glauque qu'on appelle *glauconie*. Tantôt ces grains sont mobiles ; tantôt, agglutinés, ils forment des *grès verts* à ciment calcaire ; enfin la proportion de calcaire augmentant, celle du sable diminuant, on arrive par gradation à une craie simplement piquée de ces granules verts, nommée *craie glauconnieuse*. De même, entre les calcaires argileux et les argiles calcaires, nous trouverons des roches où la proportion des deux matières se balance plus ou moins. Mais ces roches, ayant une grande importance et une certaine individualité, méritent un nom à part : on les appelle des *marnes*.

La *marne* est donc une roche *argilo-calcaire*, qui tient de l'argile et de la craie, très tendre, par conséquent, très peu résistante ; elle se *délite* facilement à l'air, aux pluies ; certains massifs de cette sorte de roche fondent pour ainsi dire à vue d'œil sous l'action érosive des eaux. Sa consistance varie suivant que prédomine ou l'argile ou la substance calcaire. Souvent elle affecte une structure feuilletée ou fendillée et tombe en morceaux sous la pression des doigts. Les marnes offrent un aspect mat et terne avec des teintes très variées, suivant les matières colorantes diverses dont leur masse poreuse s'est pénétrée ; il y a des marnes blanches, grises, bleuâtres ou verdâtres, des marnes noires, violacées, piquées de points de glauconie, jaunies ou rougies par les oxydes de fer. Elles forment des couches multipliées, très épaisses dans certains terrains. Il est bien évident qu'il ne faut pas demander à telles roches molles et délitables des matériaux de construction. Mais, en compensation, les marnes constituent pour l'agriculture le plus précieux des amendements. On les exploite en très grande quantité pour améliorer par leur mélange certaines terres auxquelles l'élément calcaire ou au contraire l'élément argileux font défaut. Leur nature friable, la facilité avec laquelle elles se délitent sous l'action des pluies les rend éminemment propres à cet emploi, en leur permettant de s'incorporer rapidement au sol arable.

Pierres à chaux et à ciment. — Essentiellement constitués de la même substance minérale, le carbonate de chaux décomposable par la chaleur, tous les calcaires, avons-nous dit, peuvent fournir de la chaux par la cuisson, indépendamment de leur texture plus ou moins fine, plus ou moins serrée. Mais la qualité du produit, au contraire, dépend éminemment de la *pureté* de la pierre à chaux. La craie blanche très tendre, comme le marbre blanc très tenace, les marbres veinés et les calcaires compacts, comme enfin toutes les roches où le carbonate de chaux n'est mélangé que d'une quantité très petite de matières étrangères, produisent les *chaux grasses*, qui forment d'excellents mortiers. Les calcaires impurs, mélangés, ne donnent que des *chaux maigres*, sans liaison, incapables de former de bons mortiers, mais parfaitement appropriées aux besoins de l'agriculture. Certaines variétés de calcaires argileux, certaines *marnes* très recherchées et activement exploitées fournissent à la cuisson les *chaux hydrauliques* et les *ciments*, doués de la propriété précieuse de durcir sous l'eau, et par conséquent formant des mortiers inattaquables à l'humidité, employés pour la construction des digues, des quais, des ponts et autres travaux analogues.

Sous une telle variété d'aspects, depuis les marbres jusqu'aux marnes, avec tant de nombreux et divers passages, des caractères si mobiles et si vagues semble-t-il, vous pensez peut-être que déterminer une roche calcaire doit être une chose très difficile, impossible même pour un observateur novice. Il n'en est rien, pourtant, d'ordinaire; et vous y arriverez par une suite d'observations très simples. Tout d'abord, rappelons-nous que le vaste groupe des calcaires tient une grande place parmi les roches de dépôt. Sauf une ou deux exceptions sur lesquelles nous aurons à revenir, en dehors du groupe calcaire, il ne reste plus que les deux autres groupes des roches *arénacées* et des roches *argileuses*, c'est-à-dire les couches formées de débris transportés, ordinairement très faciles à reconnaître. Supposons donc que nous soyons en face d'un massif de roche consistante, évidemment *stratifiée*; du moment que cette roche n'est ni un schiste, ni un grès, ni une argile, vous allez conclure que c'est probablement un calcaire. Cette conclusion a besoin de contrôle, pourtant. Si donc l'aspect de la roche ne nous décide pas sur l'heure, appelons à notre secours l'essai qui permet de reconnaître la *chaux carbonatée*, sous quelque forme qu'elle se présente. Cinq ou six gouttes d'un acide fort, — ce sera de préférence de l'acide nitrique ou chlorhydrique, — en faisant apparaître le petit bouillonnement caractéristique, décèleront la présence de la substance calcaire; sinon, il faudra chercher ailleurs. Toutefois ce simple essai, pratiqué de cette manière, ne nous dira pas pour quelle part cette substance entre dans la composition de la roche, ni de quelles matières elle y serait accompagnée. Si donc le seul examen de la texture de la roche ne nous renseigne pas suffisamment à cet égard, nous allons transformer notre petite épreuve en une sorte d'analyse qui nous en dira plus long. Au fond d'un grand verre à pied, mettons un petit fragment de la roche de la grosseur d'une noisette ; remplissons aux trois quarts d'acide nitrique ou chlorhydrique, affaibli avec de l'eau à peu près par moitié. Le bouillonnement se produit : il peut même être violent ; le liquide mousse, déborde parfois. Si cette sorte d'ébullition se produisait lente et faible, nous noterions cette circonstance. L'acide étant, dans ces conditions, en quantité suffisante pour dissoudre toute la substance calcaire, les matières étrangères, inattaquables, demeureront seules. Si au bout d'un certain temps, le bouillonnement complètement apaisé, le liquide reposé, il ne reste rien au fond du verre, ou s'il reste une simple trace de dépôt, c'est que l'échantillon est d'un calcaire très pur ; sinon, il restera des grains de sable décimentés, ou un limon d'argile facile à délayer. Vous en apprécierez la quantité, en comparant à l'œil le volume de ce résidu avec le volume du fragment soumis à l'épreuve ; et vous appliquerez, suivant les cas, les qualifications de calcaire plus ou moins sableux ou argileux, de grès ou d'argile calcaire. Si le dépôt d'argile vous paraît représenter à peu près la moitié, grossièrement estimée, du fragment primitif, vous avez affaire à une marne. Cette petite opération chimique, si simple, si facile, peut avoir, dans bien des cas, une véritable importance pratique. Appliquée, par exemple, à un sable ou à une argile, elle vous fera reconnaitre la présence de l'élément calcaire en quantité plus ou moins notable. Or la substance calcaire, en certaine proportion, constitue un élément indispensable à la fertilité du sol, et par conséquent un amendement de haute valeur pour certaines terres arables qui en sont dépourvues. L'agriculture fait une consommation énorme de chaux et de marnes ; et naturellement, toutes choses égales d'ailleurs,

parmi les roches délitables employées comme amendements, les plus riches en chaux ont plus de valeur.
Mais dans les régions où les roches calcaires sont
rares, tout justement celles où les terres arables sont
le plus exposées à manquer de chaux, une couche de
sable ou d'argile, même très faiblement calcaire, si
elle est à portée du cultivateur, exploitable et trans-
portable à peu de frais, est un véritable trésor; sa
découverte, la constatation de sa valeur et l'épreuve
qui permet de l'apprécier, peuvent devenir un service considérable rendu à toute une localité.

*Roches subordonnées aux calcaires. — Roches sili-
ceuses.* — D'une manière générale, nous avons dit
que des substances très analogues par leurs propriétés
peuvent, dans certains cas, se remplacer dans les roches. Ainsi nous avons vu la *magnésie*, très proche
parente de la chaux, former la *magnésie carbonatée*,
correspondante rigoureuse de la *chaux carbonatée*,
toute semblable d'aspect et susceptible de se mélanger
avec elle. Imaginez donc que dans une roche calcaire
une partie plus ou moins grande de la chaux carbonatée soit remplacée par une proportion équivalente
de *magnésie carbonatée*. A cause de la profonde analogie de ces deux substances, la roche ne perdra pas
ses caractères généraux. Nous aurons un calcaire plus
ou moins *magnésien*. Seulement, quand la proportion
de magnésie est très considérable, la roche prendra
le nom spécial de *dolomie*, comme on donne celui
de *marne* à un calcaire argileux où l'argile est en
grande proportion. Les dolomies et les calcaires
magnésiens qui forment le passage sont des roches
d'importance très secondaire, subordonnées, comme
on dit, aux calcaires proprement dits, se modelant
pour ainsi dire sur ceux-ci et les suivant dans toutes
leurs variations. Ainsi elles peuvent offrir une texture demi-cristalline comme celle des marbres, compacte ou terreuse, ou friable; elles peuvent être
sableuses ou argileuses, ordinairement plus dures
que les calcaires correspondants. A l'épreuve des

acides, elles bouillonnent avec plus de lenteur. Ces sortes de roches sont souvent *métamorphiques*.

A côté des calcaires, il faut ranger enfin la roche de *gypse*, constituée par le minéral que nous avons étudié sous le nom de *chaux sulfatée*. C'est la plus tendre de toutes les roches réellement consistantes ; souvent elle offre une texture à grands cristaux lamelleux, enchevêtrés ; plus ordinairement, elle est confusément cristalline ou d'aspect crayeux, blanche, jaunâtre ou grisâtre, parfois altérée par un mélange d'argile ou de sable. Cette roche a bien, en masse, l'aspect d'un calcaire ; mais sa mollesse la distingue, et elle ne bouillonne pas avec les acides. Beaucoup trop friable pour fournir des pierres à nos édifices, la roche de gypse n'en est pas moins précieuse pour le constructeur ; elle constitue, comme nous l'avons dit, la *pierre à plâtre*, qui, cuite à une chaleur modérée, fournit le plâtre, également précieux pour le moulage et les revêtements intérieurs. La qualité du produit varie suivant la pureté du gypse et les soins apportés à la préparation.

Silex et meulière. — Pour achever de passer en revue la vaste série des roches stratifiées, il nous reste à mentionner des *roches siliceuses* formées par voie de dépôt au sein des eaux. La silice, dissoute dans ces eaux, s'est séparée en produisant des incrustations, des *concrétions* accumulées, plus ou moins puissantes et étendues. Comme vous voyez, ce mode de formation est tout à fait identique à celui qui a donné naissance aux couches calcaires que nous venons d'étudier. Or, dans un grand nombre de cas, les mêmes eaux tenaient à la fois en dissolution la chaux et la silice ; ou bien les eaux calcaires et les eaux siliceuses se sont successivement déversées dans les mêmes bassins et plus ou moins mélangées. Il en résulte que les dépôts siliceux sont généralement associés ou même mélangés aux calcaires.

Les roches dont nous parlons sont essentiellement composées du minéral appelé *silex* ; elles contiennent souvent, enclavés dans leurs masses, des cristaux de *quartz*. Nous remarquons d'abord l'abondante formation des silex très souvent associés à la craie, formant des lits interposés plus ou moins nettement entre les assises crayeuses. Leurs masses, assez petites, irrégulières, offrent des surfaces arrondies. C'est le silex compact, le silex proprement dit, celui qui a fourni à nos sauvages ancêtres leurs premières armes et leurs premiers outils. Quand la même matière s'est déposée, plus ou moins imprégnée de substance calcaire, sous forme de masses grossièrement spongieuses, criblées de trous, vous avez la roche appelée *meulière*, parce qu'elle sert à faire des meules de moulin. Malgré sa texture *caverneuse*, cette pierre, constituée d'une matière très dure par elle-même, est très ferme et très consistante, extrêmement rude au toucher, difficilement attaquable au ciseau. Son emploi pour la fonction de broyer indique combien elle résiste à l'usure. Comme pierre de construction, la meulière, qui se taille mal, offre des teintes jaunes rougeâtres sales et tachées, des parois cariées, constitue des matériaux très grossiers, très rustiques d'aspect. Mais elle se lie admirablement aux mortiers, résiste à l'écrasement avec une ténacité extrême ; on en construit les parties des édifices qui doivent supporter un effort considérable, des voûtes et des piles pour les travaux des chemins de fer, des ponts, des aqueducs. Les fortifications de Paris en sont bâties. — Les roches siliceuses contiennent souvent des fossiles nombreux, témoignage irrécusable de leur origine.

Structure et formes du sol. Disposition des masses rocheuses.

Examen de la stratification. — En un lieu donné, dans une étendue accessible à notre observation, le ter-

rain peut être constitué, soit de roches massives, soit
de roches stratifiées, ou offrir à la fois ces deux sortes
de matériaux. Examinons d'abord la disposition des
róches stratifiées. Nous savons les reconnaître : dans le
cas même où la structure par couches ne serait pas bien
nettement accentuée, ou serait dissimulée par quelque obstacle, la composition de la roche, la présence
des fossiles, s'il y en a, pourront souvent nous fixer.
Mais d'ordinaire le caractère de stratification est très
apparent. Le long des escarpements qui mettent à
nu la roche, vous voyez se profiler, comme aux murs
désagrégés des vieux édifices, des joints parallèles,
horizontaux ou inclinés, qui marquent la séparation
des assises. Et non seulement chaque couche de
nature distincte est ainsi séparée des autres, mais
dans l'épaisseur formée par une même sorte de
roche on distingue le plus souvent des traces plus ou
moins accentuées de joints, ou des bandes de nuance
différente, qui la divisent en *lits*, en *bancs* superposés. Tous les détails de structure visibles dans la
pierre affectent la même tendance expressive. — Pour
nous représenter une strate de roches d'épaisseur à
peu près uniforme, imaginons un livre, un atlas posé
à plat sur la table. La tranche de ce livre figurera
l'épaisseur de la couche, mise au jour, par exemple,
le long d'une *tranchée* entamant le terrain : ce qu'on
appelle un *affleurement* de la strate. Une pile de livres
nous figurera un massif stratifié, formé de couches
superposées. En regardant la pile du côté des tranches,
non seulement nous distinguons chaque volume,
chargé de nous représenter une couche de roche de
nature différente ; mais de plus nous apercevons, plus
ou moins apparentes, les lignes formées par le bord
des feuillets, comparables aux traces qui accusent, sur
les affleurements, les lits superposés d'une même
strate totale. — Le plan du joint inférieur sur lequel
l'assise de roche repose est dit le *mur* de cette
couche ; on nomme *toit* le plan du joint supérieur, sur
lequel s'appuie une autre assise, superposée à celle

que nous considérons. L'épaisseur, mesurée du toit
au mur, est la *puissance* de la strate.

Avant d'aller plus loin, arrêtons-nous, pour tirer
une conclusion qui déjà nous presse. Sur ce sol que
vous examinez, avez-vous constaté, nette, expressive,
la disposition stratifiée? Ou bien auriez-vous reconnu
une couche de matériaux de transport? auriez-vous
trouvé dans la pierre un fossile? Vous savez ce que
cela veut dire : origine aqueuse de la roche. Bien
vite concluez — c'est chose forcée : « Ce lieu où je
suis a jadis été sous les eaux. Ici était le lit d'une
mer ou d'un vaste lac, tout au moins d'un puissant
courant. » — Plus d'un se récriera, peut-être : « Mais
nous sommes à des centaines de lieues de la mer !
à des centaines de mètres au-dessus de son niveau! »
Fussiez-vous au sommet d'une montagne, dominant
d'une hauteur énorme la vallée, la plaine, les cours
d'eau qui serpentent là-bas, qu'importe? Le fait est
là, n'est-ce pas; et la conclusion s'impose, inéluctable.
La suite de cette étude vous familiarisera avec des
idées qui vous feront trouver toute simple et toute naturelle cette conclusion, dont au premier abord peut-
être se déconcerte votre imagination. Mais dès maintenant tâchez de l'habituer à ne pas s'effrayer trop
facilement, cette imagination faite par l'accoutu-
mance à la mesure des choses de la vie commune,
des événements qui embrassent la durée de quelques
années à peine; nous sommes ici sur le terrain de
phénomènes grandioses, qui ne se mesurent pas à la
taille humaine, d'immenses transformations accomplies en des périodes de temps hors de proportion
avec la brièveté du jour humain. Ecoutez plutôt :
ce n'est pas sur la superficie réduite de certaines
localités, au fond de quelques étroits bassins, que se
rencontrent les couches superposées de roches stratifiées, formées par des matériaux de transport, de
dépôt, contenant des fossiles; c'est, à l'exception de
quelques îlots clair-semés, l'étendue entière des continents qu'elles recouvrent. « Donc, — dites-le sans

hésiter, — donc le sol des continents, presque toute la surface aujourd'hui émergée des terres, a jadis séjourné sous les eaux. » — Et vous ajouterez : « pendant d'effrayantes périodes de siècles. » Car ce ne sont pas de minces lits, comme un tapis léger étalé à la superficie du sol, qu'ils forment, ces dépôts d'origine aqueuse ; c'est par centaines, par milliers de mètres que se mesure l'épaisseur de leurs couches lentement accumulées. Impossible d'échapper à ces conclusions ; quiconque voudrait douter seulement se sentirait écrasé sous le poids d'un énorme entassement de preuves. Vous en jugerez, du reste ; attendez.

Inclinaisons et plissements des couches. — Relations. Une couche de dépôt, nous le savons, se forme toujours horizontalement ou à peu près. Partout donc où elles n'ont pas été dérangées, les assises de la stratification doivent être et sont en effet horizontales (fig. 3 ; fig. 1, p. 73). Mais très souvent les strates rocheuses se montrent, non plus horizontales , mais *inclinées* plus ou moins fortement, *relevées, redressées*, parfois même *renversées*. Ces dispositions se reconnaissent encore

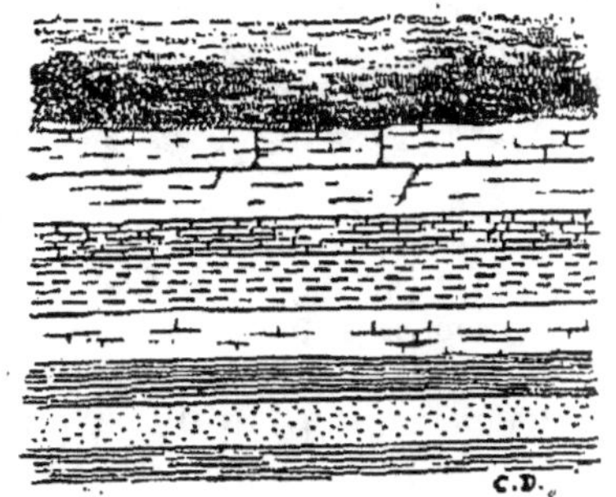

Fig. 3. — Couches horizontales concordantes 1.

par les lignes des affleurements, qui sont alors *plongeantes*, c'est-à-dire obliques, déclives (fig. 4 ; fig. 8, p. 120 ; fig. 14, p. 129). — Ici, une observation est nécessaire. Un livre posé à plat sur la table nous a servi à figurer une couche horizontale. Soulevez

1. Les figures géologiques représentent présque toujours les terrains en *coupe :* c'est-à-dire qu'on suppose le terrain coupé suivant un plan vertical, de manière à montrer les tranches de ses assises.

obliquement ce livre, en mettant, par exemple, un objet quelconque sous la tranche de devant, de telle sorte que le dos porte encore sur la table : ceci nous représente une couche inclinée. Sa pente, plus ou moins prononcée, se dirige vers le dos; les tranches du haut et du bas des pages suivent l'*inclinaison*. Mais la tranche du devant, elle, dans cette position du volume, est restée horizontale. De même pour une cou-

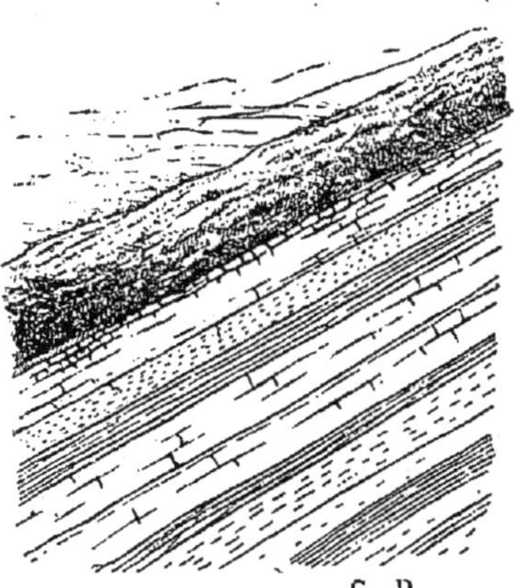

Fig. 4. — Couches inclinées concordantes.

che inclinée du terrain. Sa pente tend vers un certain sens (azimuth); toute tranchée naturelle ou artificicielle, dirigée dans le sens de l'inclinaison, mettra à nu les affleurements obliques, où l'on verra fuir les lignes *plongeantes* de sa stratification. Mais en travers de l'inclinaison il y a un sens où les lignes des assises se montreront horizontales. Cette direction , perpendiculaire à la *ligne de plus grande pente* du plan de la couche, et suivant laquelle une tranchée montre (ou montrerait si elle était ouverte) des traces horizontales dans les couches inclinées, est ce qu'on appelle précisément la *direction* de la couche; c'est une des choses les plus importantes à observer dans la stratification. — Quand donc vous reconnaissez dans un massif rocheux des lignes de stratification horizontales, cela ne vous suffit pas pour conclure que les couches elles-mêmes sont horizontales aussi; il se peut qu'elles soient inclinées, et même très fortement, et se présentent à vous dans le sens transversal à la pente, c'est-à dire *en direction*. Il faut alors chercher à voir les affleurements en divers sens; la plus petite anfractuosité dans la paroi du rocher permet ordinairement de constater si les couches s'abaissent ou se relèvent vers l'intérieur du massif, et d'apprécier l'inclinaison plus ou moins prononcée, ou la situation décidément horizontale.

En un grand nombre de lieux on peut voir les couches non seulement inclinées, mais pliées, ondulées. Les plis se dessinent le long des affleurements par des courbes arrondies ou par des lignes brisées, anguleuses (fig. 33, p. 166). Voulez-vous encore obtenir une figure de ces dispositions? Étalez sur la table plusieurs doubles superposés d'une étoffe épaisse et flexible, telle qu'un drap, une couverture de laine, chacune des épaisseurs d'é-

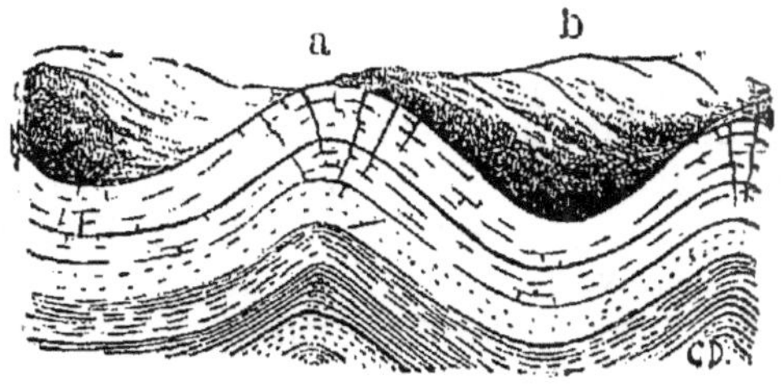

Fig. 5. — Couches plissées concordantes.
a, pli en selle; *b*, pli en fond de bateau.

toffe représentant un lit de roche. A droite et à gauche posez deux gros volumes debout sur leur tranche; puis rapprochez-les graduellement l'un de l'autre, en les faisant glisser sur la table par un effort de pression. Le tissu, comprimé latéralement, forcé d'occuper une moindre étendue, se renflera en gros plis roulés, semblables à des sillons; et les bords de l'étoffe nous dessineront les ondulations des épaisseurs superposées, qui se suivent parallèlement. Si au lieu d'une étoffe molle nous eussions pris un tissu empesé, raide, il se fût formé des plis anguleux et *cassés*, au lieu de sillons arrondis. Cette petite expérience nous traduit, avec une fidélité que vous apprécierez mieux plus tard, les phénomènes du plissement des couches rocheuses. En certaines localités, surtout dans les roches schisteuses, vous pourriez observer une multitude de petits plissements, un fouillis d'ondulations festonnées, très prononcées, mais peu étendues. Le plus ordinairement, ces *accidents* des couches atteignent de plus vastes proportions; leur étendue se mesure par centaines, par milliers de mètres. Les mineurs, amateurs d'expressions familières et pittoresques, appellent un pli concave arrondi *pli en fond de bateau;* un pli convexe, *pli en selle* (fig. 5; fig. 17, p. 130). Les plissements anguleux portent les dénominations de *plis en V*, en *V renversé* (Λ). Représentez-les pour vos yeux à l'aide d'un livre à demi ouvert, que vous tiendrez le dos en bas, puis le dos en haut. L'arête du pli saillant, figurée ici par le dos du livre tourné vers le haut, est dite la *crête;* celle du pli concave, le fond *en gouttière* d'un livre qu'on tient ouvert comme pour le lire, se nomme la *naye* ou *l'ennoyage*. Enfin on peut observer des saillies arrondies de toutes parts où les couches sont bombées en forme de *dôme* ou de *cloche*, ailleurs des affaissements où elles ont plié de manière à figurer la concavité d'un *bassin*.

Toutes ces dispositions des couches, en flagrante opposition avec la loi de leur formation, prouvent une même chose : c'est qu'elles ont été dérangées depuis par des accidents divers. Là donc où vous verrez apparaître ces lignes déclives, ondulées ou brisées de la stratification, vous concluerez forcément que le sol de la localité a été bouleversé. Plus les inclinaisons seront prononcées, plus vous serez autorisé à penser que le bouleversement a dû être considérable. Nous avons du reste vu se produire sous nos yeux, en étudiant les mouvements de terrain résultant des secousses et des éruptions volcaniques, des effets analogues; votre esprit accueille donc volontiers les conclusions que nous venons d'induire. Mais les bouleversements des terrains se rattachant à des éruptions modernes sont des accidents assez rares et tout à fait locaux; au contraire, le fait de l'inclinaison des strates est un fait général. Ce n'est pas en quelques régions exceptionnelles, c'est sur la majeure partie de l'étendue des continents que l'on observe des couches dérangées de leur situation horizontale première. Vous voilà donc forcés de généraliser aussi votre conclusion et de dire : « Donc, sur toute l'étendue de la surface terrestre le sol a subi des mouvements, a été accidenté, bouleversé en mille façons. » Conclusion que vous verrez se développer et se confirmer plus tard, mais à laquelle il est d'ores et déjà impossible d'échapper.

Lorsque deux ou plusieurs couches, horizontales ou inclinées, montrent tous leurs affleurements parallèles, en lignes droites ou en courbes suivant les mêmes ondulations, on dit que ces couches sont en stratification *concordante* (fig. 3, p. 115 ; fig. 5, p. 117). Si au contraire deux couches sont obliques l'une par rapport à l'autre, en sorte que leurs lignes d'affleurement forment des angles plus ou moins ouverts, elles sont dites en stratification *discordante* ou *transgressive*. (fig. 6 ; fig. 7 et 8, p. 120 ; fig. 21, p. 136). Ces relations doivent être observées avec le plus grand soin ; elles servent à déterminer l'*âge* comparatif des roches et l'époque des accidents qui les ont dérangées.

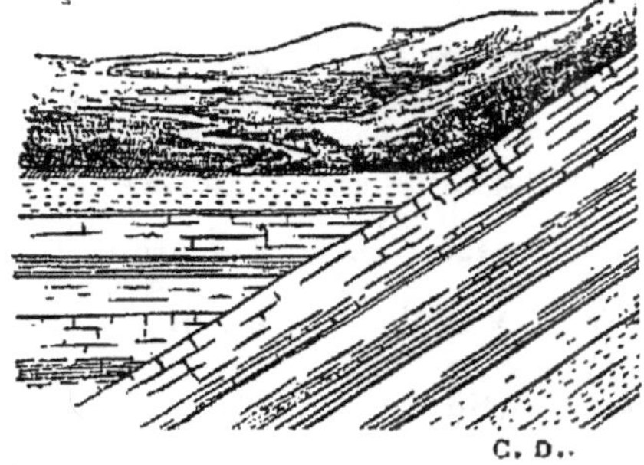

Fig. 6. — Stratification discordante. Couches horizontales s'appuyant sur le plan de couches inclinées.

Le seul fait de l'ordre de superposition des couches établit déjà la succession des formations, les plus nouvelles s'étendant sur les plus anciennes. Il suffit donc de constater laquelle de deux couches est *supérieure* ou *inférieure* à l'autre, laquelle recouvre l'autre, laquelle s'appuie sur l'autre, même très obliquement, même sur une faible partie de son étendue, pour décider laquelle est la plus ancienne ; à moins qu'il n'y eût eu *renversement* complet des strates, ce qui est relativement rare et peut être reconnu d'ailleurs. Un autre élément de détermination peut nous venir en aide. Une roche entamée par le fait des érosions ou par suite d'un accident quelconque donne lieu à des débris, graviers, cailloux, blocs détachés. Très souvent, il arrive que ces débris, laissés sur place ou transportés ailleurs, ont été englobés dans un dépôt en train de se former : chose constatée par nous.

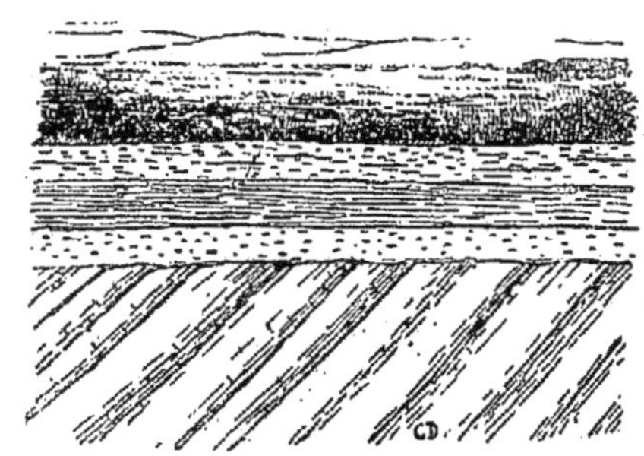

Fig. 7. — Stratification discordante. Couches horizontales s'appuyant sur la tranche de couches inclinées.

Lors donc qu'on observe une roche contenant dans sa masse des débris d'une autre roche, l'identité de ces fragments étant bien établie, il est de toute évidence que la couche qui les a fournis existait avant le dépôt qui les a empâtés ou recouverts : en un mot, « la roche enveloppée est toujours plus ancienne que la roche enveloppante. »

Fig. 8. — Stratification discordante. Deux accidents successifs.

Lorsque deux couches *inclinées* sont concordantes (fig. 4), cette seule disposition démontre que l'accident qui a produit l'inclinaison est *postérieur* à l'âge de la plus moderne, puisqu'il les a toutes entraînées d'un mouvement d'ensemble. Si la stratification est *discordante*, au contraire (fig. 6, p. 119; fig. 7), on induit que les couches inférieures avaient été dérangées déjà lorsque les couches supérieures sont venues s'étaler horizontalement au-dessus d'elles : la date de l'accident est donc intermédiaire entre les âges des deux couches immédiatement superposées. Et si la couche supérieure elle aussi (fig. 8) est inclinée, c'est la preuve de deux mouvements successifs. S'il y a deux, trois, quatre discordances, il faut admettre plusieurs accidents, pour chacun desquels il sera possible d'établir, par des inductions analogues, la date relative.

Fractures et failles. — Vous avez peut-être été étonnés de voir décrire dans les lignes précédentes et figurer sur nos dessins des plissements, des ondulations qui semblent exprimer que les couches rocheuses se seraient ployées sans rompre, comme matières molles et *plastiques*. En effet, les lits sablonneux, les argiles, les dépôts encore imparfaitement consolidés ont pu se prêter sans peine à tous les mouvements. Mais les roches les plus rigides, quand on les considère en couches d'une très grande étendue, ont elles-mêmes un certain degré de flexibilité. Les plissements du sol ne peuvent se produire sans que les roches soient là comprimées, ici étirées : comprimées dans la partie concave, étirées dans la partie convexe. Or, sous un effort de pression puissant, la masse rocheuse se tasse un peu ; elle cède un peu à l'étirement, ou bien elle se fendille de fines craquelures multipliées, qui ont pour effet de la distendre, sans rupture absolue. Parfois la roche, trop comprimée, subit un écrasement complet. Mais le simple affaissement dû au tassement des couches rocheuses sous leur propre poids suffit pour produire des craquelures ; aussi presque partout les roches sont-elles plus ou moins fendillées, et davantage, nécessairement, dans les localités dont le sol a subi des mouvements notables. Dès que les inflexions de la stratification dépassent une certaine limite, les assises de nature rigide ne pouvant plus s'y prêter par des effets de tassement ou de minces fendillures, elles se rompent, elles se déchirent dans toute leur épaisseur : il se produit des *fractures*. C'est là encore un phénomène non pas exceptionnel et local, mais très général, comme les mouvements mêmes du terrain dont il est une conséquence. Il vous arrivera rarement de suivre un peu loin les affleurements d'une couche sans rencontrer, outre les minces craquelures, des fentes plus ou moins importantes.

Suivant la puissance des causes qui leur ont donné naissance, les fractures peuvent offrir les dimensions les plus extrêmes, à partir de la fêlure qui s'étend à quelques mètres dans le sein du bloc de rocher, jusqu'à d'immenses déchirures qui se sont propagées sur des centaines de kilomètres de longueur, pénétrant dans la masse des terrains jusqu'à des profondeurs inconnues, peut-être disloquant l'écorce du globe dans toute son épaisseur.

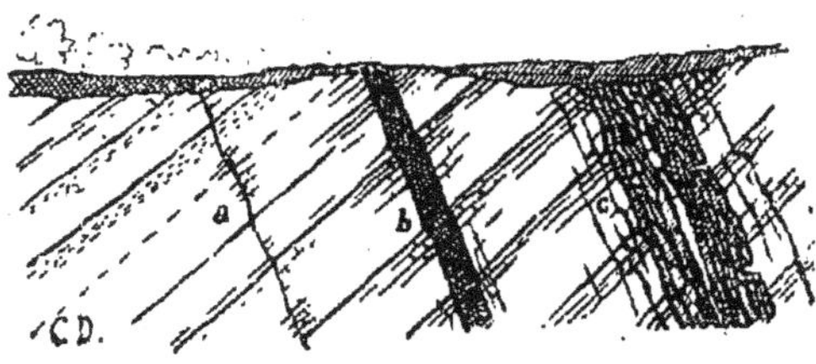

Fig. 9. — Fractures. *a* Filet. *b* Filon. *c* Brouillage.

La largeur des fractures n'est pas moins variable. Une simple fissure traversant la roche, sans qu'il y ait écartement sensible des parois, forme une trace sans épaisseur que les mineurs appellent un *filet* (fig. 9). Dans les cas les plus ordinaires, l'ouverture de la fente varie de quelques centimètres à une dizaine de mètres. Mais cette limite est très souvent dépassée; et c'est par centaines et même par milliers de mètres que peut se mesurer l'écartement produit par ces grandes déchirures du sol dont nous parlions tout à l'heure.

Une fente, petite ou grande, ouverte dans la masse de la roche, peut être remplie, soit immédiatement, soit dans la suite des temps. Les fissures de détail que vous aurez fréquemment occasion d'observer le long des escarpements se montreront presque toujours remplies complètement et comme ressoudées. Une fissure large de plusieurs centaines de mètres peut, de même, se trouver recomblée jusqu'à ses bords. Mais il peut arriver aussi que les profondeurs seules de l'abîme aient été obstruées jusqu'à un certain niveau, et qu'à partir de ce niveau les lèvres de la fracture soient restées béantes, figurant comme une tranchée abrupte menée à travers le terrain. Le remplissage des fractures est un fait général, qui tient à des causes très diverses; suivant la nature des matériaux de remplissage, leur origine, la manière dont ils ont été introduits, il a donné naissance aux phénomènes les plus divers aussi, et le produit de ces actions est désigné sous des noms différents. Tous ces faits sont de la plus haute importance au point de vue pratique, et nous aurons lieu d'y revenir. — Relativement à l'*âge* de ces accidents, il nous suffira de retenir ce principe évident, que « la fracture est nécessairement postérieure à la formation de toutes les masses qu'elle divise ».

La matière de remplissage, en recomblant le vide, ne laisse pas moins subsister l'interruption, la *solution de continuité* dans les couches. Elle forme ainsi au milieu des terrains traversés comme une sorte de plaque *contrecoupant* la stratification, et de formation plus récente. Cette plaque apparaît aux affleurements, le long d'un escarpement naturel ou artificiel, par sa tranche *discordante* (fig. 9, *b*), sous forme d'une bande barrant en travers les lignes de jointure des assises rocheuses. Parfois cependant, il arrive que la fente se produit dans le sens même de la stratification, horizontale ou redressée (fig. 10, p. 124). Les couches, alors, ne sont pas rompues. mais pour ainsi dire *décollées*. Le remplissage survenant, l'épaisseur de matériaux ainsi intercalés après coup entre les strates simule une véritable couche *concordante*, dont l'origine et l'âge plus récent ne pourront être reconnus que par un examen attentif (fig. 14, p. 129).

Imaginez une fracture contrecoupant les assises

d'un terrain stratifié ; fissure sans épaisseur ou largement ouverte, restée vide ou remplie : si nul autre

Fig. 10. — Fracture concordante.

phénomène que la seule rupture ne s'est produit, les strates de roche, interrompues par elle, se continuent de part et d'autre. La fracture apparaît-elle en coupe le long d'un escarpement, vous voyez les lignes de la stratification, arrêtées d'un côté au bord de la fente, reprendre de l'autre, juste en face, et se poursuivre sur le même prolongement (fig. 9). La fissure est-elle béante et assez large pour que vous puissiez y cheminer, vous voyez à droite et à gauche, aux deux parois de la

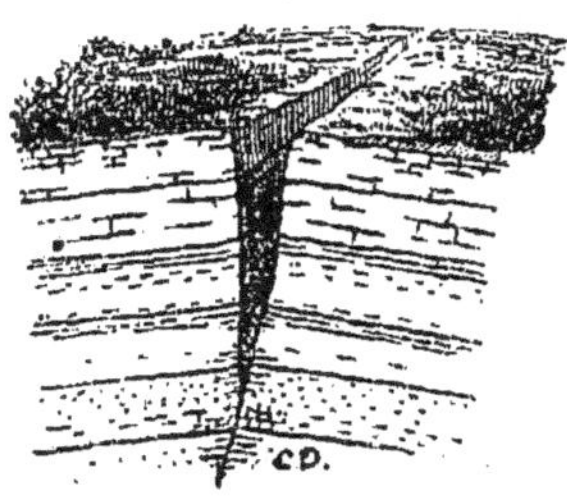

Fig. 11. — Fracture avec pendages inverses.

tranchée, les affleurements des couches rompues, qui se font face au même niveau. Mais la rupture s'étant généralement produite par suite d'un effort de plissement, de bombement du sol, souvent il arrive que les plans des couches rocheuses sont brisés à l'endroit de la fente et ne se forment plus prolongement exact, parce qu'ils ont une inclinaison différente des deux côtés, parfois même un *pendage* (pente) en sens inverse. Aux affleurements on voit les lignes de stratification brisées à la fracture, avec des pentes différentes ou opposées ; mais alors même les couches, les lignes qui ne se font plus prolongement, se correspondent encore à peu près, à leur naissance, des deux côtés de la fracture (fig. 11).

Or en d'autres circonstances, au contraire, le phénomène est plus compliqué. Des deux parties du massif rocheux séparées par la fente, l'une s'est soulevée ou abaissée ; il y a un brusque *dénivellement* à l'endroit de la rupture, en sorte qu'à droite et à gauche les couches disloquées, les lignes d'affleurement ne se correspondent plus. En ce cas, ce n'est plus une simple fracture, c'est une *faille* (fig. 12).

Un tel accident est la chose la plus commune. Il peut se produire dans les proportions les plus diverses, les plus extrêmes. En observant la stratification aux flancs des collines, dans les tranchées de chemins de fer, vous rencontrerez à chaque instant de petites failles, produites par de légers affaissements, des tassements irréguliers, qui ont donné lieu à des différences de niveau de quelques centimètres ou de quelques décimètres : ce sera pour vous une image réduite des grands accidents qui ont disloqué le sol sur de vastes étendues, et produit des dénivellements se mesurant par dizaines ou par centaines de mètres. — Arrêtez-vous donc quelques instants à considérer les détails du phénomène. Le propre

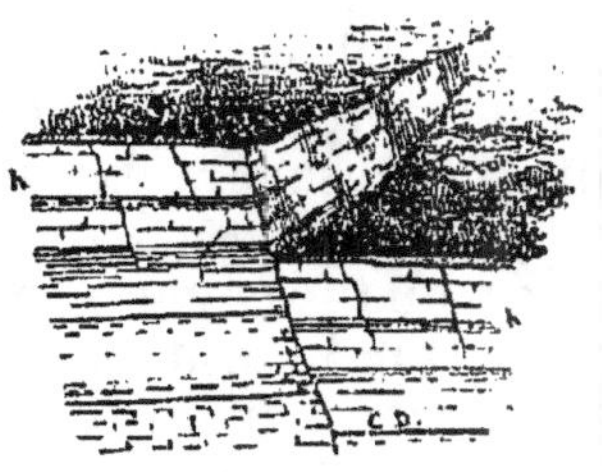

Fig. 12. — Faille.
hh horizon géologique.

d'une faille, disions-nous, c'est que les deux parties d'une même couche ne sont plus en regard. Une des deux moitiés du massif a glissé en face de l'autre, soit en montant, soit en descendant (fig. 12); très souvent, c'est un bloc plus ou moins considérable compris entre deux fissures profondes qui s'est soulevé ou abaissé tout d'une pièce. Remarquons que cet effet de glissement est tout à fait indépendant des autres conditions de l'accident : de la largeur de la fracture, par exemple. Très souvent une fissure sans épaisseur est accompagnée d'un glissement considérable des couches rompues; le contraire peut aussi bien avoir lieu. Que la fente soit restée vide ou ait été ultérieurement remplie (fig. 41, p. 175), cela non plus ne fait rien au phénomène de dénivellement, de *rejet* des couches, qui constitue la faille. Les failles donnent lieu aux problèmes les plus intéressants et de la plus haute importance pratique, surtout pour l'art du mineur. Etes-vous en face d'un accident de cette nature, vous êtes conduit à vous demander laquelle des deux parties du massif est abaissée, laquelle relevée par rapport à l'autre ; puis quelle est l'étendue du mouvement. Cela revient à constater, de part et d'autre de la fissure, l'identité de l'une quelconque des couches rompues et *rejetées*, pour apprécier la distance entre les deux niveaux. S'agit-il d'une fracture peu importante, d'un *rejet* de quelques mètres au plus, les affleurements se montrent-ils bien en vue : dans ces circonstances favorables, exercez-vous à retrouver la continuité des couches dérangées par l'accident. Votre œil saisira un joint de stratification plus accusé, ou bien un banc de roches distinct des autres par sa nuance, par son épaisseur plus grande ou plus petite, un lit plus coquillier ou plus schisteux, qui vous servira de repère. L'ayant retrouvé de part et d'autre de la faille, nous appréciez le rejet produit. Evidemment toutes les autres couches ont participé au même mouvement et subi un dénivellement égal. Voulez-vous retrouver la continuité de chacune d'elles en particulier, vous vous reportez à celle que vous avez reconnue ; et à partir de là vous comptez de chaque côté des distances égales dans le sens de l'épaisseur des strates. Une couche plus facile à reconnaître par ses caractères plus saillants, et qui sert ainsi de repère pour aider à constater l'identité des autres et suivre leur ensemble jusqu'à de grandes distances à travers les accidents d'un sol disloqué, est ce qu'on nomme un *horizon géologique* (fig. 12). Horizontale, elle l'était en effet lors de sa formation ; elle ne l'est plus peut-être, mais ses mouvements divers, ses niveaux différents en différents lieux donnent la mesure des accidents qui ont affecté le terrain auquel elle appartient, et permettent de retrouver la continuité des autres couches, moins facilement reconnaissables. Dans le cas favorable où nous nous sommes placés l'observation n'offrait pas de difficultés. Mais s'il s'agit d'une faille considérable, ayant rejeté les couches rocheuses à des centaines de mètres de leur niveau premier, comme vous le pensez bien la chose se complique. Les mêmes couches, par exemple, qui se trouvent à fleur de sol d'un côté de la fracture, sont peut-être de l'autre enfoncées à des profondeurs énormes; impossible d'aller les chercher là. Ou bien, tout au contraire, elles ont été soulevées au-dessus du niveau moyen des terrains; des érosions sont survenues qui les ont déblayées (fig. 16, p. 130) : elles n'existent plus de ce côté. On cherche à voir les affleurements : on ne peut les retrouver qu'à de grandes distances. Oh! alors, en de telles conditions, le problème peut être terriblement ardu, exiger toute la sagacité d'un géologue consommé, parfois même demeurer insoluble.

Relations de la stratification et des reliefs du sol. — Il est un fait dont l'observateur novice qui s'étudie à reconnaître sur le terrain la disposition des strates rocheuses doit être dès l'abord bien averti, et qu'il doit avoir présent à la pensée sous peine de se perdre dans des contradictions et des hésitations sans fin : ce fait, c'est celui du désaccord qui existe très souvent entre la stratification et les reliefs du terrain. Evidemment, entre la disposition des masses rocheuses qui constituent le sol d'une région et les formes extérieures de son relief topographique, il y a une relation. Ainsi les couches horizontales forment en général le sol des pays de plaines et des plateaux ; les couches inclinées appartiennent aux régions accidentées et montagneuses. Mais ce sont là, disons-nous, des relations très générales, qui se justifient dans les ensembles et les moyennes ; dans le détail, au contraire, rien n'est plus commun que d'observer une complète discordance. Pourquoi? C'est que l'action des eaux est intervenue pour modifier après coup les formes superficielles. N'avons-nous pas déjà eu lieu de le

constater maintes fois ? Des couches horizontales auraient tout naturellement formé un sol bien nivelé ;
mais les eaux courantes ont sillonné cette surface.
Suivant les conditions locales, la puissance des actions
érosives, la résistance des roches, là elles ont seulement creusé de légères rainures, lits des rivières et des
ruisseaux ; ici, elles ont modelé les contours arrondis,
les molles ondulations de collines aux pentes douces
et de petits vallons ; ailleurs, elles ont ouvert de larges
vallées d'érosion, ou bien elles ont scié dans les assises
de la roche de profondes coupures aux flancs escarpés,
des *ravins d'érosion*, chemin des eaux sauvages et des
torrents. De la sorte, le terrain peut offrir des formes
ondulées ou brisées en contraste avec l'assiette immo-

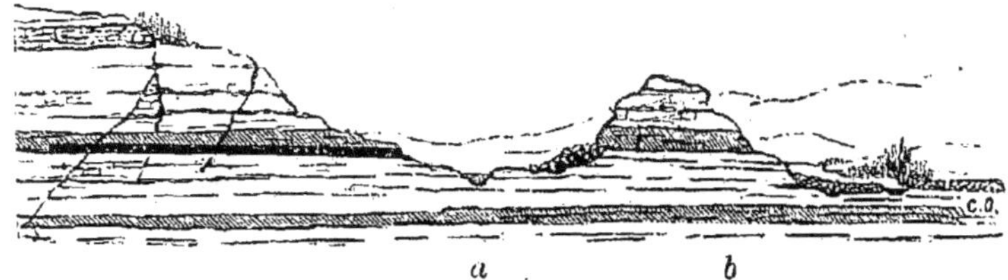

Fig. 13. — Érosions dans des couches horizontales. — *a.* Ravin
d'érosion. — *b.* Butte *témoin*.

bile et tranquille de ses strates parfaitement nivelées
(fig. 13). Souvent même il est arrivé que des couches
plus ou moins puissantes ont été totalement déblayées
sur de vastes étendues. Çà et là seulement quelques
buttes isolées, au contour desquelles on voit apparaître les affleurements de la couche supprimée, en
représentent les lambeaux : tels les *témoins* que les
ouvriers laissent subsister de distance en distance sur
le lieu d'un déblai, pour en faire apprécier la profondeur. Il est bon d'être averti : quand un pareil phénomène s'est produit aux époques lointaines, si de
nouveaux dépôts se sont ensuite formés sur la surface
dénudée, une couche qui a existé se trouve avoir disparu en certains lieux, sans laisser de traces, d'entre

les assises superposées du terrain; tandis qu'ailleurs cette même couche non entamée aura persisté, et se montrera à sa place dans la série.

Par un phénomène inverse, les accidents qui ont dérangé la stratification d'un terrain peuvent se trouver dissimulés à la superficie par le travail érosif. A chaque instant, vous observerez des couches inclinées qui ont été arrasées horizontalement ou même suivant une pente opposée (fig. 14). Leurs tranches, contre-coupées plus ou moins obliquement, affleurent sur le sol nivelé, et apparaîtraient sous nos pieds

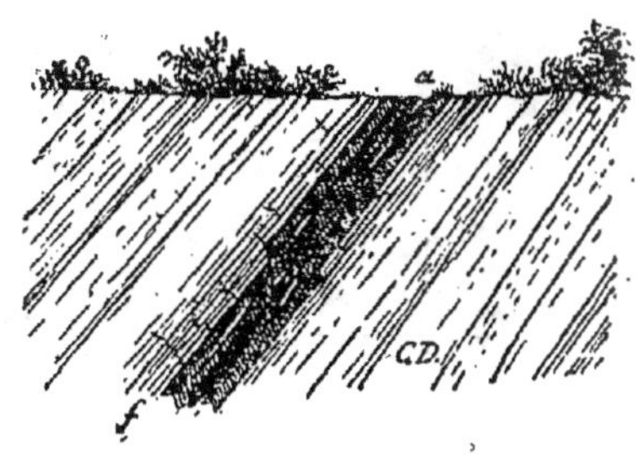

Fig. 14. — Dérasement de couches inclinées. — *f.* Filon concordant. *a.* Affleurement du filon.

comme de longs rubans, si ces affleurements n'étaient cachés sous le manteau de verdure et la couche de terre végétale. — Ailleurs, ce sont des plissements, des ondulations, qui ont été dérasés comme par un gigantesque coup de rabot, en sorte que la partie saillante des plis a disparu (fig. 15). En une telle occurrence on peut se poser le problème de retrouver, dans les *fonds de bateau,* l'identité des couches interrompues dans

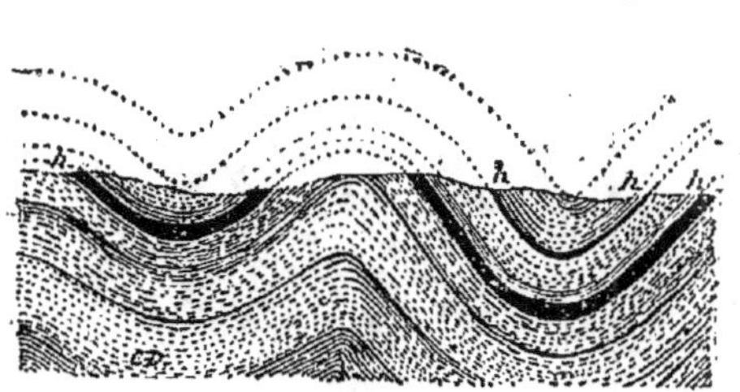

Fig. 15. — Dérasement de plis dans des couches ondulées. — *h h h.* Couches de houille servant d'horizon géologique.

leur continuité par l'enlèvement des *plis en selle.* Un effet identique s'est fort souvent produit aux époques géologiques anciennes; et, quand de nouvelles couches de dépôt se sont ensuite formées, ces dernières se trouvaient reposer en discordance sur les tranches des anciennes taillées en biseau (fig. 7, p. 120). Mêmes observations relativement aux fractures, aux failles. La fente, recomblée jusqu'à ses bords, peut

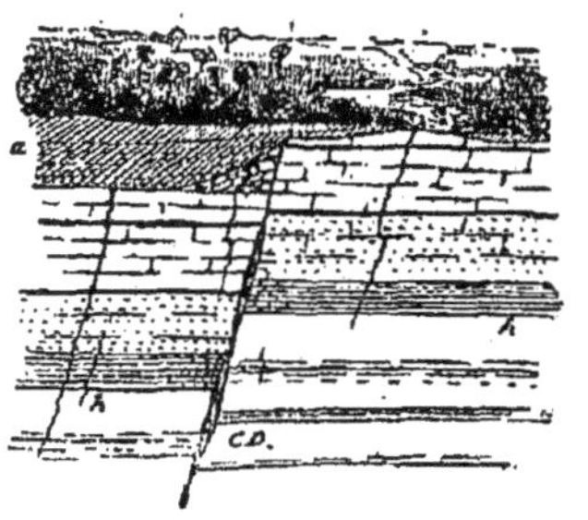

Fig. 16. — Disparition superficielle d'une faille. *hh*, horizon géologique; *a*, partie nivelée par des alluvions.

ne se faire sentir aucunement à la surface plane ou ondulée du terrain (fig. 14). Une faille s'était produite; la trace du rejet courait le long de la fracture en forme de marche d'escalier. Mais les érosions ont déblayé d'un côté les couches relevées; ou bien, inversement, ce sont les alluvions qui ont recomblé de l'autre côté le vide de l'affaissement. Et voilà que toute trace de l'accident est effacée de la surface; le sol est ou nivelé, ou mouvementé d'une façon indépendante de la faille; rien ne révèle plus à l'œil le mouvement des couches disloquées (fig. 16).

En somme, dans tout ce qui est détail, l'action des eaux est prédominante; les accidents de la stratifi-

Fig. 17. — Vallées de plissement; vallée de fracture (Jura).

cation, inclinaisons, plissements, fractures, rejets, n'affectant que des proportions restreintes et n'intéressant que des étendues moyennes de terrain, ont toutc chance de ne pas apparaître à la superficie. Mais les grands accidents, les mouvements qui se sont produits sur de vastes étendues, occasionnant des saillies ou des dépressions énormes, ne pouvaient être effacés de même. En général, ils sont demeurés très apparents; ils constituent les grands traits de la configuration géographique de chaque région. Ainsi, les grandes ondulations qui ont ridé le sol de hauts et larges sillons sur de vastes étendues sont demeurées, formant des *collines* et des *vallées de plissement* (fig. 17). Les larges déchirures incomplètement recomblées restènt béantes sous la forme de *vallées* et de *ravins de fracture*. Ailleurs, c'est quelque faille immense qui a imposé au terrain les traits caractéristiques de son relief. On voit courir sa longue crête comme l'escarpe abrupte d'un puissant rempart; la *vallée de faille* qu'elle domine a son thalweg au pied de la muraille, dans l'angle formé par le rejet, et sa pente se relève doucement du côté opposé. Lors enfin

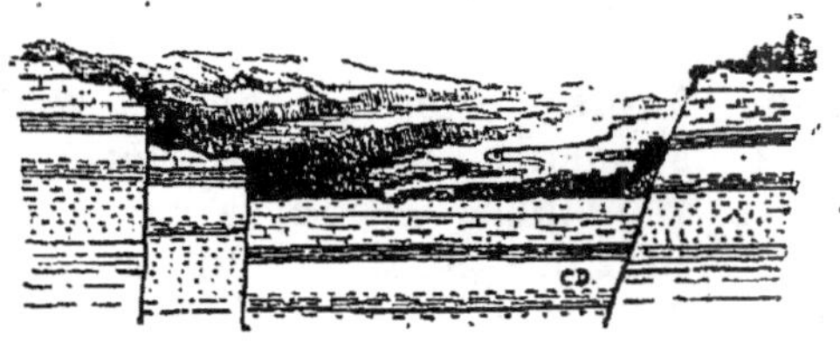

Fig. 18. — Vallée d'effondrement.

que toute une longue et large bande de terrain, comprise entre deux profondes fêlures, s'est affaissée d'un mouvement d'ensemble, la dépression résultant de cette double faille doit porter le nom de *vallée d'effondrement* (fig. 18). Il faut bien observer pourtant que ces grands accidents ont très rarement pu conserver la netteté abrupte de leurs lignes, qui eût révélé leur origine violente aux yeux les moins exercés. Les eaux sont venues prendre leur part au travail, en sculptant à nouveau les blocs ébauchés à grands pans. Les parois des fractures n'ont pas gardé leur aspect de murailles neuves; les pentes ont été, ici refouillées, là adoucies; les crêtes ébréchées et comme

crénelées irrégulièrement; des talus de débris au pied
des remparts des failles sont venus *raccorder* le profil
des escarpements avec les plans horizontaux des alluvions étendues au fond de la vallée. Et souvent l'œil a
peine à saisir, sous ces retouches multipliées, les grands
traits des accidents primitifs; il faut, pour mettre en
son jour le phénomène principal, non pas seulement
l'observation des formes superficielles, mais l'étude
suivie de la stratification, l'étude des directions et
correspondances des couches à de grandes distances
et à des niveaux très éloignés.

Dispositions des roches massives. — En observant
les dispositions des roches stratifiées, nous avons constaté les *effets* des divers accidents, plissements, fractures, dénivellements; en étudiant la forme des roches massives, nous allons nous trouver en contact
avec les *causes* mêmes de ces phénomènes. Mais c'est
par les caractères généraux de position, par les
grandes lignes, que ces formes sont expressives, et
bien plus encore dans les relations de ces roches
avec les couches des terrains stratifiés, là où les
deux formations se touchent et se font contraste.
Si donc le sol de la localité que vous habitez est
exclusivement composé de roches massives en *formation continue*, il se peut que votre examen ne vous
révèle que peu de chose. C'est qu'en effet ce terrain
est moins favorable à l'éducation première d'un observateur que les sols sédimentaires; ici, point de lignes
de structure, comme les couches nous en offraient
de si accentuées, de si parlantes au point de vue
des conclusions; point de fossiles à recueillir. Ce sont
là justement les caractères négatifs de ces sortes de
roches. Mais en revanche vous récolterez des échantillons de minéraux plus beaux et plus variés. Je vais
vous dire où il faut aller les chercher.

Les massifs rocheux présentent, vers la surface
surtout, un grand nombre de petites fissures irrégulièrement distribuées, qui les divisent en blocs ordinairement informes. On y observe aussi des frac-

tures plus étendues et plus profondes. Presque toujours les fractures grandes ou petites ont été remplies ; elles forment à travers la masse des plaques interposées de *matières de remplissage,* ordinairement distinctes de la roche elle-même ; aux affleurements, l'œil suit leurs traces, semblables à de longs rubans de couleur plus ou moins tranchée, courant le long des parois escarpées du roc. Souvent, la fente n'est pas totalement remplie ; il reste de petits vides, des cavités irrégulières, parfois tapissées de cristaux. Eh bien, c'est dans ces cavités du remplissage, le long des parois, qu'on a chance de rencontrer, en beaux échantillons, en cristaux étincelants, des minéraux variés. Ce sont là de véritables *filons,* identiques par leur origine, comme nous le verrons plus loin, avec ces filons métallifères que recherche le mineur, et qui se rencontrent aussi souvent, sinon plus souvent, dans les roches massives que dans les assises du terrain stratifié. Vous remarquerez aussi dans le roc des *veines* et des *veinules* plus minces et plus contournées, distinctes du fond de la roche par leur teinte ou texture, et dont l'origine se rapporte encore à des causes analogues de fracture et de remplissage. Les masses rocheuses sont fort souvent aussi accidentées par des failles. Il y en a d'énormes ; vous pourrez en observer de petites. Mais, en l'absence de lignes de stratifications, il n'est pas toujours facile de savoir s'il y a eu glissement des parois, si vous êtes en présence d'une faille ou d'une simple fissure. Votre œil rencontre-t-il quelque veine de la roche, qui se trouve contrecoupée par la trace de la fracture, souvent il vous sera facile de constater si cette veine se continue de part et d'autre de la fente, ou si a elle été rejetée avec le bloc lui-même ; et cette observation donnera la mesure du rejet. — Les laves et surtout les basaltes nous ont offert, dans la disposition de leurs fissures multipliées, des particularités remarquables que nous devons rappeler pour mémoire et sur lesquelles nous aurons lieu de revenir : vous les examineriez avec soin si elles se rencontraient sous vos yeux.

Relations des roches massives et de la stratification.
— Imaginez, s'offrant à découvert, un massif isolé de roches ignées. Il sera — c'est le cas ordinaire — en saillie sur le terrain stratifié environnant. Selon sa configuration, il offrira l'aspect soit d'une *butte*, soit d'une *crête* linéaire, sorte de sillon ou de vague renflée. Que cette butte soit plus ou moins escarpée ou adoucie dans ses pentes, arrondie en dôme, aiguisée en cône ou aplatie, vaguement régulière ou tourmentée et déchiquetée ; que cette crête soit droite ou courbe dans sa direction, plus ou moins émoussée, dentelée en scie à son *arête;* peu importe

Fig. 19. — Massif de soulèvement : couches non relevées.

en ce moment. Peu importent aussi les dimensions : fixons, si vous voulez, notre imagination aux proportions modestes d'une simple colline. A son pied s'étendent les couches de dépôt, au-dessus desquelles elle forme comme un îlot. Examinons attentivement les dispositions de ces dernières aux approches du massif ; et ne nous bornons pas à explorer les formes superficielles du terrain ; interrogeons la stratification. — Je vois les couches conserver leur disposition horizontale (fig. 19) jusqu'au contact du bloc, avec le même aspect, la même structure qu'à distance. Elles viennent pour ainsi dire se briser à son pied contre ses pans escarpés, ou mourir en s'amincissant sur ses pentes. Je conclus que cet îlot existait déjà quand ces strates se sont formées. Une étendue d'eau entourait ce massif, déjà en saillie sur le fond du lit, peut-être dépassant la surface des eaux. Les dépôts accumulés n'ont pu que s'étendre autour de lui, comme une plage de sable autour d'un récif. S'il était submergé, les couches formées n'ont pas acquis du moins assez d'épaisseur pour l'ensevelir; il est demeuré en relief lors du retrait des eaux. En tout cas, il est *antérieur* à l'âge du terrain stratifié.

Mais voici qu'une autre localité va nous offrir une disposition toute différente. Là, nous observons, au pied du massif, les lignes de la stratification inclinées; les couches se redressent *vers lui*, et remontent comme en rampant le long de ses flancs. Or ces couches de dépôt n'ont pu se former, nous le savons,

Fig. 20. — Massif de soulèvement   couches relevées.

dans cette position déclive. Elles se sont formées horizontales, comme plus loin là-bas : elles ont donc été dérangées. Cette saillie autour de laquelle elles se redressent n'existait pas alors. Le massif de roche s'est donc soulevé depuis. Il est apparu, surgissant en dessous, bombant les couches de dépôt, les déchirant, crevant leur croûte pour se faire place, et les emportant avec lui, dans son mouvement, au-dessus du niveau général. Et voyez comme cette figure (fig. 20; fig. 26, p. 139) est parlante! A ce seul aspect des relèvements latéraux la notion de *soulèvement* naît et s'impose. Et si l'imagination déconcertée s'arrête un instant en face de cette idée inattendue : une masse immense de rocher se soulevant d'un bloc avec toute sa charge... les détails du phénomène, écrits en des traits expressifs, sont là pour appuyer la preuve. Ce

sont les compressions subies par les couches refoulées autour du massif, vers le pli du *bourrelet;* les
extensions violentes vers les parties convexes, qui ont
amené des ruptures (fig. 22, p. 137), toutes dirigées
dans le sens transversal à l'effort exercé, comme il
est naturel. Ailleurs, ce sont des lambeaux disloqués
des couches rompues qu'on retrouve isolés vers le
sommet du bloc rocheux, dominant d'une hauteur
considérable la continuité des mêmes couches étendues à ses pieds. Que dire en face de ceci : un fragment des assises sédimentaires de la plaine, avec ses
fossiles, posé sur la cime d'une des plus hautes *aiguilles*
d'un massif des grandes Alpes (Aiguilles Rouges)? Le
seul fait du dérangement de la stratification exprime
que le soulèvement est *postérieur* à l'âge des couches
accidentées par lui. Cela est de toute évidence.

Concevez maintenant un cas un peu plus compliqué. Au milieu d'un terrain formé d'assises non

Fig. 21. — Massif de soulèvement. — Couches relevées et couches
non accidentées.

dérangées, vous voyez surgir un bloc de roches
ignées sur les flancs duquel rampent jusqu'à une
certaine hauteur d'autres couches stratifiées, qui
semblent se dégager de dessous les premières comme
si elles se fussent élancées avec la masse soulevée. Il
est facile d'interpréter cette disposition, fort commune. Évidemment ces couches qui ont été relevées
existaient quand le soulèvement s'est produit : ce
sont les couches inférieures et plus anciennes. Les
autres, qui n'ont pas été dérangées, se sont déposées
depuis le soulèvement; et, en effet, elles s'appuient
en stratification discordante sur les plans obliques

des strates redressées. La date du soulèvement est donc entre l'âge de la plus nouvelle des couches relevées et celui de la plus ancienne des couches restées en place.

Nous avons pris pour point de départ de notre démonstration un massif en saillie isolé. Mais, suivant la condition du phénomène, un *soulèvement* peut se traduire par des apparences très diverses. Tout d'abord, il peut arriver que la roche ignée elle-même n'ar-

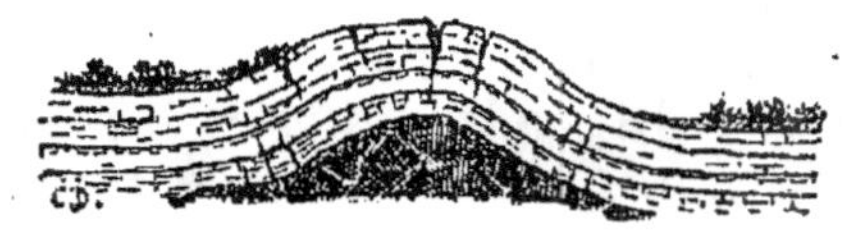

Fig. 22. — Soulèvement : la roche massive ne se montrant pas au jour.

rive pas au jour (fig. 22) et que les couches stratifiées refoulées soient simplement bombées au-dessus d'elle, soit en dôme, soit en sillon. Quand le plissement a dépassé la limite de flexibilité de ces couches, il s'est produit des déchirures. Un soulèvement *linéaire* (en ligne) s'accuse souvent par une faille, en haussant les strates d'un côté, et donnant naissance à une crête saillante, sans que la roche ignée sousjacente ait été mise à nu (fig. 23). D'autres fois, au

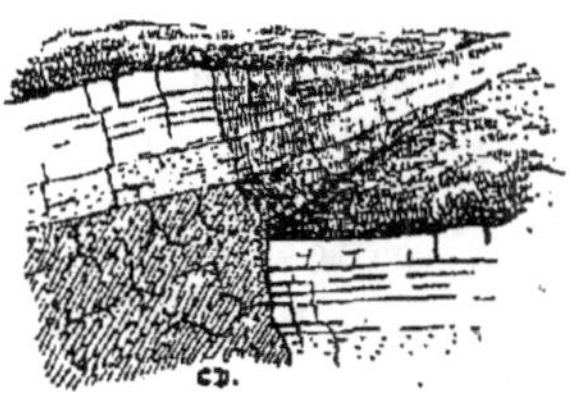

Fig. 23. — Soulèvement se traduisant par une faille. La roche massive est restée à couvert.

Fig. 24. — Soulèvement et faille. La roche massive pointe sous les couches rejettées.

contraire, celle-ci se montre au pied de la faille, *sous* les couches relevées (fig. 24). Le plus ordinairement, il se produit plusieurs fractures parallèles, et les bandes des terrains de dépôt diversement *rejetées*

entre ces failles, tantôt recouvrent partout le bloc
soulevé, tantôt le laissent apparaître en dessous. Un
soulèvement en forme de sillon tend à produire, au
dos même du sillon, une déchirure longitudinale que
l'on a comparée à une *boutonnière*, remplaçant ainsi
sa ligne de faîte naturelle par une *vallée de fracture*,
dominée par deux crêtes (fig. 17, p. 130). Le soulèvement ayant lieu en forme de cône, les fractures affectent une disposition *étoilée* à partir d'un vide central :
disposition qui constitue ce qu'on appelle un *cratère
de soulèvement*. Dans l'un comme dans l'autre cas, il
se peut que la roche ignée demeure totalement couverte et invisible; il se peut, chose plus commune,
qu'elle *pointe*, du fond de la boutonnière ou du cra-

Fig. 25. — Cratère de soulèvement ; fissures étoilées

tère, sous la forme d'une crête ou d'un piton, sans
cependant atteindre les bords de la déchirure. Enfin,
très souvent le bloc central se dégage en puissante
saillie au-dessous des couches redressées (fig. 26);
c'est le cas que nous avions considéré en premier
lieu. Les crêtes des relèvements, les bords entr'ouverts de la boutonnière tendent alors à figurer sur
les flancs du massif principal une double rainure; le
cratère fait régner autour du cône central une sorte
de fossé circulaire ébréché : configurations que les
détails de l'accident ou l'action des érosions subsé-
quentes peuvent modifier diversement. — Une dernière
forme de l'action d'un soulèvement sur les terrains
stratifiés environnants nous reste encore à examiner : les effets de compression latérale. La manière
dont le massif soulevé s'est fait place de vive force,

comme un coin, à travers les couches sédimentaires
et *à leurs dépens*, a eu le plus souvent pour effet non
pas seulement de les relever en hauteur, mais en
outre de les refouler latéralement : nous avons déjà
signalé cet effort de compression se manifestant vers
le pli du relèvement. Mais il s'étend souvent fort
au delà, et, se transmettant plus ou moins loin, il
donne naissance à des rides, à des ondulations secondaires des couches, qui offrent une tendance parallèle aux grandes lignes du soulèvement et dont
l'importance est en raison de celle du soulèvement
lui-même. Un tel phénomène est partout très accusé
lorsqu'une bande étroite de terrain (fig. 27) se trouve
resserrée entre deux massifs soulevés. La largeur de

Fig. 26. — Cratère de soulèvement avec *pointement* au centre.

ceux-ci étant prise en partie aux dépens de l'espace
compris, les couches forcées d'occuper une moindre
étendue, refoulées violemment de part et d'autre et
serrées comme entre les mâchoires d'un étau, se sont
repliées sur elles-mêmes, donnant naissance à des
plis arrondis, ou anguleux et brisés. Nous avons
alors exactement le cas figuré dans notre petite
expérience (page 117) lorsqu'il s'agissait pour nous
d'observer les formes qu'affectent les ondulations des
couches ; vous voyez maintenant qu'elle retrace fidè-
lement non pas seulement l'aspect, mais les conditions et les causes mêmes du phénomène. C'est à une
telle action qu'il faut rapporter les bombements et
plissements si nombreux des terrains stratifiés, lorsqu'ils ne sont pas l'effet immédiat du soulèvement
d'une masse rocheuse située directement au-dessous.

C'est justement cette condition — absence d'une masse rocheuse soulevante au-dessous du pli — qu'expriment les figures des pages 117 et 129 (fig. 5 et 15); et les explications que nous avons données lorsque nous étudiions les effets des mouvements des couches abstraction faite de leurs causes, s'y rapportent d'une façon directe. Il ressort donc de cette étude antérieure que les mouvements secondaires dus aux refoulements

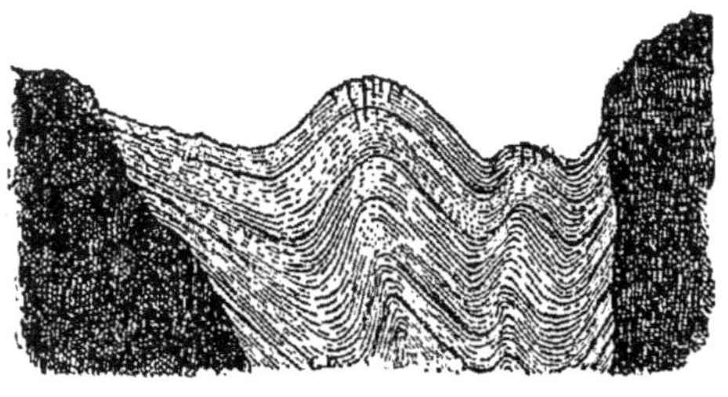

Fig. 27. — Plissement des couches par compression et refoulement entre deux massifs de soulèvement.

latéraux peuvent donner lieu à des accidents de stratification et à des traits du relief superficiel tout à fait analogues à ceux qui résultent de l'effet de *poussée inférieure* au lieu même d'un soulèvement : inclinaisons, déchirures, failles, saillies isolées, chaînes ou sillons, vallées de plissement, de rupture, etc. Seulement ces traits apparaîtront toujours sur des proportions très réduites en face de ceux du soulèvement lui-même auquel ils sont subordonnés.

Formes des masses de roches soulevées ou éruptives. — Maintenant, faisons abstraction des menus détails ; considérons dans ses traits d'ensemble le massif rocheux dont il est ici question. Ses formes, largement ébauchées, souvent surélevées et abruptes, expriment que la roche est apparue au jour à l'état solide. — Quand elle surgit d'un si prodigieux effort, faisant son immense trouée à travers la croûte déchirée des terrains sédimentaires, elle était certainement très consistante, cette masse, au moins dans sa partie supérieure, qui a donné ce formidable coup de bélier et s'est dressée en saillie. L'aspect de ces couches disloquées par grands lambeaux, et qui sont restées appuyées sur ses flancs, confirment nos conclusions. Évidemment, une matière fluide, une roche en fusion se fût comportée tout autrement; elle se fût répandue latéralement, étalée en nappes, déversée en ruisseaux. Toutefois l'idée même de soulèvement est en opposition flagrante avec celle que nous pouvons nous faire d'un bloc solide indéfini en étendue. Une telle masse étant donnée, dans cet état qui exclut la libre mobilité des molécules, nous ne concevons pas, prenant naissance et se développant à son intérieur, une action capable de produire les effets dont il s'agit. Au contraire, nous concevons facilement une masse fluide capable de transmettre les pressions en tous sens et de refluer vers le point qui cède; nous concevons, dis-je, la *poussée* transmise, *localisant* son effort en un point faible, brisant la croûte qui s'oppose à son expansion pour se faire jour à travers ses fissures : c'est le phénomène que nous offrent les éruptions de lave. Mais imaginez ce flot ardent comprimé sous un bloc de matière plus ou moins refroidie et déjà solide, le poussant en dessous, le contraignant à saillir en refoulant à son tour des couches sédimentaires étendues au-dessus de lui : vous avez là une image correspondant parfaitement aux conditions d'un soulèvement, telles que nous les avons décrites. — Si les choses se sont passées ainsi en réalité, cette lave liquide elle-même a dû percer en maint endroit, soit à travers le massif soulevé, nécessairement fracturé et disloqué, soit autour de lui, vers sa base. — Or c'est là justement un des phénomènes les plus expressifs que présentent les soulèvements. On voit souvent les roches éruptives *injectées* remplissant des fractures du massif soulevé; on les voit surgissant en dessous par des *épanchements* et des *pointements* multipliés; et la nature, le grain de ces roches, aussi bien que leur forme et leur situation, attestent qu'elles se sont fait jour à l'état coulant ou pâteux : confirmation éclatante de la théorie. De là une distinction de *roches soulevées* et de *roches soulevantes ;* les premières subissant l'effort de poussée, les secondes exerçant, transmettant du moins la pression, refluant au-dessous. — D'autres fois la roche soulevante, fluide ou pâteuse, a exercé directement son effort, sans intermédiaire, sur les couches stratifiées, et dans ce cas il n'y a pas d'autre couche soulevée que ces couches elles-mêmes.

Cependant, de ce qu'une roche a surgi à l'état solide, non pas en fusion comme une lave, il ne s'ensuit pas qu'elle fût froide à ce moment ; une matière consistante peut fort bien être très chaude. C'est aux roches stratifiées voisines *antérieures* au soulèvement, et par conséquent accidentées par lui, de nous renseigner à cet égard. Les couches, au contact du massif, se montrent-elles inaltérées, de texture normale, identiques à ce qu'elles sont à une grande distance , cela signifie que la roche, au moment où elle s'est fait jour, était froide ou à peu près, au moins dans la partie en contact avec ces couches. Les strates, au contraire , portent-elles vers les contacts les traces de l'action de la chaleur, offrent-elles ces caractères *métamorphiques* précédemment exposés, nous devons conclure que la roche, à l'époque de son apparition, était chaude. Et plus ces modifications produites par son influence seront accentuées, plus nous inclinerons à penser qu'elle était portée à une haute température.

Nous voici ramenés aux phénomènes d'éruption. Ce mot doit être réservé pour désigner le refoulement et la sortie des roches en fusion. Or toutes les roches *non stratifiées*, celles-là mêmes qui se présentent ordinairement en massifs soulevés à l'état solide, ont, en d'autres circonstances, reflué dans des conditions de fluidité plus ou moins parfaite, ainsi que le témoignent les formes caractéristiques sous lesquelles elles apparaissent alors. Ces *formes éruptives* , nous les avons déjà observées sur un exemple *typique*, je veux dire sur les laves, lorsque nous nous préparions à l'étude des faits du passé géologique par un coup d'œil jeté sur les phénomènes contemporains. Le premier effet de la pression souterraine a toujours été de fracturer le sol; puis, par les brèches ouvertes, le flot ardent est monté vers la surface et souvent s'y est épanché. Par le refroidissement, les masses superficielles ont pris la consistance d'une roche dure ; les matières injectées fluides dans les fissures s'y sont solidifiées de même, ressoudant pour ainsi dire le terrain disloqué. Tel est le phénomène général ; mais, suivant les circonstances, les effets produits revêtent les apparences les plus diverses. Nous devons d'abord examiner les dispositions que présentent les roches éruptives au sein même des terrains traversés, puis celles qu'elles offrent lorsqu'elles apparaissent en saillie à la surface du sol. — Quant aux conclusions qu'il est possible de tirer de ces dispositions, relativement à l'époque des éruptions, disons dès maintenant qu'elles se résument en une seule loi de toute évidence : « l'apparition d'une roche éruptive est postérieure à l'âge des roches qu'elle traverse ou recouvre, ou dont elle enveloppe les débris. »

Lorsque la matière a surgi à l'état très fluide, elle s'est insinuée sans effort dans les moindres fêlures ; mais, lors même qu'elle s'est épanchée à l'état pâteux, la poussée énorme qu'elle subissait la forçait encore de se mouler exactement dans ces cavités. C'est là un des modes de remplissage des fractures auquel il a été fait précédemment allusion. L'éruption s'est-elle ouverte une large trouée de dimension à peu près égale en tous les sens, la roche figée qui obstrue la trouée se trouvera figurer comme une cheville enfoncée dans le sol; on aura alors ce qu'on nomme un *typhon*. Plus ordinairement, la rupture ayant la forme d'une fente longue et relativement étroite, la matière consolidée représente une plaque traversant les terrains, disposition à laquelle il faut réserver le nom de *dyke*, déjà employé par nous. Dans les terrains stratifiés on voit d'ordinaire le typhon ou le dyke contrecouper obliquement les assises horizontales ou inclinées ; mais parfois aussi le flot comprimé, au lieu de les rompre, s'est insinué dans leurs joints,

les décollant pour se faire place et s'étendant en nappe
entre elles, en sorte que l'épaisseur de matière ainsi
intercalée figure une véritable couche concordante.
Quoi qu'il en soit, la nature, le grain de la roche enclavée font ordinairement avec la composition des
roches sédimentaires et leurs lignes de structure un
contraste qui met le phénomène en pleine lumière; ce
contraste peut être plus ou moins atténué, effacé même
par les actions métamorphiques qui souvent ont altéré
les roches traversées.
Lorsque l'éruption s'est
produite à travers les
fissures de roches mas-
sives, les mêmes effets
ont encore lieu; mais
la matière injectée étant
analogue par sa nature
à la roche traversée,
l'opposition est moins
frappante. Les *filons*,
les *veines* tortueuses qui

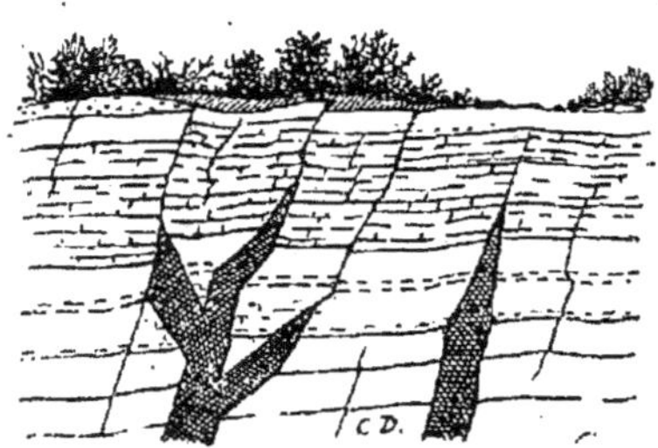

Fig. 28. — **Dykes éruptifs se
terminant en coin.**

tranchent plus ou moins de couleur et de texture
sur le ton de la masse rocheuse s'y fondent souvent
sur leurs bords par des passages insensiblement gradués. C'est qu'alors le fluide incandescent a échauffé
par son contact les parois des fractures, jusqu'à
les faire entrer en demi-fusion; un certain mélange
s'est produit, et, par le refroidissement, une sou-
dure extrêmement intime et tenace; tellement que le
massif consolidé a repris l'apparence d'un bloc parfaitement continu, quoique rayé et veiné de diverses
manières. — Il peut arriver que le flot comprimé de la
roche en fusion épuise son effort sans percer jusqu'à
la surface. On voit alors le *typhon* ou le *dyke*, dont les
racines plongent jusqu'aux entrailles de la terre, s'arrêter en soulevant un peu les couches superficielles
sans les trouer. D'autres fois il se perd dans l'épaisseur du terrain, tantôt s'y ramifiant, tantôt se terminant *en coin* vers le haut (fig. 28). Nulles formes,

n'est-ce pas, ne sauraient mieux exprimer l'origine *inférieure* de la matière de remplissage, dont l'effort éruptif, après avoir brisé les couches profondes, est venu mourir là.

Mais, le plus ordinairement, la roche en fusion s'est ouvert passage jusqu'au jour. Les formes que présente la masse en saillie dépendent de deux conditions : de la flui-
dité plus ou moins prononcée de la matière, et de la confi-
guration superficielle du sol. Considérons d'abord le cas d'une fluidité assez grande,

Fig. 29. — Epanchement en nappe. *Racines* du plateau.

comparable à celle des laves modernes. Si le sol est sensiblement horizontal, le flot ardent épanché par un ou plusieurs orifices s'étalera en nappe rela-
tivement peu épaisse, qui se solidifiera sous la forme d'un *plateau* nivelé. La roche figée à l'intérieur même des fractures qui ont servi de conduits constituera ce que nous appelons les *racines* de la masse superficielle, par lesquelles elle est rattachée aux sources profondes et pour ainsi dire clouée au sol (fig. 29). Refluant sur un terrain en pente prononcée, la ma-
tière en fusion ne peut que fuir en coulées plus ou moins larges, mais minces : c'est le cas de la lave ruisselant sur les flancs d'un cône volcanique. Ailleurs, le courant, plus profond alors et plus encaissé, aura pris pour lit et comblé un ravin. Souvent, s'épan-
chant sur le versant, la coulée descend jusqu'au fond d'une vallée, s'y accumule, y forme une sorte de barrage transversal qui interrompt la pente du thalweg et obstrue le cours des eaux. Ou bien, c'est une dépression du terrain que le flot ardent, surgissant par des fissures ou se déversant par coulées, remplit comme une coupe, se moulant dans des ca-
vités et nivelant la surface. En pareil cas, la matière

10

éruptive peut s'accumuler en quantité considérable et sous une forte épaisseur ; lentement refroidie, elle formera un *culot* rocheux d'une grande puissance. — Mais ne peut-il pas se faire que le liquide ruisselant à la surface pénètre dans les anfractuosités et les fissures du terrain, donnant naissance à des masses enclavées, semblables à celles dont nous venons d'étudier la formation sous le nom de *typhons* et *dykes* ? — Sans doute, mais alors le remplissage des fissures a lieu d'une manière secondaire et *par*

Fig. 30. — Epanchement de lave, coulée et barrage.

le haut, effet dû à la pesanteur, non plus par le bas, en vertu de la poussée éruptive : ces dykes manqueront de *racines* profondes. Ils iront se perdant dans l'épaisseur des terrains, souvent ramifiés ou terminés en coin ; mais la partie divisée ou effilée, dirigée cette fois vers les profondeurs, exprimera les conditions inverses du phénomène.

Imaginez maintenant que la roche arrive au jour à un état très pâteux. Au lieu de se déverser en coulées, de s'étaler en nappes, elle va s'accumuler au-dessus de l'orifice d'éruption sous la forme d'une masse plus épaisse, qui tendra à s'arrondir en s'affaissant sous son propre poids. Evidemment c'est là une condition intermédiaire entre l'épanchement d'une lave coulante et le soulèvement d'un massif à l'état solide ; les formes par lesquelles elle se traduit sont intermédiaires aussi. C'est celle d'un *dôme*, d'un *bourrelet.* La matière surgit avec un effort énorme ; la brèche d'éruption est très largement ouverte, et la masse projetée en saillie tient aux sources pro-

.fondes par de très puissantes racines. J'ai entendu comparer un de ces dômes éruptifs à un clou à tête ronde enfoncé dans une planche : nulle comparaison plus juste et plus pittoresque (fig. 31). — Mais ici, une observation. Quand il s'agit de telles-masses, les effets de la fluidité plus ou moins grande de la matière sont considérablement modifiés par le poids qu'elle supporte, par la poussée qu'elle subit. Ainsi, une lave en fusion qui, sous un petit volume, nous paraîtrait simplement pâteuse, se comportera en grand

Fig. 31. — Masse éruptive pâteuse s'accumulant en dôme sur l'orifice d'éruption.

comme une substance coulante. De même une matière dont la consistance molle se rapproche beaucoup de l'état solide peut encore, si elle est en grande masse, se tasser, s'affaisser sous son propre poids, se modeler enfin sous une forme qui appartient aux substances pâteuses. Considérez un morceau de fer rouge : il est bien loin de l'état liquide, et cependant la chaleur lui a communiqué un certain degré de mollesse qui lui permet de se pétrir sous le choc du marteau ou sous la pression des mâchoires d'acier de puissantes machines. En voyant ce spectacle, maintes fois je me suis dit : « Certainement une montagne de fer rouge tel que celui-ci s'affaisserait sous la pression de son propre poids, comme matière pâteuse. » Il n'est pas besoin d'admettre une mollesse plus grande dans une roche éruptive pour qu'elle affecte les formes arrondies que nous venons d'observer. — Une dernière remarque : l'apparition au jour d'une masse de consistance solide ou pâteuse à travers une large trouée ouverte avec effort a naturellement donné lieu à des phénomènes d'écrasement et de broyage. Les débris de la roche soulevée et de la roche traversée, arrachés et broyés dans leurs froissements réciproques et plus ou moins mélangés, doivent se retrouver et se retrouvent en effet autour des massifs de soulèvement et d'éruption, parfois accumulés en entassements énormes. Le jaillissement d'une lave fluide par une fissure ne saurait produire les mêmes effets ; et les blocs, les cailloux lancés lors des éruptions volcaniques modernes, ont une origine toute différente.

De ce qui précède, il résulte que les formes des roches ignées dépendent des conditions de leur apparition, non pas directement de leur composition minéralogique. Il y a cependant entre la nature de ces roches et leurs dispositions des relations importantes. Ainsi les *roches granitiques* ont été le plus ordinairement soulevées à l'état solide ; en conséquence elles se présentent sous des formes massives et puissantes, lourdes : blocs immenses très abrupts, vastes plateaux de soulèvement irrégulièrement fracturés. D'autre fois cependant, les mêmes granits se rencontrent sous des formes de *pénétration* très caractérisées : filons, typhons, veines, dykes traversant les terrains ; et il faut bien en conclure que la roche s'est insinuée à l'état coulant. Les granits *massifs* sont le plus souvent à grains fins, très quartzeux ; les granits *pénétrants* sont plutôt des roches à gros grains, très feldspathiques, se rapprochant des porphyres. — Nous avons divisé la classe si variée des roches porphyriques en deux groupes, les porphyres proprement dits et les roches *trappéennes*, tels que trapps, diorites et serpentines. Les porphyres se rencontrent ordinairement en blocs massifs, surélevés, soulevés à l'état solide ; en général, ils jouent le rôle des *roches soulevées*. Les roches de l'autre groupe, au contraire, prennent plutôt celui de *roches soulevantes ;* ce sont elles qu'on voit si souvent perçant à travers les grands massifs de soulèvement, se faisant jour vers leurs bases par des épanchements et des *pointements*. On les observe aussi sous forme de dykes puissants, traversant les terrains, s'intercalant

entre les couches. Elles apparaissent à la superficie
en masses arrondies accumulées sur les orifices
d'éruption. En somme, leurs formes sont celles qui
expriment l'éruption à l'état pâteux.

Les roches du groupe volcanique, trachytes, basaltes et laves, sont les roches éruptives par excellence. Elles offrent à l'intérieur des terrains traversés
toutes les formes de pénétration que nous avons
étudiées. Ce sont les seules qui se montrent à la
surface en nappes très minces, en coulées *étirées*, caractéristiques d'une fluidité complète. Encore les trachytes, les roches les plus anciennes du groupe,
apparaissent-ils plus fréquemment sous des aspects
qui révèlent l'éruption à l'état pâteux. On les observe
souvent en masses arrondies, en dômes parfois immenses, qui doivent tenir au sol par de très puissantes racines. On peut même dire que, sans être
exclusives, ces formes appartiennent surtout aux trachytes, comme celle de *plateaux* aux basaltes. Le
basalte, non plus que les laves, ne constitue jamais
de massifs de soulèvement tels que nous les avons
définis ; toujours ces roches ont surgi à l'état plus
ou moins coulant. Tantôt plus épaisses, elles ont pris,
comme les trachytes, des formes affaissées ; tantôt
plus fluides, elles se sont étalées en nappes, répandues en coulées, moulées en *culots*. — Par le refroidissement, les masses basaltiques superficielles ou
enclavées dans les terrains se sont souvent contrac-
tées, retirées et fendillées, *étoilées* profondément,
effets que nous avons déjà observés ébauchés sur
certaines coulées de laves modernes, mais que les
basaltes présentent d'une façon beaucoup plus générale et plus caractérisée. Dans ces roches, les *fissures
de retrait*, étroites et très profondes, se croisant, divisent ordinairement la masse en longs prismes à cinq
ou six pans, serrés les uns contre les autres, parfois
d'une merveilleuse régularité, tantôt dressés, tantôt
couchés ou obliques, ordinairement perpendiculaires
aux surfaces de refroidissement. Cette structure toute

particulière, qui d'une façon générale et dans toute sa netteté appartient aux basaltes, donne lieu, quand elle est mise à nu en certaines circonstances, à des aspects très remarquables et très pittoresques, que nous aurons tout à l'heure occasion de décrire.

Ce qui distingue surtout les laves, c'est, avec les formes qui expriment leur fluidité, la part très grande que les gaz, plus spécialement l'eau à l'état de vapeur, prennent dans les phénomènes de leur éruption. C'est l'effort de ces gaz et de ces vapeurs comprimées qui débouche la *cheminée* d'éruption. La matière qui surgit, bouillonnante et tout imprégnée de vapeurs comprimées, à un état pour ainsi dire écumeux, est crachée avec violence par les explosions. Déchiré, — comme une lame qui déferle et qu'éparpille un vent impétueux, — le flot ardent retombe en blocs à demi refroidis, en fragments, ou bien broyé et dispersé en cendres ténues. Ces matériaux accumulés autour de l'orifice et s'écroulant en talus forment, avons-nous dit, la masse du cône volcanique. Le volume de la lave déversée en coulées et solidifiée sous forme de masses consistantes est d'ordinaire peu de chose, en comparaison des scories, des *lapilli* et cendres, qui constituent les *roches meubles* volcaniques. Tout cela, bien entendu, c'est de la lave encore, mais de la lave réduite à l'état incohérent par l'effort expansif des vapeurs. C'est seulement quand leur tension est amoindrie que la matière peut s'épancher tranquillement à la façon d'un liquide qui déborde. Alors même elle est encore plus ou moins écumeuse, en sorte que la masse solidifiée est presque toujours criblée de bulles, au point d'être légère, spongieuse, comme nous l'avons dit. En conséquence de cette nature *scoriacée* des laves, leurs coulées offrent d'ordinaire, avec des teintes brûlées et rouillées, une surface extrêmement inégale, âpre, rugueuse, fissurée et tourmentée, qui les rend extrêmement pénibles à parcourir. Les basaltes, eux aussi, sont quelquefois bulleux, spongieux même, et alors ils ont tout l'aspect des laves. Mais en général ils sont beaucoup plus compacts et pénétrés de gaz à un degré beaucoup moindre; les explosions gazeuses aussi ont souvent joué un rôle dans leurs éruptions, mais non plus un rôle prédominant comme dans celles des laves. Enfin les trachytes sont plus rarement bulleux et à un moindre degré, et les roches porphyriques et granitiques ne le sont jamais. C'est un fait extrêmement remarquable que plus on approche de l'époque contemporaine, plus la part de l'action des gaz et de l'eau en vapeur dans les phénomènes éruptifs devient considérable.

Effets des érosions sur les massifs de soulèvement. — Les saillies des masses de soulèvement ou d'éruption n'ont pas plus échappé à l'action érosive que les reliefs des couches sédimentaires. D'une part, ainsi qu'il résulte de leur mode d'apparition, les roches ignées constituent des sols mouvementés, déchirés, bouleversés en cent façons; les pentes y sont très fortes, et la puissance destructive des eaux est augmentée en raison de leur plus grande vitesse. D'un autre côté, la roche massive, plus dure que les dépôts aqueux, résiste mieux aux attaques de l'élément rongeur, à moins qu'elle ne soit très fendillée. En somme, les grands traits subsistent; le travail des eaux se traduit surtout par les formes de détails, ce qui ne l'empêche pas de produire souvent des effets d'une grande puissance, très pittoresques et intéressants à observer.

Au pied de la moindre butte vous rencontrerez toujours, plus ou moins abondants, des sables, cailloux, graviers, débris de la roche qui la constitue. Mêmes effets se sont produits à toutes les époques, depuis que cette butte existe; et d'ailleurs, outre l'action érosive des eaux, d'autres actions encore, froissements, écrasements, fractures, ont pu avoir pour résultat d'émietter la roche et d'en faire ébouler les fragments. Quoi qu'il en soit, pour qu'un bloc puisse fournir des débris d'une façon ou d'une autre, il faut qu'il soit là... Si donc, explorant le pied d'un massif de soulèvement ou d'éruption, nous trouvons des fragments de la roche ignée non pas seulement gisants à la surface, mais *inclus* entre les couches de dépôt ou *englobés* dans leur épaisseur, nous concluons que cette masse rocheuse était déjà là présente lorsque ces couches se formaient à ses pieds. Si au contraire nous étions bien sûrs que telle couche s'étendant autour du massif ne contient pas trace de ces débris, sans nous décider absolument sur ce caractère *négatif*, nous regarderions comme très probable que lors de sa formation la roche ignée voisine n'était pas encore *à découvert*. Considérant donc l'ensemble des couches superposées qui entourent la base d'un massif, nous jugerons le phénomène de soulèvement ou d'éruption certainement *antérieur* à toutes les couches contenant des débris, probablement *postérieur* à toutes celles qui n'en contiennent pas.

Les massifs de soulèvement n'offriront à notre observation que les effets généraux du travail érosif, sous leurs formes variées, bien connues de nous; mais les masses éruptives, à cause de leurs dispositions spéciales, présentent des particularités remarquables. En général, les gros blocs sortis à l'état pâteux, de texture compacte, de formes arrondies, donnent peu de prise à l'action des eaux. Il est tels de ces cônes ou de ces dômes qui ont conservé toute la pureté de leurs lignes primitives, en sorte qu'on les dirait sortis d'hier du sein de la terre et à peine refroidis... Mais il n'en est pas de même des formes plus déliées, dykes, nappes, coulées, ni des roches fendillées. — Imaginez un dyke éruptif traversant les terrains et arrivant à fleur de sol. La roche éruptive se trouve-t-elle plus attaquable que le terrain environnant, l'érosion l'entamera plus facilement; son affleurement deviendra le chemin des eaux, un canal naturel dont elles approfondiront lentement la tranchée abrupte. Le plus souvent, c'est le contraire qui a lieu, surtout si la masse éruptive traverse des terrains de dépôt. Les couches moins résistantes sont rongées, déblayées alentour; elle demeure en saillie au-dessus de leur niveau abaissé. On voit alors l'affleurement se dresser sous cette forme de longue muraille ébréchée qui lui a mérité son nom de *dyke* (*digue*, rempart). D'autres fois, plus inégalement entamé, il ne se révèle plus que par une série de crêtes ou de blocs isolés, alignés sur la fracture. Une seule masse éruptive en saillie abrupte sur les terrains abaissés par l'érosion retient encore, par analogie, le nom de dyke que sa forme ne justifie plus, ou prend celui de *piton*. — Suppo-

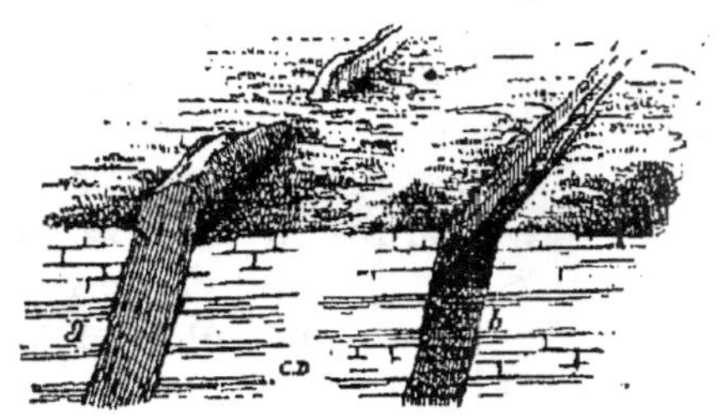

Fig. 32. — Effets d'érosion sur des dykes éruptifs. — *a*. Dyke saillant; *b*, dyke affouillé.

sez maintenant une nappe éruptive d'épaisseur moyenne, largement étalée sur un sol sensiblement horizontal. Les eaux courantes vont d'abord entamer la surface d'étroits sillons qui iront s'approfondissant jusqu'à trancher l'épaisseur de la nappe. A partir de ce moment, les érosions, se continuant, pénétreront dans les terrains *sous-jacents*, creusant des ravins, élargissant des vallées. Le plateau, dépecé par lambeaux, finit par ne plus laisser que des *témoins* isolés; il apparaît sous la forme de terrasses planes qui couronnent les hauteurs, et dont la tranche se dresse comme le rempart abrupt d'une forteresse, dominant les pentes plus douces des versants. Cet aspect s'observe fréquemment dans les régions volcaniques anciennes. Plus directement en butte aux actions érosives sont les coulées qui, descendant au fond des vallées, ont barré le cours des rivières. Les eaux arrêtées se sont insurgées contre l'obstacle, s'accumulant en un lac qui pèse sur cette digue naturelle. Un grand nombre de lacs des montagnes, dans les régions dont nous parlions, doivent leur origine à de semblables causes. Avec le temps, le courant se *scie* une tranchée à travers le barrage; ou bien une débâcle violente y ouvre une large brèche, et le lac se vide. Les couches du terrain environnant sont-elles moins résistantes, c'est souvent à leurs dépens que les eaux, tournant le barrage, se creusent leur déversoir. — Le choc des vagues produit des effets analogues là où les roches éruptives formant les rivages de la mer se trouvent exposées à leurs assauts.

Mais c'est surtout en s'exerçant contre certaines masses basaltiques à structure fendillée que les actions érosives donnent lieu aux aspects les plus singuliers et les plus pittoresques. Dans le massif intact du plateau ou de la coulée cette structure était peu observable; les coupures produites par le travail des eaux, pénétrant au cœur du bloc, la mettent en évidence. Quand l'action de quelque large courant a dressé, nivelé et poli la roche, les *têtes* dérasées des blocs prismatiques figurent une sorte de carrelage d'une régularité étonnante. Plus ordinairement les eaux, ouvrant leurs tranchées, ont taillé des parois à pic le long desquelles apparaissent dégagées les minces colonnettes. Tantôt groupées en faisceaux, elles simulent jusqu'à l'illusion les ruines de quelque édifice imposant; tantôt on croirait voir des orgues gigantesques aux rangs pressés de tuyaux suspendus aux flancs des précipices. La légende, personnifiant les forces de la nature, s'est plu à rapporter à des êtres fabuleux, d'une puissance surhumaine, ces monuments d'une étrange architecture. Ces immenses *dallages* dont nous parlions, ce sont les *chaussées des géants*; ces ilots, semblables à des faisceaux de tours cannelées, qui baignent leurs pieds dans la mer de Sicile, ce sont des forteresses *cyclopéennes*. — Mais rien n'égale la beauté des ilots basaltiques des Hébrides et de la mer d'Irlande, taillés par les flots en escarpements inaccessibles. Des colonnades majes-

tueuses superposées par étages, des remparts haut
crénelés, des gerbes de tourelles, des pignons aigus
audacieusement élancés, se groupent, s'étayent pour
monter dans le bleu du ciel. Quand les rayons du
soleil couchant dorent ces entassements fantastiques,
le navigateur qui les contemple croit voir surgir des
eaux des forteresses magiques, en ruine, mais dignes
encore de la majesté des vieux dieux. — A leurs
pieds s'ouvrent des grottes profondes, des nefs merveilleuses, dont la voûte porte sur mille faisceaux de
grêles colonnettes. La plus célèbre de ces nefs basaltiques est la grotte dite de *Fingal*, dans l'île de Staffa
(Hébrides), tant admirée des voyageurs pour le puissant effet et l'étonnante régularité de son architecture.
(Voir le frontispice.)

Ce sont les basaltes et les trachytes qui présentent
sur une plus vaste échelle les phénomènes de froissements et de broyage dont nous avons parlé. Leurs
débris s'accumulent sur des étendues parfois énormes
et en épaisseurs considérables autour des massifs. Evidemment, bien plus encore que les masses éruptives
elles-mêmes, ces amas de fragments incohérents, de
même que les scories légères qui s'écroulent en criant
sous les pas, les cendres où le pied enfonce, toutes les
roches meubles volcaniques enfin sont exposées à être
ravinées, déblayées, transportées par les eaux. Très
souvent aussi ces matériaux ont été cimentés sur
place; ou bien, entraînés ailleurs après une sorte de
triage, subissant des effets de tassement et d'agglutination, ils ont constitué, comme l'auraient fait des
matériaux meubles d'une autre origine, des roches
d'agrégation plus ou moins nettement stratifiées.
Tels sont les *conglomérats* et *brèches* basaltiques ou
trachytiques, les *tufs* volcaniques et les *pouzzolanes*,
roches à grains fins, friables, composées de cendres
ou de scories broyées et tamisées : toutes formations
très abondantes dans les régions volcaniques, et qui
s'étendent au loin autour des bouches d'éruption et
des masses éruptives en place.

Relations des traits géographiques et des actions géologiques. — Dans tout ce qui précède touchant les dispositions des roches, leurs lignes de structure, leurs accidents, les formes du relief du sol, nous avons autant que possible fait abstraction des dimensions, pour considérer les faits en ce qu'ils ont de général. Qu'un accident donné se produise sur une petite échelle, ou qu'il intéresse une vaste étendue de terrain et se révèle par des lignes puissantes, c'est toujours au fond le même fait, identique de sa nature; et les phénomènes secondaires auxquels il donnera lieu dans les deux cas seront, eux aussi, semblables, sauf la mesure : ce que nous avons l'occasion de vérifier maintes fois. Tout en prenant pour point de départ de notre étude les traits d'une étendue réduite, comme plus faciles à observer, — ce fut toujours notre méthode, — nous étions bien avertis que les grands traits de la structure des continents avaient des origines semblables et ne différaient que par l'*échelle*. Cependant quelques considérations générales nous sont encore nécessaires. — Dans l'ensemble comme dans le détail, ce qu'on appelle la configuration géographique d'une région, d'un continent, n'étant pas autre chose que la *forme extérieure de la structure géologique*, la conséquence des actions géologiques, tous les traits de cette configuration doivent donc être rapportés aux deux ordres de phénomènes que nous avons étudiés : érosions et dépôts, soulèvements et éruptions. Or l'œuvre des eaux, prise en somme, est de niveler. L'action sédimentaire se produisant seule n'aurait pu que former une couche uniforme, qui même serait demeurée partout recouverte d'une égale épaisseur d'eau. — Ce n'est pas l'eau, cette grande niveleuse, qui eût créé des saillies, des inégalités! Elle peut les retoucher après coup, elle est impuissante à les produire. Donc les saillies de la surface terrestre considérées en général, doivent leur origine à des soulèvements, au travail des poussées souterraines. Et comme les contours des masses continentales, aussi bien que la circulation des eaux à leur surface sont une simple conséquence des formes de leur relief, en somme donc ce sont les soulèvements qui ont fait la géographie.

Il faut entendre ici la chose dans un sens large. Tout le monde sait que la saillie moyenne des grandes surfaces continentales au-dessus du niveau des mers est extrêmement faible, et que le relief des plus puissantes masses montagneuses même n'est rien vraiment comparé aux dimensions de l'énorme boule. C'est une chose qu'il ne faut pas perdre de vue quand on veut se faire une idée des grands phénomènes géologiques. Une ondulation insensible dans la forme du *spheroïde* terrestre — insensible en proportion du diamètre de la boule — suffit pour mettre à découvert une immense étendue de sol au-dessus de la *mince* couche d'eau qui constitue les océans..... Or la forme de ce qu'on appelle la *croûte terrestre* n'a jamais été et n'est pas non plus aujourd'hui absolument fixe, immuable. Il y a, aujourd'hui même, des mouvements de soulèvement et d'affaissement, très lents, mais comprenant de très vastes étendues. Il y a des parties de continent qui se soulèvent, d'autres qui s'abaissent de plusieurs décimètres par siècle ; au bout d'une certaine période de siècles, le changement de niveau est très mesurable, et la configuration de l'étendue ainsi soulevée ou abaissée, la forme des côtes se modifient en conséquence d'une notable façon. Appuyés sur cette observation, les géologues ont été conduits à admettre deux sortes de mouvements du sol : les uns très lents, s'accumulant pendant d'immenses périodes, s'étendant à de très vastes surfaces, ayant eu pour effet de les élever ou de les abaisser, de les mettre à découvert ou de les enfoncer sous les eaux : à ces sortes d'ondulations serait due l'existence des continents ; d'autre part, des mouvements *accidentels*, successifs, extrêmement multipliés, mais *locaux*, plus violents, plus accentués, moins étendus, donnant naissance à des reliefs prononcés, brusques, accompagnés de ruptures et de bouleversements, de cataclysmes effrayants sans doute, mais n'intéressant qu'une faible partie de la surface du globe. A ces derniers, qui constituent les *soulèvements* proprement dits, se rattachent les accidents de la stratification, les éruptions, la formation des montagnes. Entre ces deux sortes de mouvements il y a une relation étroite ; ceux-ci sont consécutifs de ceux-là.

On conçoit très bien, par exemple, qu'après avoir plié d'une façon lente et insensible sur de vastes étendues, la croûte rocheuse superficielle, arrivée à la limite extrême de la flexion possible, se soit rompue suivant certaines lignes. Tout naturellement, dis-je, ces grandes ruptures affecteront une certaine forme linéaire ; ce seront des fissures, des fractures tout à fait comparables à celles qui se produisent sur de moindres dimensions et dont la direction dépendra du sens des tensions qui ont déterminé la rupture. De là la disposition en *chaîne* des masses montagneuses mises en relief par les soulèvements qui ont accompagné la fracture. D'autre part, le phénomène principal, la fracture de la croûte, se complique d'une multitude d'accidents secondaires. Tout d'abord la fente n'est pas absolument simple, nette et unique ; par cela même que les terrains ont cédé en un point, leur résistance est affaiblie aux environs ; il se produit tout un *système* de déchirures, plus ou moins étendues, occupant une certaine largeur et de directions à peu près parallèles : c'est ce qui a également lieu presque toujours, comme nous le verrons bientôt, pour les fissures de faibles dimensions qui constituent les filons (page 174). Imaginez les masses rocheuses profondes, disloquées en blocs immenses, surgissant en désordre, sous l'effort des poussées souterraines : ce sont les *roches soulevées*. Voyez-les, dis-je, refoulant, comprimant violemment les terrains pour se faire place, déchirant le sol avec leurs grands angles, l'étoilant de fractures secondaires multipliées. La fêlure primitive déterminera la direction des grandes lignes de la chaîne; les fissures secondaires donneront naissance aux *chaînons* transversaux de *contreforts*, avec les *vallées transversales* qui les séparent. En même temps, les *roches soulevantes* arrivent au jour, en laves fluides ou pâteuses, à travers les vides brisés, *pointent* ou s'épanchent au-dessous des masses soulevées, comblant les abîmes intérieurs, ressoudant la fracture. Mais il ne faudrait pas croire qu'un système montagneux tel que les Alpes ou les Pyrénées soit le résultat d'un phénomène unique de rupture et de soulèvement. Le plus ordinairement il y a eu plusieurs soulèvements successifs, séparés par d'immenses périodes de siècles; il semble que le terrain, mal ressoudé, incomplètement consolidé est resté un point faible, *lieu d'élection* pour de nouvelles ruptures. De ces fractures successives croisées en divers sens, chacune avec son cortège d'accidents secondaires, résulte définitivement la chaîne, avec l'aspect compliqué, bouleversé, que nous lui voyons; et souvent ce n'est pas le premier soulèvement qui a déterminé la direction dominante. Quant aux volcans, ce sont bien aussi des conséquences de ruptures, accompagnées ou non de soulèvements; mais ce sont des conséquences moins immédiates, modifiées par l'intervention d'autres causes. Notons enfin qu'à travers l'apparente irrégularité de lignes des grandes chaînes qui sillonnent la surface du globe on a pu démêler des lois d'âge et de direction : lois grandioses dont nous aurons à dire quelques mots en esquissant l'*histoire de la terre*, dans la seconde partie de cet ouvrage (*Epoques et Terrains*).

QUATRIÈME PARTIE

LES MINERAIS

Origine, formes et allures des gîtes.

Un grand nombre de matières diverses existent à
l'état de *diffusion* extrême dans l'immensité des
masses rocheuses, disséminées en proportion minime,
dissoutes, fondues pour ainsi dire et comme perdues
au milieu des éléments constitutifs des roches elles-
mêmes. Tel le fer, l'universel fer, partout présent,
dans toutes les roches comme dans toutes les eaux,
dès qu'il est en proportions appréciables se décèle
par les teintes variées qu'il communique à la pierre.
Nous l'avons vu donner aux masses éruptives, porphyres ou trachytes, basaltes ou laves, toutes les
nuances du rouge, clair ou foncé, vif ou sombre;
mais la roche est-elle verte ou noirâtre, c'est lui encore sous une autre forme. D'immenses assises de grès
sont *rubéfiées* (rougies) par l'oxyde de fer; d'autres
teintées en jaune, en brun. Puis ce sont des argiles,
des marnes jaunes, ou rouges, ou brunes, des marbres
rouges ou veinés de rouge; ce sont, pour faire contraste, les sables et les grès verts, les puissantes
roches de craie *glauconieuse*, piquée de points verts. —
Là même où il ne se montre pas, il existe encore,
disions-nous, quoiqu'en moindre quantité. — Mais le
fer n'est pas seul ainsi diffusé dans la nature; plusieurs autres parmi nos métaux usuels sont *dilués*
de même dans les masses rocheuses du globe, mais
en proportions infinitésimales : le cuivre, notamment,
l'argent, l'or. Pris ensemble, pourtant, ces atomes
épars forment certainement des masses énormes, infi-

niment supérieures à ce que peuvent recéler, dans leurs cachettes mystérieuses, tous les *gîtes* métallifères, connus ou à découvrir... Mais ces richesses *idéales* sont pour l'industrie humaine absolument comme si elles n'étaient pas. Pour qu'elles nous deviennent saisissables, ces parcelles précieuses, il faut que des causes toutes secondaires les aient rassemblées, *concentrées* en certaines localités restreintes ; que par un certain concours de circonstances elles aient été contraintes d'aller s'entasser, en quantité notable, dans quelque fissure profonde des roches... Vous comprenez maintenant la valeur de cette expression de *substances accidentelles,* dont nous avons qualifié les minerais, en contraste avec celle de substances constitutives des masses rocheuses. De toutes ces matières industrielles, le *sel gemme,* résidu de l'évaporation des mers, notre précieuse *houille,* et parmi les métaux, le fer, sont les seules qui par la masse imposante de leurs accumulations puissent être comparées à certains égards à des roches ; toutes les autres, si importantes qu'elles soient pour nous, sont non seulement des substances accidentelles, mais des substances *rares,* et quant à la place qu'elles tiennent dans le monde minéral, absolument imperceptibles.

Distinction des diverses sortes de gîtes. — Le terme général d'*amas* convient pour désigner une accumulation quelconque de matière exploitable ; la situation, les conditions dans lesquelles elle se rencontre constituent le *gisement,* et l'emplacement même qu'elle occupe est le *gîte :* ces deux derniers mots cependant s'échangent volontiers dans le langage courant du mineur. On distingue tout d'abord deux sortes de gîtes : les gîtes stratifiés, où la masse affecte la disposition en couches *concordantes* avec les assises du terrain ; et les gîtes dits de *fracture,* où l'amas figure un bloc plus ou moins irrégulier, *discordant,* enclavé au sein des roches, remplissant des cavités.

Or cette division, qui a pour point de départ la forme même des gîtes, tend plus encore à exprimer

l'origine de l'amas, ses relations d'âge et son mode
de formation. En effet, ce qui caractérise une couche
concordante de matière exploitable, c'est qu'elle fait
partie intégrante du terrain lui-même, si peu de
place qu'elle y tienne. Cette couche s'est formée par
voie de dépôt, comme les autres couches ; elle est à
sa place dans la série des strates superposées, *contem-*
poraine du terrain où elle est *interstratifiée* (incluse
entre les strates). Sa formation, due à des actions
toutes semblables, est pour ainsi dire un épisode
dans l'ensemble des formations. Tout au contraire,
le gîte de *fracture* représente une cavité remplie après
coup ; son existence, *postérieure* à la formation des
masses rocheuses où il est enclavé, est due à des
actions toutes différentes. Il ne fait pas partie du terrain ; il est là accidentel, *adventif*. Par une relation
toute logique, la forme de couches appartient essentiellement aux substances qui par leur origine et leur
importance se rapprochent des roches elles-mêmes,
savoir la houille, le fer, le sel gemme ; celle de gîte
de fracture aux minerais métallifères.

Parmi les gisements de dépôt on doit distinguer
les couches profondes, qui sont des gîtes *en place*, des
couches superficielles, étendues à découvert sur les
terrains, *alluvions* toutes récentes, formées de débris
arrachés aux gîtes en place et qu'on nomme pour
cette raison *gîtes de transport*.

Formation des couches de sel et de minerais ferru-
gineux. — Nous avons vu des croûtes plus ou moins
épaisses de sel se former sous nos yeux par l'évaporation des eaux salées. Agrandissez par la pensée les
proportions du phénomène. Imaginez une mer fermée, un vaste lac salé dont les eaux aient disparu
peu à peu par évaporation. A mesure que son niveau
baissait, sa nappe diminuait en même temps en étendue ; ses eaux *concentrées*, de plus en plus chargées
de sel, se réunissaient dans la partie profonde du
bassin demi vidé. Là, les eaux ont laissé déposer la
masse saline qu'elles ne pouvaient plus tenir dis-

soute, et enfin ont achevé de s'évaporer plus ou
moins complètement. Voilà, étendue au fond du bassin, une couche épaisse de *sel gemme*, en roche cristalline, plus ou moins souillée des limons qui se déposaient en même temps. Puis imaginez que des couches
de dépôt d'une autre nature viennent, dans la suite
des temps, à se former au-dessus : voici la couche
ensevelie sous de nouvelles assises rocheuses, parfois
très puissantes et très compactes. Telle est l'origine
des immenses amas de sel déposés dans les *fonds de
bassins* de la Pologne, et pour l'exploitation desquels sont creusées les mines légendaires de Wie-
liczka ; les puissantes couches de sel de la vallée de
la Seille, exploitées par les mines de Vic et de Dieuze
(France, Jura), enclavées dans d'épais dépôts de
marnes et d'argiles et couvertes de couches puissantes de grès et de calcaires, représentent également
un ancien fond de bassin asséché, puis recouvert. De
ces terrains tout imprégnés de sel filtrent de nombreuses sources salées qui ont valu leurs noms à Sa-
lins, à Lons-le-Saulnier. De semblables formations
salifères sont communes dans presque toutes les contrées. Au pied des Pyrénées, à Cardonne, un amas
considérable gisait, recouvert de puissantes assises
de grès rouges ferrugineux. Les eaux, plus tard, entamant la masse rocheuse, y ont creusé une vallée
d'érosion, au fond de laquelle le bloc salin apparaît
mis à nu. On l'exploite au pic et à la poudre, comme
une simple carrière ; et le sel est si compact que
l'eau des pluies qui le lave ne paraît pas le fondre
sensiblement. — Les minerais de fer en couches ont
été formés d'une semblable façon au fond d'un lac
dont les eaux étaient chargées de substances ferrugineuses; et nous rappellerons que ce même phénomène s'accomplit encore sous nos yeux dans le lit
de certaines sources. Ces eaux, lorsqu'elles étaient
chaudes, déposaient le métal à l'état d'*oxyde rouge
anhydre* ; étaient-elles froides ou seulement tièdes,
le dépôt était formé d'*oxyde hydraté* brun de rouille,

ou dans certains cas, notamment au voisinage des houillères, à l'état de *fer carbonaté* blanc grisâtre. Souvent la matière se montre plus ou moins mélangée de limons, ou empâtant des sables, des graviers déposés en même temps, formant ainsi de véritables roches d'agrégation à ciment d'oxyde de fer, qui constituent des minerais lorsqu'elles sont assez riches. Par exception, on rencontre dans certains terrains des couches rocheuses mélangées ou imprégnées de substances métallifères autres que les composés ferreux, telles que des sulfures de cuivre, d'argent, de mercure, et qui sont également exploitées à titre de minerais. Des sels métalliques existaient, en dissolution, dans les eaux au fond desquelles se formait le dépôt rocheux, et se *précipitaient* en même temps, se combinant avec les éléments de la roche, ou se *concrétionnant*, s'agglomérant en petits noyaux, en grains épars dans sa masse.

Formation et dispositions des couches de houille. — La formation des couches de houille est en même temps un fait immense au point de vue de l'industrie humaine, et un phénomène du plus haut intérêt scientifique. L'étude des végétaux fossiles qui ont laissé leurs empreintes, admirables de netteté et de finesse, dans la houille elle-même et surtout dans les couches schisteuses où elle est enclavée, a fourni toutes les données d'un merveilleux tableau de la vie à ces âges lointains ; nous tenterons ailleurs d'en esquisser les grands traits, quand, dans un volume faisant suite à celui-ci (LE SOL, *Époques et Terrains*), il nous sera donné d'assister aux grandes révolutions qui se sont accomplies à la surface du globe et d'esquisser, par l'étude des terrains, l'histoire de la terre. Nous nous contenterons donc ici de rappeler que le précieux *combustible minéral* est dû à l'accumulation de débris de plantes qui vivaient à une époque excessivement ancienne (époque houillère); mais la matière végétale a été profondément altérée par l'effet du temps, de la pression surtout, sans doute aussi de la chaleur intérieure. Le coup d'œil que nous avons jeté en passant sur le phénomène actuel du *tourbage* (p. 49) nous aidera à nous rendre compte du mode de formation des couches houillères. — Imaginez de vastes bassins à fond plat, marécageux, d'anciens fonds de mers ; sur ces plaines demi-noyées jetez une végétation épaisse, fongueuse, de plantes *paludéennes* (de marais) : quelque chose d'intermédiaire entre une forêt et une tourbière. Les débris végétaux accumulés pendant d'immenses périodes de siècles vont former sur toute cette étendue une couche plus ou moins épaisse, qui, tassée, comprimée, feuilletée par l'effet de la pression des masses rocheuses qui reposeront plus tard sur elle, deviendra une couche houillère. — Maintenant admettez que des eaux chargées d'alluvions viennent à envahir de nouveau ce bassin, redevenu une mer ou un lac; voilà que sur le lit de matière charbonneuse ensevelie vont s'étendre les strates des dépôts aqueux ordinaires : des sables, des limons, qui formeront des grès et des schistes. Si la même série de phénomènes se reproduit plusieurs fois, chose des plus ordinaires, elle donnera lieu à autant de couches de combustible séparées par des assises de roches. Or il est des *bassins houillers* où l'on rencontre 50, 100, même 120 couches de houille ainsi superposées par étages; témoins irrécusables de l'immensité des temps, et des vicissitudes subies par le sol. A une époque plus récente des phénomènes analogues ont donné naissance à des couches de *lignite*, qui sont pour ainsi dire de la houille imparfaite. Ces *lignites*, très divers d'aspect et de qualité, nous présentent tous les états intermédiaires entre la véritable houille et le simple *bois fossile* ou la tourbe moderne. En contraste avec ces produits incomplètement transformés il faut mettre l'*anthracite*, combustible de formation ordinairement très ancienne, dur, sec, brûlant sans flamme et difficilement, et qui n'est autre chose qu'une sorte de houille modifiée par l'action des feux souterrains.

Allures des couches. — Au point de vue géologique
une couche de matière exploitable, qui offre absolument les mêmes *allures* qu'une couche rocheuse
quelconque, donne lieu aux mêmes observations, et
les mêmes termes de *puissance*, de *toit* et de *mur*,
de *direction*, d'*inclinaison* ou de *pendage*, d'*affleure-*

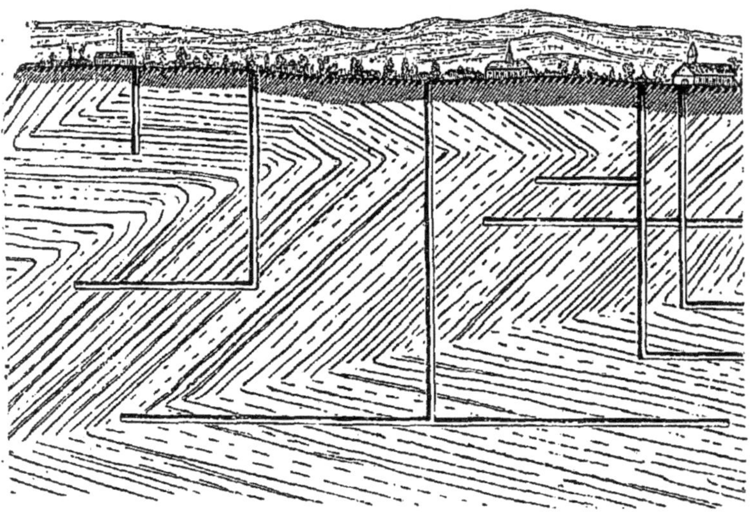

Fig. 33. — Plissements du terrain houiller et des couches de houille
au couchant de Mons. — Puits de mines.

ments, etc., s'y appliquent avec les mêmes significa-
tions. De plus, il est bien évident que la couche intercalée entre les assises rocheuses a dû partager les
destinées du terrain dont elle fait partie, je veux dire
subir les mêmes accidents. Ainsi une couche exploitable est sujette à être *inclinée* ou même *renversée*,
par suite des mouvements du sol, *ondulée* ou *plissée*,
contrecoupée par des fractures, interrompue par des
brouillages, *rejetée* par des failles, entamée ou même
totalement déblayée par les érosions : circonstances
qui compliquent singulièrement la tâche du mineur.
Or, plus que toute autre matière d'exploitation la

houille est exposée à ces sortes d'accidents. Il faut savoir que le terrain *houiller*, qui est un terrain très ancien et qui a vu les révolutions des lointaines périodes, est de tous le plus violemment accidenté ; fracturé, comprimé, plissé, bouleversé de la plus incroyable façon : les couches de houille ont passé par toutes ces rudes épreuves. C'est merveille de voir comment ces malheureuses couches ont été tourmentées : ici redressées d'aplomb, là renversées, plus

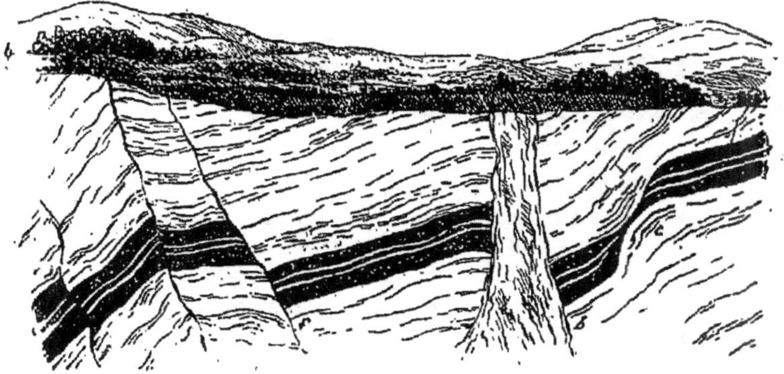

Fig. 34. — Accidents des couches de houille (Grande couche de Blanzy). *ff*, failles ; *b*, brouillage ; *c*, crain.

loin rompues en V, en N, en zigzags multipliés ; toutes ensemble, quand il y en a plusieurs, toutes se suivant parallèlement. Ailleurs, les failles les ont découpées par quartiers, enlevant des lambeaux sur des hauteurs, en précipitant d'autres en des effondrements de plusieurs centaines de mètres de profondeur. Souvent, la matière charbonneuse, relativement. tendre, facile à broyer, a cédé à des compressions inégales ; à tel endroit elle a été amincie, étranglée ou même parfois écrasée entre toit et mur, si bien qu'il reste à peine une trace noire dans le joint des roches : c'est alors ce que le mineur appelle un *crain*. Il suit attentivement cette mince trace, sûr que la matière qui a fui de là a été refoulée plus loin, en un lieu où

la couche, tout au contraire, sera *renflée*. — Enfin il est
quasi impossible de rencontrer une couche de houille
qui ait dormi tranquille depuis l'époque de sa formation et soit restée à peu près dans sa situation première. L'*allure* générale la plus commune est un *fond*

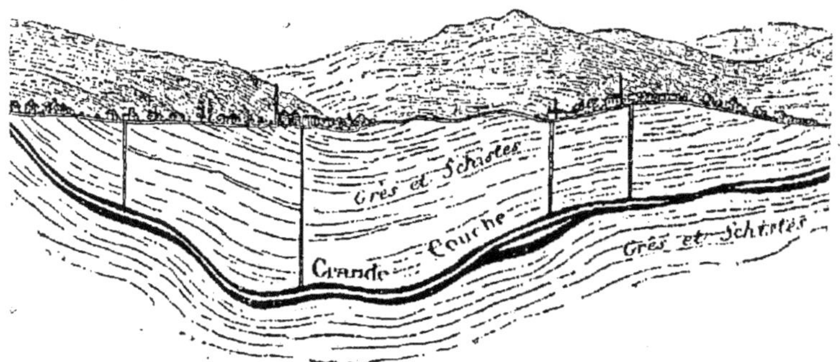

Fig. 35. — Allure en fond de bateau. Coupe du bassin houiller
de Rive-de-Gier.

de bateau; ce qui n'exclut pas la complication de tous
les accidents possibles dans le détail.

Gîtes de transport. — Arrivons maintenant aux gîtes
à découvert; et, comme transition, citons les couches
de minerais de fer (*fer hydroxydé*) ou tout à fait superficielles, ou simplement couvertes d'une tranche
de terre végétale, ou de sable, ou bien enfin gisant
sous la mince lame d'eau des marais. La matière,
grenue ou compacte, empâte des grains de sable, des
limons, des débris de plantes, des coquilles ou des
ossements; elle pénètre, par en haut, dans les anfractuosités du sol sur lequel elle repose, souvent recom-
blant des crevasses d'érosion, des cavernes. Ces amas,
désignés par les mineurs sous le nom de *minerais d'alluvion*, sont importants par leur abondance; ils alimen-
tent un grand nombre de hauts-fourneaux. Or ces gîtes
dont je parle, de formation très moderne, ont une
origine toute semblable à celle des couches plus profondes et plus anciennes; elles n'en diffèrent, dis-je,
que par leur situation à fleur de sol et leur âge récent.

Différente est l'origine des *gîtes de transport*, qui représentent les débris de gîtes en place, attaqués, désagrégés par les eaux. Dans le travail de broyage des érosions, la plupart des minerais métalliques, trop friables ou trop altérables, disparaissent, réduits en parcelles imperceptibles, disséminés à l'infini : ils sont perdus pour nous. Quelques-uns résistent plus ou moins à ces causes de destruction. Ou leur dureté exceptionnelle les préserve; ou c'est leur *densité*, leur poids relatif considérable qui occasionne une sorte de triage, les isole en partie, les fait tomber au fond, tandis que les sables de roches, plus légers, sont entraînés au delà et soumis à de nouveaux froissements. Certains minerais de fer encore sont dans ce cas : le *fer oxydulé*, l'*hématite*, matières dures et lourdes. En Suède, notamment, on trouve de nombreux exemples de ces minerais de transport. L'amas primitif détruit, les fragments emportés au loin par les cours d'eau torrentueux se déposent en *plages* d'un sable de fer, gris et pesant, dans les vallées, surtout au fond de ces lacs étagés, si nombreux en ces régions, et qui se déversent les uns dans les autres comme les vasques superposées d'une fontaine. Là, les habitants du pays viennent les *pêcher*, — c'est le mot, — les enlever du fond de l'eau avec des sceaux, des dragues, des pelles à longs manches. Un autre minerai métallique, lourd aussi, surtout excessivement dur, l'*étain oxydé*, forme des amas superficiels assez considérables, en sables, en galets plus ou moins complètement *triés* par les courants, et ensevelis parmi des couches épaisses de sables et de graviers, au fond des vallées voisines des gîtes en place entamés par l'action érosive.

Mais les gîtes de transport les plus célèbres sont les alluvions *aurifères*. Le gisement *en place* de l'or est au sein de roches massives ou éruptives. Le brillant métal était disséminé en parcelles et en petits noyaux au sein de ces roches, ordinairement quartzeuses, excessivement dures. Pour l'en arracher, pas d'autre moyen que de broyer le bloc rocheux lui-même en sable fin, en bouillie, qu'on *laverait* ensuite. Or ce procédé n'est pas praticable, si ce n'est à l'égard de quelques gîtes peu étendus, d'une richesse exceptionnelle. Mais la nature elle-même s'est chargée d'une partie du travail, du broyage des roches; même elle opère à notre profit un commencement de lavage. L'or, du reste, est un métal des plus répandus dans la nature, non seulement dans ces masses éruptives dont nous parlons, mais aussi dans certaines roches métamorphiques, où il existe disséminé en parcelles imperceptibles : à tel point qu'en certaines régions du Brésil, notamment (*Las minas*), il suffit de broyer la première roche venue pour en extraire de l'or. Dans tous les massifs montagneux dont le soulèvement est relativement récent, la plupart des torrents roulent des paillettes d'or arrachées à la roche. Presque toutes les rivières qui descendent des Pyrénées, des Alpes, des massifs accidentés du *Plateau central* de la France (Auvergne), en contiennent; les sables de quelques-unes sont assez riches, et furent jusqu'à nos jours exploités par les *orpailleurs* : l'Ariège, par exemple, le Gard et leurs affluents. Le Rhin fut longtemps célèbre par ses sables d'or, — cet *Or du Rhin*, chanté en de si merveilleuses légendes. Mais ce sont là des gisements de peu d'étendue. Tout au contraire les alluvions sablonneuses aurifères ou *placers* de la Californie, de l'Australie, de l'Oural, de l'Altaï, s'étendent sur de très vastes régions. Là, disséminé en parcelles, en paillettes, rarement en fragments roulés, dits *pépites*, l'or se trouve surtout concentré dans les lits des rivières actuelles ou d'anciens cours d'eau desséchés, dans des bancs épais de graviers et de cailloux roulés, parfois tout à la surface, parfois à des profondeurs de 10, 20, 30 mètres sous des sables stériles. Dans certaines régions, un autre métal précieux, le *platine*, est le compagnon assidu de l'or. Le travail d'exploitation de ces alluvions, qu'il soit pratiqué en grand ou en petit, est toujours, au fond, le même. Il consiste justement à continuer celui de la nature, en soumettant les sables à l'action de l'eau agitée, qui entraîne les grains plus légers de la roche broyée, tandis que les particules métalliques, excessivement lourdes en proportion, tombent au fond de la *sébille* de l'orpailleur ou s'amassent dans les appareils plus grands et plus perfectionnés du *laveur d'or* des *placers* américains.

Gites de fracture, filons. — De même qu'une couche exploitable est un simple cas particulier dans l'ensemble des *formations*, de même un gite de fracture est un épisode dans le drame de l'accidentation des terrains ; pour être *adventif*, son existence n'en est pas moins étroitement rattachée à l'ensemble des phénomènes généraux. Parmi ces gites dont le caractère est, avons-nous dit, de représenter des cavités comblées après coup, on distingue les *gites réguliers* ou *filons*, et les *gites irréguliers*.

Entre un filon *métallifère* et un filon que le mineur appellera *stérile*, la différence n'étant que dans la nature des matériaux de remplissage, tout ce que nous avons dit des fractures, des filons en général, trouve donc son application ici. Mêmes origines, mêmes *allures ;* les mêmes conditions s'exprimant par les mêmes termes. La plus importante de ces conditions, — nous verrons bientôt pourquoi, — c'est la *direction*. La direction d'un filon, comme celle d'une fracture quelconque ou d'une couche se détermine à l'aide de la *boussole*, et s'exprime au moyen des divisions géographiques de l'horizon, que les marins désignent pas les mots *aires de vent*. Ainsi on dira qu'un filon est dirigé du *nord* au *sud*, ou du *nord-ouest* au *sud-est*, etc. L'inclinaison se mesure en degrés, comme la pente d'un versant, d'une route, à partir de l'horizontale. Les inclinaisons des filons sont le plus ordinairement *très plongeantes*, se rapprochant beaucoup de la verticale : conséquence toute naturelle de leur origine.

Les expressions de *toit* et de *mur*, de *puissance*, etc., s'appliquent aux filons et à toutes les fractures, comme aux couches elles-mêmes ; les pans des roches *encaissantes* (traversées par la fracture) sont nommés les *épontes*. La fissure s'étant propagée jusqu'à la surface, l'*affleurement* court à fleur de sol (fig. 36) suivant la direction, à travers les ondulations ou les ruptures du terrain, le plus souvent dissimulé sous la couche de terre arable et le manteau de la végétation. Là seulement où la roche apparaît se montrent les traces révélatrices. Parfois la matière de remplissage étant plus dure que la roche encaissante forme une crête saillante au-dessus du sol dérasé par les érosions : circonstance que nous avons déjà observée à l'occasion des *dykes*, qui ne sont en réalité que des *filons éruptifs* ; parfois des nuances caractéristiques, les couleurs rouges ou rouillées des oxydes de fer, les couleurs vertes de l'oxyde de cuivre, teignent les roches et les terres aux environs de l'affleurement. Ce sont

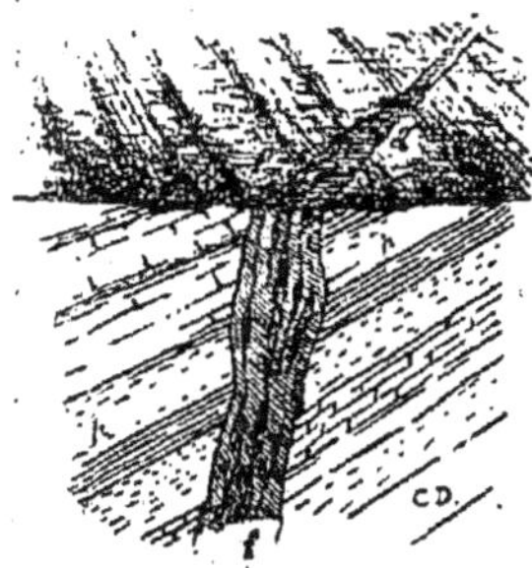

Fig. 36. — Filon contrecoupant les couches. *f*, filon. *a*, affleurement. *hh*, horizon géologique.

là des indices ; mais ils manquent souvent ou sont difficiles à saisir. — C'est presque toujours par leurs affleurements que se sont révélés les gîtes métalliques découverts ; mais le mineur moderne a, outre son tact spécial aiguisé par l'expérience, la connaissance des lois de l'allure des filons.

Dimensions et allure des filons. — Rien n'est plus divers que les dimensions des filons ; leur puissance varie de quelques centimètres à 40 ou 50 mètres ; impossible de fixer une moyenne. Disons seulement que des filons de 1 mètre à 2 mètres 50 ou 3 mètres de puissance sont considérés comme des filons moyens, ordinaires ; ceux qui ont 3 ou 4 mètres sont des filons puissants, et ceux qui dépassent 10 mètres sont cités comme des faits exceptionnels. Dans le sens de la longueur les différences sont aussi caractérisées ; il est peu de filons qui n'aient au moins 150 ou 200 mètres *en di-rection;* les longueurs de 500 à 2000 mètres sont ordi-naires; celles de 5 à 6 kilomètres ne sont pas rares; plusieurs ont été *reconnus* sur des longueurs de 15 à 20 kilomètres. Quant à la profondeur, — nous par-lons des filons proprement dits, — elle est *indéfinie.* On en a suivi jusqu'à 700 ou 800 mètres; jamais on n'a vu un filon se terminer en profondeur. — Pas plus qu'aucune autre fracture, les filons ne sont d'une rec-titude mathématique, ni dans leur direction, ni dans

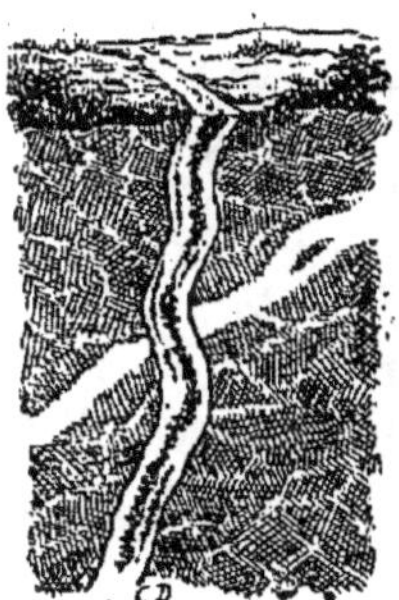
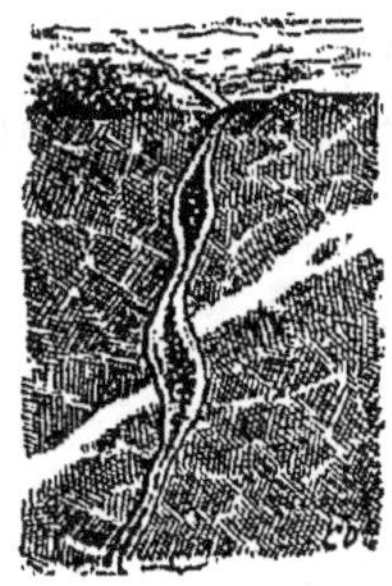

Fig. 37. — Filon ondulé.   Fig. 38. — Filon à renflements.   Fig. 39. — Allure en chapelet.

leur puissance. Prenez une feuille de papier ; coupez-la avec des ciseaux suivant une ligne un peu ondu-lée ; écartez les bords de la coupure : vous avez une représentation (en coupe) de la brisure. Si vous écartez seulement les bords de l'entaille, sans les déranger dans le sens de la coupure, vous voyez les ondulations se suivre à peu près parallèlement, la largeur du vide demeurant partout à peu près la même (fig. 37). Mais, si en même temps vous faites glisser légèrement l'une des parties de la feuille dans le sens de la fente, les ondulations ne se correspon-dent plus, et le vide présente des *renflements* et des *étranglements* successifs (fig. 38). Ainsi, lorsqu'il y a eu simple fracture, les épontes des filons se suivent pa--

rallèlement dans leurs ondulations, et la *plaque* de matière interposée offre partout une épaisseur à peu près égale ; mais le plus souvent il y a eu *faille* plus ou moins accusée; l'une des deux épontes a glissé en face de l'autre, et il en résulte des variations de puissance. Parfois même, en certains endroits (fig. 39), la fracture se referme complètement, en sorte que le gîte se compose de masses alignées suivant le *plan de fracture* : c'est ce qu'on appelle l'*allure en chapelet*, allure qui rend l'exploitation plus difficile. Généralement les filons vers leurs extrémités (en direction) se *resserrent* et se terminent en *coin* : ce qui est la terminaison naturelle d'une fente ; ou bien ils se perdent en se ramifiant, en se subdivisant en plusieurs branches. — Enfin il existe des filons métallifères *concordants*, simulant une couche contemporaine de la formation du terrain, quand les *feuillets* de la stratification ont été non pas brisés, mais décollés (fig. 14, p. 129). Les filons concordants sont bien plus irréguliers que les autres dans leur allure, parce que la fissure de décollement, se propageant suivant les joints des couches, a nécessairement suivi toutes leurs inflexions.

Groupement et relations des filons. — Lorsqu'il y a un filon dans une localité, il est bien rare qu'il soit seul. On comprend en effet qu'un mouvement du sol capable de produire une fente assez profonde pour pénétrer jusqu'aux foyers intérieurs ait le plus souvent déterminé plusieurs ruptures. Les filons vont donc ordinairement par groupes; les étendues sillonnées de la sorte sont appelées *champs de fracture*. Or une fêlure du sol se produit naturellement dans un sens *transversal à l'effort de traction* qui a tiraillé les couches rocheuses ; si donc, par suite d'un mouvement du sol, plusieurs fissures se sont produites, toutes seront ouvertes dans le même sens. En d'autres termes tous les filons *contemporains* d'une même région, dus à une même action, sont sensiblement parallèles et forment ce qu'on nomme un *système de fracture*.

La réciproque est vraie : les filons dirigés dans le même sens sont généralement contemporains. Toutefois cette induction souffre des exceptions, car on peut concevoir deux mouvements du sol se produisant successivement dans le même sens, et formant par suite des fractures successives de même direction : le cas est rare. Or des filons contemporains se rapportant d'ordinaire à une même action, il est naturel qu'ils soient analogues aussi dans leur composition, contiennent les mêmes minerais : raisonnement que la pratique justifie. On peut donc admettre, en règle générale, que les filons d'une certaine

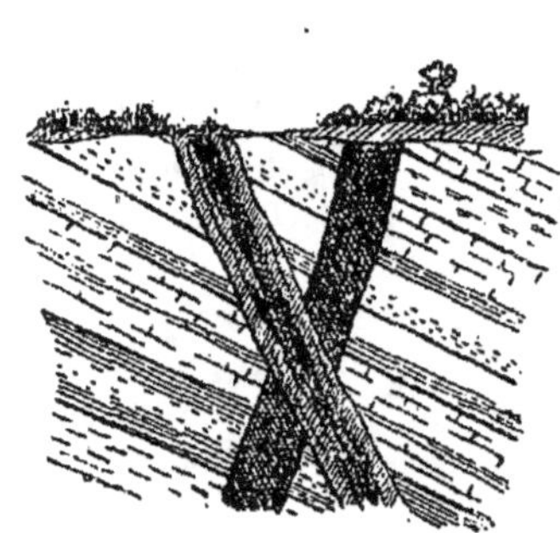

Fig. 40. — Filon croisé et filon croiseur (sans rejet).

Fig. 41. — Filon croisé (*bb*), rejeté par un filon croiseur (*aa*).

région ayant une même *orientation* appartiennent à un même système et sont constitués à peu près des mêmes minéraux; comme il y a grande chance que des filons différents de direction, appartenant à des époques différentes, soient divers aussi de nature.

Lorsque dans un même champ il existe des fractures en diverses directions, en des inclinaisons différentes, ces filons pourront se *croiser* : circonstance extrêmement commune. Dans ce cas, il y a lieu de distinguer le filon *croiseur* et le filon *croisé*. Deux filons se coupent : évidemment le plus ancien, déjà rempli, a été interrompu par la fracture qui a ouvert le plus moderne; et ce dernier (fig. 40) s'est comblé d'un remplissage continu, qui traverse, qui *recoupe* le premier. La chose est toujours nette et sans doute possible. De deux filons, celui qui croise, qui coupe l'autre, est le plus moderne; le plus ancien est celui qui est interrompu. Il peut arriver que l'un ou l'autre, le *croiseur* ou le *croisé*, soit un filon stérile, ou bien un *filet*, une simple fente sans épaisseur (fig. 43). Dans tous les cas, un phénomène peut se produire qui donne à ces rencontres une importance considérable dans la pratique : je veux dire une *faille*. Généralement dans la rencontre de deux filons il y a *faille* plus ou moins considérable; l'un deux — le plus ancien, évidemment — est *rejeté* (fig. 41) : un simple *filet* peut produire le même effet. Souvent, le filon *croisé* est simplement un peu disloqué : tout est bien alors; mais parfois aussi sa continuité est tout à fait interrompue. Il est coupé net à la faille; le mineur, qui suivait sa *veine*, se bute contre un mur de pierre... Que faire? Il faut aller à la recherche du filon perdu, égaré, rejeté peut-être bien loin. De pareils accidents étaient bien propres à dérouter le pauvre mineur d'autrefois, qui n'avait pas pour guide les théories modernes; il lui fallait conjecturer, aller à tâtons... Le filon est rejeté : où? Est-ce à droite? à gauche? au-dessus ou au-dessous? A quelle distance? N'est-il pas terminé là plutôt, et ne vais-je pas percer indéfiniment à travers la roche stérile? L'ingénieur de nos jours ne se laisse pas déconcerter. Il n'est même pas surpris. D'ordinaire, il s'attendait à l'accident; la faille était signalée. On allait à sa rencontre; la voilà. Pour le sens du rejet, tout d'abord, il y a une règle, qui neuf fois sur dix a raison; la *théorie* dite de *Schmitz :* « Le rejet a lieu le toit de la faille ayant glissé sur son mur. » C'est le sens naturel de glissement, la manière dont un objet pesant — ici la roche surplombante, celle du toit, descend sur le *plan incliné* qui le supporte — et qui en ce cas est le mur (fig. 43). Cependant, par suite des dislocations compliquées d'un sol accidenté, le mouvement contraire s'est produit parfois (fig. 42). Mais une étude attentive de la stratification et des accidents, la connaissance des théories géologiques, l'expérience des *allures* du filon et de tous ceux de la même localité, surtout l'examen des roches au toit et au mur de la fissure rejetante font presque toujours disparaître toute indécision. « Les géologues, disent les mineurs, voient

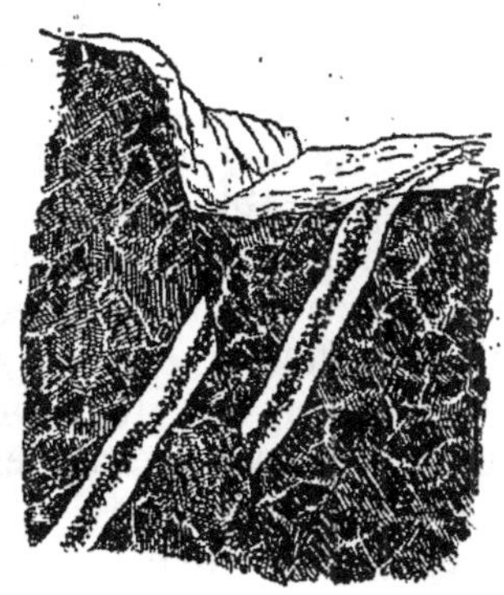

Fig. 42. — Couche de houille rejetée par une faille contre la théorie.

Fig. 43. — Filon rejeté par une faille suivant la théorie.

clair à travers la roche. » Sur leur indication, en effet, on va marcher droit, à travers les ténèbres et le mur opaque des roches, à la rencontre des prolongements du filon.

Très souvent, dans une localité donnée, il y a non seulement deux, mais trois, quatre systèmes de filons ou de fentes-failles, les unes recoupant et rejetant les autres de la façon la plus compliquée, — toujours suivant la loi des âges relatifs cependant; en sorte que le champ de fracture est littéralement haché dans tous les sens. A *Freyberg* (Saxe), dans une étendue de 18 kilomètres sur 7 environ, plus de 900 filons

12

ont été reconnus, — je ne parle pas des failles ni des filons stériles. En voilà un terrain qui a dû être secoué ! Vous n'imaginez pas quel treillis de hachures cela figure sur une carte. Il est vrai que c'est une localité exceptionnelle, le sol classique des mines, fouillé depuis 2000 ans au moins, je pense. Mais beaucoup de districts miniers, sans être aussi fracturés, offrent cependant de nombreux réseaux de filons : tels sont, par exemple, le district du Hartz, non moins célèbre que le précédent, et la riche Cornouaille anglaise. — Finissons par une observation relative à la géologie générale. Les fendillements locaux, avons-nous dit, se rattachent aux grands mouvements du sol qui ont donné aux continents leur configuration et leurs reliefs. Aussi non seulement les *filons d'un même âge*, dans un champ de fracture, sont parallèles entre eux; mais leurs ensembles affectent des directions générales parallèles aux grandes lignes de rupture de la couche terrestre, aux chaînes de montagnes. Chaque système de fissures contemporain du soulèvement d'une chaîne, et dû aux conséquences de ce soulèvement, est orienté dans le sens de la chaîne, axe du soulèvement. Ainsi les filons, faits de détails, sont en relation d'origine, d'âge et de direction avec les grands faits géologiques généraux : relations importantes non seulement au point de vue des théories de la terre, mais encore au point de vue tout pratique et industriel de la rencontre des minéraux : car c'est en s'aidant de ces considérations scientifiques que le mineur géologue connaît dans quelles localités, suivant quelles directions il doit pousser ses recherches. En voulez-vous un exemple bien curieux ? Au seul aspect de la carte, un géologue, sans sortir de son cabinet, avait prédit que des gîtes aurifères devaient se rencontrer sur les versants d'une chaîne d'Australie dont il étudiait la direction. Vous savez avec quel éclat les faits sont venus donner raison à ces inductions théoriques.

Remplissage des filons. — Le remplissage d'un filon

peut être l'effet de causes très diverses suivant le cas.
Tout d'abord, les fragments des roches encaissantes,
éboulés lors de la fracture, ont pu combler la fente
ouverte; ainsi sont constitués la plupart des *filons
stériles*. Même quand la fissure a été soumise à d'autres
modes de remplissage, il est très rare qu'on ne rencontre pas, enclavés au sein du filon même, les débris
plus ou moins abondants des épontes.

Imaginez que la fracture ouverte ait été envahie
par des eaux tenant en dissolution des matières
diverses, pierreuses ou métallifères; ces substances,
se déposant contre les parois de la fente, arriveront
avec le temps à la recombler entièrement. Une telle
action, lente, paisible, est éminemment propre à la
séparation des matières, à une sorte de triage naturel
qui les précipite ou les isole suivant leurs *affinités*.
Avez-vous vu le sucre se cristalliser contre les parois
d'une bouteille de sirop? Vous avez là une image du
phénomène. Les substances déposées s'attachaient
ainsi au toit et au mur de la fente, en croûtes cristallisées qui allaient augmentant d'épaisseur et ten-
daient à se rejoindre au milieu. — Mais d'où venaient
ces eaux si chargées de substances *incrustantes* et de
sels métalliques? De la surface? Se sont-elles intro-
duites *par en haut* dans les fractures ouvertes? — Parfois, en effet, les choses se sont ainsi passées. Jadis
même on attribuait à ce mode de remplissage *par
en haut* la formation de tous les filons; mais les
progrès de la science géologique ont modifié beaucoup cette ancienne théorie, formulée par l'Allemand
Werner. Il a été démontré que, le plus ordinairement, les matériaux de remplissage ont été introduits
dans les fractures non par en haut, mais par en bas;
qu'ils proviennent non de la surface, mais des profondeurs. Très souvent, néanmoins, c'est par les eaux
qu'ils ont été amenés, à l'état de dissolution; mais
par des eaux surgissant, toutes brûlantes, des abîmes
souterrains. Les eaux *thermales* (sources chaudes),
assez rares aujourd'hui et de médiocre importance,

étaient, aux anciennes époques géologiques, extrêmement abondantes et actives. Ces eaux provenaient bien
de la surface ; mais, depuis, elles avaient fait de longs
voyages : elles étaient descendues par un effrayant
dédale de voies tortueuses jusque vers les foyers
souterrains, jusqu'aux abîmes intérieurs, — ou tout
simplement elles avaient rencontré sur leur trajet
quelque masse éruptive non encore refroidie. Chauffées au contact des roches brûlantes, réduites en
vapeur ou maintenues liquides par d'énormes pressions, elles étaient dans les meilleures conditions
pour dissoudre, sur leur passage, les substances
pierreuses ou métalliques ; leur puissance dissolvante
était centuplée. Et voilà que, remontant vers la surface et se refroidissant à mesure, ces eaux ont in-
crusté aux parois des fissures qui leur servaient de
canaux ces matières qu'elles ne pouvaient plus tenir
dissoutes ; elles *incrustaient*, obstruaient graduellement les fractures, et finissaient souvent par les combler tout à fait.

En d'autres cas, la fracture ouverte a servi d'*évent*,
de soupirail à des émanations, à des vapeurs qui
s'élevaient des entrailles embrasées du globe ou des
masses éruptives brûlantes ; ces vapeurs se sont lentement condensées aux parois des conduits souterrains, — comme la suie s'attache aux parois d'une
cheminée... Nous avons déjà observé de semblables
incrustations se produisant après les éruptions, dans
le cratère des volcans demi refroidis, lorsque des
fumerolles ou jets de vapeurs s'exhalent encore du
sol fracturé. Les chimistes, contrefaisant la nature
pour surprendre ses procédés, ont pu, en opérant en
petit, mais d'après le même principe, reproduire dans
leurs fourneaux certains minéraux qui se rencontrent
communément dans les filons et qu'on n'avait pu
obtenir d'aucune autre manière : vérification après
coup qui vaut une preuve directe. Dans ce mode de
remplissage des filons, le plus commun très certainement, les eaux — mais cette fois à l'état de vapeur —

ont encore pu jouer un rôle considérable. Enfin, il
nous reste à parler des *filons éruptifs* proprement
dits. Nous avons vu les roches éruptives s'infiltrer
sous forme de lave coulante jusque dans les plus
minces fissures et former par le refroidissement des
dykes, de véritables filons rocheux. Il est difficile de
ne pas admettre que certains filons à minerais reconnaissent une semblable origine. Les matières métallifères auront alors surgi mélangées, dissoutes pour
ainsi dire dans le flot de la lave ardente, et se seront
plus ou moins isolées par le refroidissement comme
les minéraux pierreux eux-mêmes que l'on trouve
cristallisés au sein de la pâte rocheuse éruptive.

État et distribution des minerais. — Ces théories sur
les origines différentes des matières de remplissage
ont pour point d'appui l'examen de l'état, de la distribution, du groupement des minéraux dans les
filons. Une erreur à laquelle on incline volontiers
quand on n'a pas d'expérience dans la matière, serait de croire que les *minerais* constituent à peu près
à eux seuls la masse des gîtes exploités par le mineur,
remplissent, par exemple, la fente du filon. C'est là
un cas extrêmement rare, au contraire, — sauf lorsqu'il s'agit de certains minerais de fer. Presque toujours la plus grande partie du vide est comblée de
matières pierreuses stériles, au milieu desquelles le
minerai occupe une place beaucoup moindre. Ces
matières pierreuses sont ce qu'on nomme la *gangue*.
Le plus souvent la gangue est formée de *quartz*, plus
ou moins confusément cristallisé, parfois en beaux
cristaux très nets; d'autres fois, c'est de la *chaux
carbonatée*, ou bien encore deux autres substances, la
baryte sulfatée et le *spath fluor*, en masses cristallines
teintées de couleurs variées. — Ajoutez les débris
plus ou moins abondants des *épontes*, qui parfois
constituent une partie importante du remplissage.
Au milieu de tous ces matériaux stériles, le minerai
est réparti, tantôt en fragments, en noyaux disséminés, tantôt en *veines*, en *rubans*, en *plaques*, ou

formant comme un filon de moindre puissance inclus dans le grand filon.

Toutes les circonstances du gisement des minerais et de la constitution des filons s'expliquent lorsqu'on se reporte au mode de formation de ceux-ci. Il faut d'abord observer que, d'une manière générale, toutes ·les matières des filons (sauf les débris des roches encaissantes), gangues ou minerais, sont à l'état *cristallisé :* condition que la chimie démontre en rapport avec ce que nous avons dit de leur origine. La distribution de ces mêmes matériaux dans la fente n'est pas moins expressive. — Raisonnons pour le cas idéal d'une régularité parfaite ; nous ferons ensuite la part des accidents. Imaginez une fente servant de conduit à des vapeurs émanées des profondeurs brûlantes : les matières diversement combinées vont constituer des minéraux qui se cristalliseront, accolés aux deux parois. Si pendant la période de temps que dure le remplissage les émanations, les vapeurs ont changé de nature, il y a plusieurs phases successives de dépôt. Les incrustations successivement produites, plus ou moins différentes de nature, vont former, à la fois au toit et au mur des encroûtements superposés, qui iront se rapprochant jusqu'à ce qu'ils viennent se toucher. Cette superposition de couches distinctes, *symétriques,* c'est-à-dire semblables des deux côtés à partir du milieu du filon, est ce qu'on appelle la structure *rubannée,* parce que dans la coupe du filon tranché transversalement elle montre comme une série de filets de teintes diverses. Or cette structure rubannée est justement la structure normale des filons-fentes. Là où rien ne la dérange, elle apparaît parfois avec une netteté parfaite. « On n'eût pas mieux fait avec un compas ! » s'écriait un jour Werner admirant un des beaux filons du Hartz. De ces couches superposées qui se distinguent par leurs nuances et leur texture, les unes sont formées de gangue, les autres de minerais purs ou de minerais et de gangue intimement associés, indiquant que le courant de

vapeurs métallifères a subi des intermittences. Il y a
donc pour ainsi dire plusieurs filons dans un filon ;
représentez-vous des rubans (ou mieux des toiles) dé-
roulés dans la fente, à travers les gangues, suivant
parallèlement les légères ondulations de la fracture.
Maintenant, il est bien entendu que cet idéal de régularité géométrique ne se réalise jamais absolument.
Les inégalités des fractures, les éboulements, d'autres
accidents encore, enfin la simple irrégularité d'action
due aux complications des causes, interviendront et
se traduiront par des inégalités de structure. Le plus
souvent la continuité des zones métallifères sera plus
ou moins interrompue ; parfois, la structure rubannée
paraîtra à peine ou même sera totalement dissimulée ;
et alors les minerais se montreront disséminés dans
le plan du filon en noyaux, en plaques, ou entassés
en amas irréguliers dans quelque anfractuosité des
épontes. Même dans les filons les plus réguliers, les
rubans doivent être compris comme de larges traînées aplaties suivant le plan du filon, plus ou moins
découpées et ramifiées, courant obliquement dans la
fente elle-même inclinée, et *montant de fond*, continus
seulement dans le sens de la profondeur. Il suit de là
que la richesse d'un filon varie à mesure qu'on avance,
tant en direction qu'en profondeur. Si certains filons
sont assez constants de composition, en d'autres les
parties pauvres ou même stériles alternent avec les
parties riches, les parties *étranglées* avec les parties
renflées, et ces alternatives ne peuvent pas toujours
être prévues. Citons encore un trait remarquable de
beaucoup de filons : c'est que la masse de remplissage, gangue et minerais, s'est isolée du toit et du
mur par deux minces couches d'argile appelées *sal-
bandes;* circonstance favorable à l'exploitation en ce
qu'elle facilite le *dépouillement* du gîte.

Un filon parfois ne contient, en outre de ses gangues, qu'une seule espèce de minerai; les gîtes d'oxyde
d'étain sont ordinairement dans ce cas. Mais il est
plus ordinaire de rencontrer, surtout dans les parties

supérieures des gîtes, plusieurs minerais associés. Tantôt ce sont des composés différents du même métal : ainsi on rencontrera dans le même filon le *cuivre natif*, le *cuivre carbonaté bleu* et le *cuivre carbonaté vert*, le *cuivre phosphaté*, le *cuivre sulfuré gris* et les diverses espèces de *sulfures cuivreux*. Plus souvent encore les minerais qui s'accompagnent appartiennent à des métaux différents. Il y a de ces métaux qui semblent avoir une affinité étroite, et qui vont le plus souvent ensemble. Voyez-vous l'un? l'autre n'est pas loin. Là où est le plomb, là est aussi l'argent : toujours le minerai de plomb est plus ou moins argentifère. L'or accompagne volontiers le *sulfure de fer*. Avec l'or se montre le *platine*. Mais ce qu'il y a de plus remarquable, c'est la tendance générale des *minerais sulfurés*, la *blende* (zinc sulfuré), la *galène* (plomb sulfuré), la *pyrite de fer* et les *pyrites cuivreuses* (fer et cuivre sulfurés), l'argent sulfuré, etc., etc., à s'associer par deux, par trois, quatre, cinq, dans les filons. Sur un point donné, l'un est le minerai dominant, les autres sont les *subordonnés*. Mais la proportion varie ; et parfois même les rôles se renversent. Il est arrivé que telle mine, ouverte à titre de mine de plomb, continue son exploitation en qualité de mine de cuivre. — Un fait très remarquable, c'est que les minerais variés, *oxydés*, *chlorurés*, *carbonatés*, *phosphatés*, etc., à mesure qu'on avance en profondeur, diminuent de proportion et tendent à être remplacés graduellement par les *sulfures*. Ces minerais par excellence sont probablement les seuls qu'on puisse rencontrer au delà d'une certaine profondeur non encore atteinte, tandis que les autres apparaîtraient seulement vers la partie plus superficielle des fractures.

Gîtes de fracture irréguliers. — Nous nous sommes arrêtés à décrire avec quelques détails les allures des filons et le mode de distribution des minerais qui les remplissent : c'est tout d'abord à cause de l'importance des gîtes de cette nature, les plus fréquents de beaucoup parmi les gîtes métallifères ; mais c'est aussi parce que la régularité relative de leur structure met mieux en lumière les faits généraux de la formation des accumulations métallifères ; lesquels faits étant bien compris, l'étude des autres *gîtes de fracture* devient pour nous simple et rapide. Les gîtes de fracture dits *irréguliers* ne diffèrent, en effet, des filons proprement dits que par cette irrégularité même ; et ce que nous avons dit, notamment, du remplissage des filons s'applique à ceux-ci, sauf la part, la très large part à faire aux conséquences de l'inégalité de structure. Parmi les gîtes irréguliers nous distinguerons d'abord les *veines* ou *filons de contact*, très analogues aux filons-fentes, dont ils diffèrent seulement par leur allure irrégulière : ils se soustraient à toutes les lois de continuité, de direction, de parallélisme auxquelles les premiers sont assujettis. Leur fracture est moins *suivie*, plus courte, très inégale en puissance, très contournée, recoupée, ramifiée, accidentée de mille manières impossibles à prévoir. Quand la masse de minerai affecte une forme tout à fait indéterminée, elle retient le nom vague d'*amas*, et la cavité qu'elle remplit prend souvent celui de *sac* ou de *poche*. Parfois, la masse d'une roche est parcourue par de nombreuses et étroites *veinules* (petites veines) métallifères qui se croisent dans tous les sens : un tel gîte a reçu des Allemands le nom de *stockwerk*, c'est-à-dire à peu près *ouvrage en bloc*, désignation qui exprime l'impossibilité d'extraire le minerai autrement qu'en abattant en masse la roche encaissante elle-même. Cette formation représente évidemment le cas d'une roche toute disloquée par de nombreuses et irrégulières fractures, de telle sorte qu'elle ressemble à un amas éboulé ; puis les incrustations métalliques ont rempli les fissures multipliées et ressoudé le bloc, jouant ainsi le rôle de ciment.

Enfin quelquefois les émanations métalliques, s'insinuant par les fissures naturelles de la roche, pénétrant dans ses pores, l'ont imprégnée dans son entier, en sorte que la roche même est devenue un minerai plus ou moins riche : ces sortes de gîtes n'ont pas reçu, que je sache, de nom particulièrement consacré : on devrait les désigner sous celui de *gîtes de pénétration.* Tous ces gîtes irréguliers dont nous parlons ont un trait commun qui rend bien compte de leur irrégularité même et de tous leurs caractères. C'est leur situation *au contact* des roches éruptives ou soulevées et des roches stratifiées (métamorphiques, par conséquent, presque toujours), le long des arêtes de soulèvement, c'est-à-dire sur les points du sol les plus tourmentés, et par les secousses et par le feu. Imaginez qu'une profonde fracture se forme, avec dislocation des couches, éruption de masses brûlantes, enfin tous les phénomènes d'un soulèvement.

Fig. 44. — Gîte de contact, dans la roche massive et dans les couches accidentées par le soulèvement.

Des deux côtés, sur les versants, à certaine distance, les couches relevées ont dû se fracturer, et des séries de fissures se sont formées à peu près régulières, parallèles à l'*arête* du soulèvement ; ce sont des filons réguliers. Mais plus près de cette arête, au contact des roches éruptives même, dans la partie la plus bouleversée, la plus violemment fracturée, les vides produits par les éboulements des roches ont nécessairement été beaucoup plus irréguliers de forme, de direction. Que des émanations métalliques, se faisant jour comme par des cheminées tortueuses à travers ces vides ouverts au contact des roches éruptives et des couches de dépôt soulevées, viennent remplir les anfractuosités, vous avez les gîtes irréguliers de forme diverse, dits *de contact.* — Ces sortes d'accumulation

métallifères, veines, amas de contact, stockwerks,
gîtes de pénétration, se rencontrent en effet, soit *au
contact* même, c'est-à-dire à la limite entre la roche
éruptive et la roche stratifiée, soit dans l'une ou l'autre
des deux, mais toujours à peu de distance du contact.
Le plus ordinairement, c'est dans la roche stratifiée,
dans la partie passée à l'état métamorphique, à peu
de distance de la roche éruptive et sous son influence,
que se sont produits les phénomènes de remplissage
ou de pénétration qui ont donné naissance à ces gîtes.
— Les gîtes en amas sont parfois d'une très grande
puissance, de 10, 15, 20 mètres ; il y en a qui ont
jusqu'à 100 mètres d'épaisseur. En compensation leur
longueur est beaucoup moindre, et souvent ils se
rétrécissent et s'épuisent rapidement en profondeur.
Leur remplissage est aussi très irrégulier ; les substances métallifères et les gangues, les débris des roches encaissantes s'y entremêlent souvent d'une façon
confuse ; les minerais y sont assez généralement à
l'état compact ou terreux, non à l'état cristallisé
comme dans les filons. C'est dans les gisements de
cette sorte qu'on rencontre les plus belles accumulations de minerais, parfois des blocs d'une dimension
énorme, d'une pureté parfaite. Mais ces gîtes, jetés
pour ainsi dire en désordre, sont beaucoup plus difficiles à suivre que les filons ; ils se renflent ou s'étran-
glent brusquement, et si un accident les interrompt, ce
qui est fort commun, il est beaucoup plus hasardeux
d'en retrouver la trace. Aux parties riches succè-
dent des parties complètement stériles, sans que rien
puisse faire prévoir ces alternances ni diriger le mineur vers les endroits les plus productifs. L'exploitation marche donc beaucoup au hasard, et sa direction se complique de grandes incertitudes.
Certains amas irréguliers, en relation avec des éruptions de roches, doivent eux-mêmes être considérés
comme *gîtes éruptifs*. Tantôt le minerai paraît s'être
épanché à travers des couches de dépôt à la manière
des laves, en fusion pâteuse, dans les fentes et les

vides : c'est le cas de certains minerais de fer. D'autres fois c'est dans la roche éruptive elle-même que l'amas est enclavé; celle-ci alors est apparue entraînant dans son soulèvement la masse de minerai englobée. Plus souvent elle est dans certaines parties intimement mélangée de substances métalliques disséminées dans sa masse : tels sont certains *typhons* granitiques éruptifs où des cristaux d'oxyde d'étain brillent parmi les éléments de la roche.

Recherche des gites. — La découverte des gîtes exploitables a été, jusqu'aux temps modernes, le fait du hasard. Devait-il abandonner le terrain connu ou signalé par de lointaines traditions, le mineur s'en allait cherchant les affleurements, guidé par quelques observations empiriques, par la connaissance acquise de la localité ou le souvenir de localités analogues, ou sur la foi d'indices plus ou moins vagues. C'est seulement depuis qu'il existe une science géologique qu'il peut exister une méthode rationnelle d'investigation. L'existence, la composition, la forme des gites sont en relation étroite avec la composition et l'âge des terrains, la nature des roches, l'époque et la direction des accidents. La recherche des minéraux utiles est devenue une dépendance de l'étude géologique du sol; c'est pourquoi ce que nous avons à dire des procédés d'exploration sur le terrain doit être reporté après l'exposé sommaire que nous nous proposons de faire de l'histoire du sol lui-même (*Epoques et Terrains*).

C. D.

Paris, le 10 juin 1880.

MINES

ET CARRIÈRES

A

M. PROAL

BIBLIOTHÉCAIRE A L'ÉCOLE CENTRALE DES ARTS
ET MANUFACTURES

Entrée de la mine de Dannemora (Suède).

MINES
ET CARRIÈRES

PAR

C. DELON

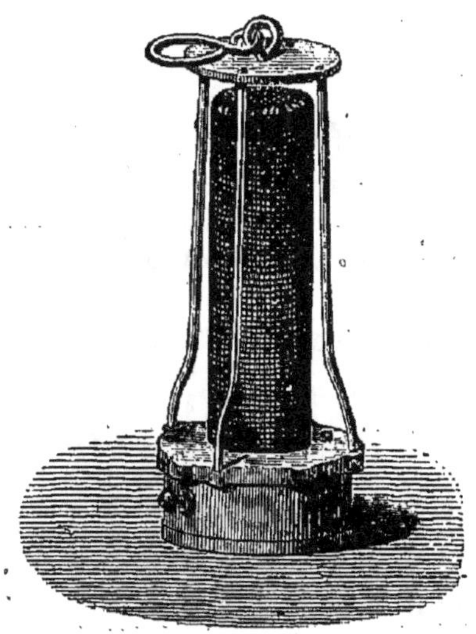

Ouvrage contenant 37 figures

DEUXIÈME ÉDITION

PARIS

LIBRAIRIE HACHETTE ET Cie

79, BOULEVARD SAINT-GERMAIN, 79

1882

TABLE

MINES ET CARRIÈRES

PREMIÈRE PARTIE

HISTORIQUE

Introduction.

Ce sol que nous foulons d'un pas distrait, que la végétation nous dérobe sous son manteau de verdure et dont l'agriculteur égratigne à peine l'épiderme, deux hommes vont le fouillant profondément, l'interrogeant d'un œil scrutateur et d'un esprit tendu, s'efforçant de lire à travers ses entrailles : le *Géologue*, le *Mineur*. L'un, le savant, entend lui arracher les secrets de sa structure intime, mettre à nu l'architecture de ses puissantes assises ; et déchiffrant leurs lignes brisées comme des caractères mystérieux, audacieusement il épelle, mot à mot, lettre à lettre, l'*Histoire des origines et des révolutions du globe*. Indifférent, ce semble, aux richesses que la terre renferme dans son sein, il regarde du même œil le simple caillou, la *pépite* précieuse. Ces richesses, le mineur, lui, veut les ravir. Semblable aux héros des légendes antiques qui combattaient des dragons effroyables, gardiens des trésors cachés, il entreprend une lutte acharnée contre les roches rebelles, les eaux envahissantes, les émanations perfides ; pour dérober dans les profondeurs la veine métallique

1

luisante il brave les dangers, les frayeurs souterraines qui en défendent les approches. Des milliers d'années avant qu'il y eût une science qui pût s'intituler *Géologie*, Science de la Terre, le mineur avait ouvert sa brèche dans le rocher. Mais, réduit à quelques traditions routinières, le pauvre fouilleur allait à peu près à l'aventure ; il attaquait, à tout hasard, le *gîte* que le hasard lui avait fait découvrir, et poussait son sillon à fleur de terre. Que d'insuccès ! que de déceptions ! Combien de fois il s'arrêta découragé, au moment où son pic allait mettre au jour la plus riche veine ; combien de fois il passa à côté du filon, tandis qu'il poursuivait à grands frais, à grand labeur, quelque *faille* stérile ! — Aujourd'hui l'*art des mines* ne va plus sans la *science géologique*, la pratique sans la théorie. La géologie révèle au mineur la structure profonde du sol, le mode de formation des gîtes métallifères, les lois de leur *allure* ; elle le guide à la recherche de l'inconnu, lui fait retrouver le filon égaré ; elle le fait, comme le lynx des fables antiques, voir à travers le rocher. Le théoricien et le praticien se résument ici dans l'unique personne de l'ingénieur moderne, directeur des travaux ; il n'est pas de mesure à prendre, de problème à résoudre, que celui-ci ne doive faire à la fois appel à ses connaissances de géologue, à son expérience de mineur. Toutefois on peut distinguer, lorsqu'il s'agit de l'étude, le domaine de la théorie de celui de la pratique. La recherche des gîtes, les problèmes de la poursuite des filons, en un mot la haute stratégie de l'attaque appartient surtout à la *science ;* l'organisation des travaux, la disposition des appareils, les mesures prises contre les dangers, tout ce qui est combinaison de moyens pour arriver au but, constitue un *art*. C'est à ce dernier point de vue que nous nous placerons. Si importante que soit pour la pratique même la connaissance de la structure du sol, de la nature et du mode de gisement des minerais, si attrayante que soit cette étude, resserrés dans d'étroites limites nous sommes obligés d'en faire le plus possible abstraction. Le mode de formation des roches, l'histoire des révolutions que le sol a subies dans les soulèvements des continents et des montagnes, l'origine des gîtes métallifères et les lois de leur allure, les procédés de leur recherche, font la matière d'un ouvrage à part, qui, à bien des égards, devra être considéré comme la préface de celui-ci [1]. Dans ce qui va suivre, c'est de l'EXPLOITATION qu'il s'agira. — Esquissons d'abord une page d'histoire.

Les âges primitifs. Il y a un siècle, d'où datait l'histoire? Que savait l'homme de son passé lointain? Avant l'*histoire écrite*, si récente, héritage exclusif de trois ou quatre peuples plus avancés en civilisation, des traditions vagues, des légendes, des mythologies... et puis au delà, nuit close : la nuit des temps. L'homme pouvait se croire d'hier. Mais voilà qu'explorant le terrain, cherchant toute autre chose, un jour la science moderne découvre, dans un lieu désert, l'entrée éboulée d'une caverne. Là, des ossements épars sur le sol; quatre pierres calcinées, des charbons éteints : la voûte est noircie par la fumée. — Des hommes ont habité ici. On fouille. Sous la croûte durcie par de lentes infiltrations, on rencontre des éclats de pierre taillée, des outils étranges, grossiers, comme ceux des peuplades sauvages les plus dégradées; des ossements encore, des ossements humains mêlés à ceux d'animaux qui n'existent plus sur la face de la terre. Tous ces débris parlent; ils disent une antiquité si lointaine qu'on est effrayé : on n'ose croire. Et comme pour répondre à ce doute, voilà que de toutes parts surgissent de semblables témoins : des cavernes, des lieux de campement par centaines; par centaines de mille les outils d'os ou de pierre, les débris de toute sorte. La terre rend les ossements, ensevelis sous des couches lentement accumulées d'alluvions. On trouve jusqu'à des sculptures grossières,

1. *Le Sol,* Roches et Minerais.

des dessins sur la pierre et l'os ; et parmi ces dessins en voilà qui représentent ces êtres, vivants alors, aujourd'hui disparus, les animaux d'une époque géologique passée! Chaque nouvelle découverte fait reculer, reculer encore les dates. Les fouilles se multiplient, les documents s'accumulent; et déjà la science en les interprétant, ose esquisser d'un trait ferme le tableau de l'industrie rudimentaire, des mœurs féroces, de toute l'existence obscure et misérable de notre vieil ancêtre, le contemporain des espèces perdues, l'*Homme des Cavernes*. Représentez-vous-le sauvage entre les sauvages, demi-nu sous un climat changeant et rude, laid, sale, errant et farouche, l'œil hagard, guettant sa proie derrière un buisson — ou bien, dans l'ombre de son repaire, assis sur la terre nue avec sa femelle et ses petits, déchirant à belles dents la chair saignante, à peine présentée à la flamme ; réduit parfois à briser entre deux pierres, pour en dévorer la moëlle, les os rongés par les hyènes... Ah! nous en avions rêvé autrement ; mais les témoins sont là, irrécusables, incorruptibles. La nature a été dure pour l'homme. La terre ne lui offrira point des fruits d'or, le ciel ne lui versera point, dans un rayon de lumière, l'intelligence et la beauté. Les génies ailés des légendes orientales ne descendront point sur les nuages enflammés du matin pour l'instruire et lui révéler les secrets de sa destinée; ni les dieux ne viendront converser avec lui sous des ombrages édéniques. Qu'il se sauve donc lui-même, s'il peut ; que par ses propres efforts il élargisse sa vie et délivre sa pensée. Qu'il souffre, qu'il lutte, qu'il *travaille!*

Mais pour lutter il faut des armes ; pour travailler, il faut des outils. Au pauvre habitant de la noire maison du rocher, il manque l'outil ; il manque, surtout, la *matière première* d'un bon outil. Le métal lui est inconnu. Il a le bois, trop mou; l'os, trop fragile. Il a surtout la pierre : des éclats de pierre tranchants détachés par le choc d'un bloc de silex. Un de ces éclats, large, plat, aux bords aigus, emmanché d'une

branche fendue, voilà la *hache* primitive, instrument
grossier et pour ainsi dire universel, arme à la fois
et outil; arme pour la chasse et la guerre, outil pour
entamer le bois. Cet autre fragment, plus épais, emmanché de même, c'est un *marteau*; en voici un
autre plus petit, mince, tranchant au bord : c'est un
couteau pour dépecer les chairs de l'animal tué à la
chasse, un *grattoir* pour gratter les os, pour râcler la
peau. Un éclat pointu est un *perçoir*; cet autre, den-
telé sur les bords, c'est une *scie,* pour entamer l'os
ou la corne. Le travail est digne des outils; le développement intellectuel et moral est au niveau de
cette industrie rudimentaire. Allez dans quelque île
perdue de l'Océanie, au rivages de la Terre de Feu ou
du sud de l'Australie, où l'homme est encore pour
l'homme un gibier... et vous verrez là le tableau d'un
état social analogue à celui de nos pauvres aïeux.
« Cependant, aux prises avec les nécessités matérielles, sous l'aiguillon de la faim, du froid, de la dou-
leur, de la crainte, l'homme trouva dans cette lutte
même une occasion de développement forcé et de progrès. Lent progrès! car il faut des siècles et des siècles
pour que l'amélioration graduelle de l'état général
s'accuse par une transformation du travail et de l'outillage, et qu'au primitif *âge de la pierre éclatée* [1] succède le 2e âge, l'*âge de la pierre polie* [2], quand notre
sauvage ancêtre eut inventé d'user et de polir sur le
grès le tranchant de sa hache de pierre. Alors aussi
il sait se construire une cabane, quelques ustensiles
indispensables; il sait pétrir l'argile et en façonner
des vases, tordre le chanvre en fil, tresser des rêts
pour la pêche et fabriquer des tissus grossiers. Il a
réduit en domesticité quelques animaux, essayé les
premières cultures sous un ciel devenu plus clément.
C'est la seconde étape de l'humanité. » (*Le Cuivre*).

Premier travail d'extraction de la pierre. A ces lointaines époques, la matière *première* des outils princi-

1. Période paléolithique. 2. Période néolithique.

paux étant, non pas le métal, mais la pierre dure, la première brèche ouverte par l'homme dans le flanc du rocher fut donc, non pas une *mine*, mais une *carrière*. Dans nos contrées de l'Europe occidentale, les mieux étudiées à cet égard, les plus soigneusement fouillées, en France, en Suisse, en Belgique, la pierre presque exclusivement employée pour les instruments tranchants était le *silex,* la *pierre à fusil* vulgaire. Le silex est extrêmement répandu; on le trouve à l'état de cailloux roulés dans le lit de beaucoup de rivières, sur certaines plages maritimes. Il se rencontre surtout en abondance à l'état de gros *rognons* ou noyaux irrégulièrement arron dis, enclavés dans la masse d'une roche très-tendre, la *craie*, qui forme le sol de très-vastes contrées. Cette circonstance était singulièrement favorable à nos premiers travailleurs, à qui elle facilitait beaucoup l'extraction. Aussi rencontre-t-on, notamment en France et en Belgique, aux lieux où le silex se montrait dans des conditions commodes, les traces nombreuses de ces primitives carrières. Les travaux devaient être d'une extrême simplicité. Au flanc d'un escarpement on attaquait la roche de craie par le choc des marteaux de pierre; on l'ébranlait, on la faisait ébouler en introduisant dans les fissures la pointe de leviers de bois durcis au feu. La roche fendait assez facilement, s'écroulait, entraînant et mettant à nu les durs noyaux de silex. Mais il fallait autant que possibleque la pierre fût taillée sur les lieux mêmes; carle silex, qui se fend assez régulièrement par le choc au sortir de la carrière, au bout de quelque temps d'exposition à l'air acquiert une dureté extrême, et devient rebelle à la taille. Auprès de la carrière se formèrent donc tout naturellement des *ateliers* pour la taille du silex : entendez des ateliers sous le ciel... Sur ces *stations* de travail on rencontre par milliers et milliers des éclats ébauchés, des outils rompus, manqués, rejetés : les outils achevés y sont rares; on les emportait à mesure. On y rencontre les noyaux de silex dont les éclats ont été enlevés, les marteaux de pierre qui servaient à les détacher. — Essayez de vous retracer le tableau d'une de ces usines primitives : là, ces pauvres carriers sans pic ni pioche, avec leurs pieux appointis, leurs marteaux de pierre... cela peut s'appeler arracher la roche avec les ongles ; ici les tailleurs de silex, accroupis sur le sol, entourés de monceaux de débris. Assujétissant d'une main le bloc dont ils veulent détacher des éclats, de l'autre ils tiennent la pierre arrondie qui leur sert de marteau. Les plus habiles retaillent à petits coups les fragments ébauchés, faisant le tranchant à la hache, les dentelures au racloir. Sans doute, première étape de la division du travail, les ouvriers spécialisés dans cette fabrication faisaient de leurs produits un commerce d'échange ; ils fournissaient la peuplade des instruments indispensables, et en retour recevaient des vivres, des vêtements de peau. — A l'époque de la *pierre polie*, les procédés d'extraction dans la carrière, en l'absence du métal, ne pouvaient guère progresser ; seulement, au travail de la taille s'adjoignait l'industrie des polisseurs, qui usaient et dressaient sur un bloc de grès les objets que les tailleurs de pierre leur livraient ébauchés.

Quand on songe à cette relation nécessaire qui existe entre le degré de développement industriel chez un peuple et les conditions de l'état social, on voit assez que l'insuffisance de tels outils, ou plutôt la nature imparfaite et rebelle de la matière première de l'outil, eût suffi à entraver tout perfectionnement dans le travail, par suite à enrayer l'*évolution* progressive de l'intelligence humaine. « La force intérieure qui pousse l'ensemble de l'humanité dans les voies d'un progrès indéfini pouvait-elle se briser contre un tel obstacle ? Répondons hardiment : non. Mais la condition nécessaire d'un nouveau pas en avant était la conquête d'un instrument de travail plus parfait. » (*Le Fer.*) Les destinées de l'humanité entraient dans une nouvelle phase par la découverte du métal.

L'Age de bronze. — Faisons cette concession aux poètes que l'or ait le premier attiré les regards par son éclat : c'est probable, du reste. Mais le premier *métal usuel* découvert fut le *cuivre*. Trop mou, trop peu résistant, il fut d'un faible secours pour l'antique travailleur, jusqu'à ce qu'on eût inventé de lui donner la dureté qui lui faisait faute en l'alliant avec l'*étain*. Le *bronze* alors fut connu et mérita de donner son nom à toute une longue époque. Nulle plus grande découverte, plus féconde. Le bronze, en effet, est un alliage résistant, tenace, susceptible d'acquérir, avec une grande dureté, un tranchant vif et fin. Beaucoup moins rebelle que le cuivre lui-même à l'action du feu, il se travaille facilement par voie de fusion et de moulage ; il peut être martelé, ciselé. — On le fondait dans des creusets de terre, on le coulait dans des moules de sable, on l'amincissait par le martelage, on lui faisait le tranchant sur le grès, on le polissait avec du sable fin, on le ciselait avec l'angle aigu d'une pierre dure. Pour la première fois l'homme put avoir entre les mains un outil digne de ce nom. — Il le tient enfin, son talisman, son arme dans les luttes du travail. « Par cela seul toutes les conditions de l'existence vont être changées. Le développement général, qui va toujours de pair avec le progrès du travail, va recevoir une impulsion immense. L'*âge de bronze*, en effet, marque la transition de la sauvagerie à un état de barbarie qui déjà de loin tend vers la civilisation. Une grande révolution est accomplie, un pas décisif est franchi. » (*Le Cuivre*). Plus tard encore l'époque historique est près de s'ouvrir avec le quatrième âge, l'*Age de fer*, quand l'homme enfin se fut emparé du précieux, de l'inestimable métal. — Et maintenant si vous demandez en quels lieux de la terre s'accomplirent ces mémorables conquêtes, tournez-vous vers l'Orient, le berceau des sociétés humaines, vers la mystérieuse Asie, la terre des dieux et des héros. A une époque où nos aïeux européens étaient encore plongés dans la nuit de l'âge de pierre, l'aurore d'une civilisation commençante brillait pour les *Aryas* d'Asie. Ces vieux Hindous, possesseurs d'armes et d'outils de fer et d'acier, dont les poèmes, remontant à une antiquité prodigieuse, parlent déjà de coupes d'or ciselées, de bassins de bronze, étaient un rameau de cette noble et féconde race Aryenne, qui vers la fin de l'âge de pierre se répandit sur nos terres occidentales. « Ce fut comme un déluge d'hommes qui s'épancha des hauts plateaux de l'Asie, et graduellement, le flot poussant le flot, submergea pour ainsi dire les anciennes populations. » Avec leurs émigrations, leurs conquêtes, leur influence, la civilisation, marchant dans le sens du soleil, gagna lentement vers le couchant. Elle illumina d'abord la belle et jeune Grèce, puis l'Italie, avant de rayonner vers le Nord et l'extrême Occident. — La Phénicie et l'antique Egypte avaient aussi devancé de bien des siècles les populations européennes.

Dire que le métal est découvert, c'est dire que des mines sont ouvertes. Mais aussi montrer toute la portée de cette conquête de l'instrument de travail par excellence, c'est mettre en lumière le rôle immense du mineur. A ces époques décisives, le travail minier nous apparaît donc comme l'élément essentiel du progrès des sociétés naissantes. L'extension de l'industrie, l'amélioration de la condition physique et sociale, l'évolution des mœurs, le développement même de l'intelligence humaine, « la délivrance de la pensée, qu'opprimait le poids des nécessités matérielles premières », tout se trouve à un moment donné dépendre indirectement de la quantité plus ou moins grande de cuivre ou de fer que l'homme saura arracher du sein de la terre. Evidemment, une somme énorme d'efforts, toute l'activité, toute l'industrie des hommes les plus énergiques dut se dépenser à cette œuvre; et cela rend compte de la vaste étendue relative de ces anciens travaux. Pourtant quel rude labeur, pour le pauvre mineur de l'âge de bronze surtout, et combien il lui fallut, à cet obscur lutteur, de courage et d'acharnement héroïque ! Les roches où gisent les minerais de cuivre sont généralement très-dures. Sans doute l'ouvrier pouvait déjà s'aider de quelques coins de bronze, de pics, de masses de bronze peut-être. Mais le métal était si précieux qu'on l'épargnait le plus possible ; les mineurs de ce temps se servaient encore de marteaux de pierre, car quelques-uns de ces grossiers outils ont été retrouvés en Espagne, en Italie, en France, dans des excavations datant de l'âge de bronze. — La percée cheminait lentement, tortueuse, irrégulière ; elle ne pouvait gagner en profondeur, car bientôt l'envahissement des eaux venait mettre obstacle au travail. Forcés de se tenir pour ainsi dire à fleur de sol, les hommes de l'âge de bronze et de l'âge suivant recherchèrent avec grand soin et épuisèrent les *affleurements* (parties superficielles) des gîtes de cuivre, du moins ceux des minerais qu'ils savaient exploiter : ce qui explique pourquoi, sur toute la surface des continents jadis habités par eux, la découverte de ces mêmes sortes de minerais est aujourd'hui rare et difficile. — Mais lorsqu'enfin le fer fut connu, toutes ces conditions furent changées : l'outillage, d'abord. Le mineur eut griffes et dents ; je veux dire des coins de fer, des leviers de fer, des pics, des pioches, des pelles, — tout l'attirail enfin du mineur moderne, sauf la poudre. D'autre part, les minerais de fer sont extrêmement abondants, se présentent en amas puissants ; un grand nombre de ces gîtes sont facilement accessibles, ou même tout à fait superficiels. Sans pouvoir donc gagner beaucoup en profondeur, les exploitations se multiplièrent, s'étendirent en surface et prirent de très-vastes proportions. Beaucoup de ces anciennes mines forment des vides immenses ; et les débris, les *scories* de la fabrication accumulées aux environs, de véritables collines ; témoignage d'une longue période et d'une grande activité de travail. — Remarquons enfin que depuis le fer seulement l'extraction et la taille de la pierre étant devenues faciles, celle-ci put prendre le grand rôle dans la construction : l'*Architecture* put naître; à l'âge de bronze on construisait en bois, en argile. C'est donc depuis le fer seulement que les *carrières* aussi prirent toute leur importance.

Travail des mines et des carrières dans l'antiquité historique.

Au moment où l'histoire commence pour les peuples de l'antiquité classique, nous les trouvons déjà depuis longtemps en possession du fer; les travaux des mines et des carrières sont organisés sur une vaste échelle. Il suffit de prononcer quelqu'un de ces grands noms, qui font apparaître du fond de l'histoire encore demi-fabuleuse les villes-fantômes de Ninive, de Babylone, de Memphis, ou de relever en imagination les palais des Darius et des Xerxès, les palais de Khorsabad qui sortent aujourd'hui de la poussière du désert avec leurs inscriptions, leurs sculptures, leurs colosses; ou bien de songer aux temples merveilleux de l'antique Egypte, avec leurs majestueux *pylones*, leurs statues colossales, leurs obélisques *monolithes* (d'une seule pierre), leurs avenues de sphinx taillés dans le porphyre et le granit; avec leurs tombeaux de pierre chargés d'*hiéroglyphes*; — il suffit, dis-je, de rappeler ces souvenirs pour conclure que l'art d'extraire et de tailler la pierre devait être alors porté à un haut degré de perfection et d'activité. Les mêmes conclusions, sauf certaines restrictions, s'imposent en ce qui concerne les travaux des mines. Quant aux procédés d'attaque, à part la poudre et le secours des machines, ils étaient dès lors ce qu'ils sont aujourd'hui. A défaut de matières explosives, les mineurs de cette époque, comme déjà ceux de l'âge précédent, savaient appeler à leur secours l'action du feu. Contre la paroi du rocher, on allumait un vif brasier de fascines; par l'effet de la chaleur, la roche se fendillait, se désagrégeait un peu, superficiellement, —

Puis les ouvriers enfonçaient leurs coins, la pointe aiguë de leurs *barres* dans les fissures. Représentez-vous une mine de ce temps comme ayant à peu près l'aspect de certaines mines modernes largement ouvertes et peu profondes (Voyez le frontispice). Les puits petits, peu profonds, le plus souvent remplacés par des *descenderies* s'enfonçant sous le sol en pente raide, d'étroits couloirs tortueux conduisaient à des excavations vastes et irrégulières, où d'énormes massifs, ménagés comme piliers, servaient à soutenir la voûte (méthode par *galeries et piliers*, voir page 40); les transports intérieurs faits à dos d'homme ou sur de petits chariots : voilà les traits essentiels d'un tableau que vous achèverez vous-même, avec beaucoup plus de détails et de couleur locale, quand nous aurons étudié les travaux des mines modernes. Il vous suffira, en effet, de faire abstraction des machines, auxiliaires du mineur contemporain, et de voir quelles conséquences résultent de leur absence. On peut en dire autant relativement aux carrières. Mais dans certains cas celles-ci offraient des difficultés que ne rencontrait pas le mineur : je veux parler de l'extraction des blocs énormes pour les colonnes monolithes, les colosses, les obélisques, tels que la rude Égypte en arrachait aux flancs des montagnes granitiques. Au défaut d'appareils on suppléait par les années, par le nombre : c'était l'ancien système. Telles carrières, tels ateliers de taille et de construction étaient de véritables fourmilières humaines. Ainsi s'accomplissaient ces travaux gigantesques, effrayants, œuvres incompréhensibles pour qui oublierait combien l'antiquité était habituée à prodiguer le temps, les efforts, les sueurs humaines, la vie humaine... — Nous aussi, nous faisons des œuvres de géants; nous perçons les montagnes! mais c'est avec des moyens merveilleux, des machines puissantes et dociles : économes des jours, soucieux des dangers, nous, hommes des temps modernes, pour qui l'individu est quelque chose.

Les civilisations antiques, si brillantes sur une face, avaient un revers affreux. Le luxe grandiose de Rome, sa littérature et ses beaux-esprits, les arts même de la Grèce, l'élégante et spirituelle société Athénienne, tout cela me cache mal le sort du pauvre, de l'esclave, du vaincu. — Ils n'avaient pu se libérer du poids des labeurs matériels qu'en s'en déchargeant sur l'esclave, comme aujourd'hui nous nous en déchargeons sur la machine. Cruellement prodigues de la vie, de la liberté, « le plus cher bien de l'homme, » ils avaient mis toute une moitié de l'espèce en dehors du droit humain, en dehors de la pitié. Ils avaient fait, non-seulement des plus rudes labeurs domestiques ou agricoles, mais de tous les grands ateliers, des carrières, des mines surtout, une sorte de bagne affreux, un enfer pour le criminel, non moins pour le débiteur insolvable, le partisan malheureux, le prisonnier du champ de bataille. Tenez, lisez cette page d'un ancien historien, Diodore de Sicile (125 avant J.-C.), page vingt fois reproduite, et qui mérite de l'être encore, instructive qu'elle est à tous les égards.

« Entre l'Égypte, l'Éthiopie et l'Arabie, dit-il, il est une région riche en métaux, surtout en or, qu'on tire avec bien des travaux et de la dépense : car la roche, dure et noire de sa nature, est sillonnée de veines d'un marbre blanc si dur et si luisant (*quartz*), qu'il surpasse en éclat les matières les plus brillantes. C'est là que ceux qui ont l'intendance des travaux font travailler un grand nombre d'ouvriers. Le roi d'Égypte envoie aux mines, *avec toute leur famille*, ceux qui ont été convaincus de crimes, aussi bien que les prisonniers de guerre, *ceux qui ont encouru son indignation*, ou qui succombent aux accusations *vraies ou fausses...* Par ce moyen, *il tire de leur peine de gros revenus.* Ces malheureux qui sont en grand nombre, sont enchaînés par les pieds, et attachés au travail sans relâche, sans qu'ils puissent s'échapper jamais; car ils sont gardés par des soldats étrangers, et parlant d'autres langues que la leur. Quand la roche qui contient l'or se trouve trop dure, ils l'amollissent d'abord avec le feu; après quoi ils la rompent à grands coups de pics et autres instruments de fer. Ils ont à leur tête un entrepreneur qui connaît les veines de la mine et conduit les travaux. Les plus forts des travailleurs rompent le roc à grands coups de masses, cet ouvrage ne demandant que de la force, des bras, sans art et sans adresse. Mais comme pour suivre les veines qu'on a découvertes il faut souvent se détourner, et qu'ainsi les allées creusées dans ces souterrains sont fort tortueuses, les ouvriers, qui sans cela ne verraient pas clair, portent des lampes attachées sur leur front. Changeant de position suivant les exigences du lieu, ils font tomber à leurs pieds les fragments de roche qu'ils ont abattus. Ils travaillent ainsi *nuit et jour*, forcés par les cris et les coups des gardes. De jeunes enfants entrent dans les ouvertures que les pics ont faites dans le roc, en tirent les fragments de pierre qui s'y trouvent, et qu'ils transportent ensuite jusqu'à l'entrée de la mine. »

Or n'allez pas croire que ce fût là un fait isolé; c'était, au contraire, la pratique universelle et constante des civilisations anciennes, — l'Inde peut-être exceptée. Les Romains n'en agissaient pas autrement avec les vaincus; et cette sombre tradition s'est perpétuée, à travers l'histoire, jusqu'aux temps modernes. C'est par ce procédé que les Espagnols dépeuplèrent l'Amérique. Sous leur joug de fer, les pauvres Indiens jetés dans les mines mouraient par milliers à la peine; on les remplaçait par d'autres. — Cet or maudit n'a pas porté bonheur à l'Espagne. Et de nos jours même l'Europe n'a-t-elle pas vu les derniers défenseurs de la Pologne, coupables, eux aussi, de résistance à la conquête, déportés en masse dans les mines de Sibérie? Mais reprenons le fil de l'histoire.

Nos pères les Gaulois, les rudes Germains, tout barbares qu'ils étaient, exploitaient les mines par le travail libre : ce dont s'indigne le Romain Tacite : « Ils

n'ont pas honte d'extraire eux-mêmes le fer du sein
de la terre! » Les nations qui ont honte du travail
sont sur la pente de leur décadence. Nos Gaulois, qui
cependant ne manquaient pas de fierté, étaient,
même avant l'invasion des Romains, d'habiles mineurs. Un grand nombre d'exploitations étaient ouvertes dans les Pyrénées. Le pays des Bituriges, le
Berry actuel, riche en minerais de fer d'*alluvion*
presque superficiels, était déjà un centre important
de métallurgie; certaines localités étaient toutes criblées de petits puits et de galeries serpentant à fleur
de sol. Les Bituriges étaient mineurs, et n'en étaient
pas moins guerriers, comme les conquérants eux-
mêmes l'éprouvèrent. César raconte comment, appli-
quant les secrets de leur industrie à l'art de la
guerre, ils poussaient avec une rapidité extrême leurs
cheminements souterrains, surgissant du sol à l'im-
proviste, ou faisant écrouler, en les *minant* en dessous, les ouvrages élevés par les envahisseurs. — Ces
hommes de fer, pourtant, ces mineurs, ces forgerons
aux mains rudes, devaient être vaincus par la tactique
et la discipline romaines.

Evidemment, pendant toute la première moitié du
moyen-âge l'art des carrières et des mines dut lan-
guir; on bâtissait peu et très-mal, on ne forgeait
guère que des armes. Mais vers le xiie siècle l'architecture prend un puissant essor; au xiiie elle s'affran-
chit des traditions monastiques, et des libres corpo-
rations créent un art nouveau, dont ni les Grecs ni
les Romains n'avaient entrevu le principe. Dans le
cours d'un siècle surgissent du sol, comme par en-
chantement, les merveilleuses et fantastiques églises
gothiques. L'art d'extraire la pierre comme celui de
la tailler atteint sa limite extrême. De détacher du
bloc, en effet, ces grêles *méneaux* des immenses ver-
rières, ce n'était pas œuvre d'habileté commune ; et
de nos jours on trouverait peu de carriers qui en fussent capables. — A l'époque de la Renaissance, si, à
en juger par les descriptions très-détaillées d'Agri-

cola, les procédés du traitement métallurgique des
minerais étaient peu en progrès, — et il n'en pouvait être autrement en l'absence des connaissances
chimiques — les travaux miniers, au contraire, avaient
acquis de notables perfectionnements. Dans le célèbre
traité *De re metallica* (*Agricola*, 1657), on trouve à
côté du texte des figures de roues hydrauliques mettant en mouvement des appareils d'extraction, des
pompes, d'énormes soufflets installés sur les puits
pour aspirer l'air vicié et renouveler l'atmosphère des
souterrains. (Ces derniers appareils ont-ils bien réellement fonctionné? En pareil cas les anciens em-
ployaient de grandes toiles tendues, oscillant au-dessus de l'ouverture des puits comme de gigantesques
éventails). Mais ce qui prouve plus que toutes les descriptions possibles, c'est que dès lors les travaux
pouvaient atteindre et atteignaient à une grande profondeur; or, comme nous le verrons en avançant
dans notre étude, cela seul suppose tout un ensemble
d'organisation, des appareils, des moyens mécaniques arrivés à un certain degré de perfectionnement.
Dès le XVIᵉ siècle, par exemple, les célèbres mines du
Harz possédaient, pour l'écoulement de leurs eaux,
trois grandes galeries souterraines, longues de plusieurs milles, sillonnant, à des centaines de mètres
de profondeur, le sol de la région métallifère : ouvrages merveilleux pour l'époque, et qui suffisent
pour témoigner d'une vaste extension des travaux et
de méthodes très-avancées. L'Allemagne dès lors te-
nait la tête du mouvement; c'était, c'est encore le
pays *classique* des mines. Celles du Harz, qui ont atteint la profondeur énorme de 880 mètres (presqu'un
kilomètre en verticale!), celles de Freyberg (Saxe), ont
été certainement et sont encore peut-être les plus
belles mines du monde pour l'organisation et la direction des travaux, les méthodes, les appareils. C'est là
que se forma, avec Werner, il y a un siècle (1750) la
première grande école minière et géologique. Il y
a trente ans, l'Angleterre s'est placée au premier

rang pour l'activité et l'étendue des travaux dans ses immenses houillères, et pour ses belles machines des mines de Cornouailles. Aujourd'hui le mouvement s'est généralisé; les houillères de Belgique, celles du Nord de la France, celles du bassin de la Loire peuvent rivaliser avec les plus belles entreprises de l'Allemagne et de l'Angleterre. D'une autre part, l'Ecole Française des Mines a jeté le plus vif éclat, avec ses grandes théories géologiques et les importants travaux pratiques dont elle a pris l'initiative.

Nous voici de retour à l'époque contemporaine. Dans cette rapide excursion à travers siècles nous nous sommes abstenus de tout détail touchant les procédés du travail, ceux-ci devant faire la matière des pages qui suivent; il nous a suffi de tracer la marche générale du progrès, d'esquisser les grandes lignes. Il ne nous reste plus qu'à jeter un coup d'œil sur l'état de l'industrie minière dans les contrées du globe encore étrangères, ou à peu près, au grand mouvement européen. Ce sera chose brève. — Quand, partant des centres rayonnants de pensée et de civilisation, on s'éloigne dans une direction quelconque, c'est comme si on remontait dans le passé. Le même phénomène s'observe, naturellement, en ce qui tient à l'industrie. Quittez seulement l'Europe moyenne, ou ce territoire de l'Union Américaine qui en est comme un morceau détaché : partout vous retrouvez les grossières machines, les méthodes surannées, qui vous reportent à une époque plus ou moins reculée. Faisons, bien entendu, une exception pour d'assez nombreuses exploitations, établies au loin, mais par des ingénieurs européens, dont les machines et le matériel, comme les méthodes, ont été exportés avec le personnel dirigeant lui-même. A cette réserve près, vous trouveriez, par exemple, que le Mexique, le Pérou, le Chili en sont à peu près au xve ou au xvie siècle. La Chine, riche en métaux et qui possède de vastes bassins houillers, vous représentera assez bien, quant aux méthodes d'extraction, la période de l'Antiquité. Ce sont pourtant de rudes travailleurs, ces Chinois ; mais ici travail ne suffit pas ; il faut science. Or la routine chinoise, l'orgueil chinois aveugle et têtu, mettront longtemps obstacle à tout progrès ; l'ignorance qui s'admire est incurable. L'Inde ne semble pas avoir fait un pas en matière de métallurgie et de travaux d'extraction depuis l'*âge de fer* héroïque. — Vous pourriez rencontrer, soit au Nord de la grande chaîne asiatique, soit dans l'Amérique méridionale, soit en Afrique, des populations qui déjà connaissent le fer, et qui pourtant, relativement à l'extraction et au traitement des minerais, comme à tout ce qu'il s'y rattache de conséquences, sont à peine au niveau de l'*âge de bronze* ; comme aussi nous pouvons étudier en certaines îles de l'Océanie, ou dans l'Afrique centrale, vers l'extrême pointe de l'Amérique du Sud (Patagonie et Terre de Feu), ou sur le petit continent Australien, des peuplades sauvages, misérables, d'intelligence obscure, n'ayant pour armes, pour outils, que le bois et le caillou, et qui sont à tous les égards les dignes représentants de l'*âge de pierre*. — Mais il ne faudrait pas croire que ces races arriérées soient destinées à parcourir régulièrement les lentes étapes d'un perfectionnement graduel ; il est à penser plutôt que ces organisations imparfaites se sont, depuis des milliers d'années, arrêtées en face d'une limite qu'elles sont impuissantes à franchir. D'ailleurs un autre élément doit ici entrer en ligne de compte ; je veux dire la puissance d'extension, l'activité débordante des races supérieures. Partout gagne le flot des émigrations européennes ; mais bien plus rapidement, irrésistiblement, l'esprit des civilisations européennes, l'*esprit Aryen*, sous mille formes, avance à la conquête du globe ; la pensée *Aryenne* est, forcément, l'éducatrice du monde. — Et alors, quand, une de ces races inférieures se trouve face à face, en concurrence avec l'élément civilisateur, c'est pour elle comme une sommation de la destinée. Il faut de deux choses l'une : ou que subissant un travail de

transformation au moins extérieure et franchissant
sans intermédiaire une immense distance, elle accepte
nos usages, nos procédés de travail, se laisse façonner
et plus ou moins absorber ; ou bien, si son tempéra-
ment la rend incapable de cette éducation, qu'elle
recule, recule sans cesse, et finisse par disparaître.
C'est une fatalité de la nature, et une loi de l'histoire.

DEUXIÈME PARTIE

LES CARRIÈRES

Disposition générale et organisation des travaux.

Constitution du sol. — La superficie de la planète
que nous habitons nous est seule à peu près connue ;
des parties centrales nous ne savons rien positivement,
et nous sommes réduits à cet égard à des probabilités
assez vagues. Cette écorce du globe, cette croûte
solide qui nous porte, et qui peut-être s'étend sur une
mer de feu, n'a elle-même jamais été sondée qu'à
une faible profondeur : les puits de mine les plus
profonds n'ayant encore pénétré que jusqu'à 880 mètres environ : peu de chose, en proportion du diamètre
de l'énorme boule ! Mais cette mince couche superficielle, c'est justement ce qu'il nous importait tout
d'abord de connaître, puisqu'elle est accessible à nos
travaux, fournit les matériaux de nos constructions,
et nous garde dans ses fissures les trésors cachés des
gîtes métallifères. L'étude de la structure du sol est,
avons-nous dit, d'une importance extrême pour la direction des entreprises du mineur et même du carrier : mais trop vaste, même lorsqu'elle est réduite aux

seuls principes utilisables dans la pratique, elle ne
saurait trouver place en ces pages : elle fait le sujet
d'un ouvrage à part. — Résumant donc à grands traits
les notions générales que nous avons ailleurs exposées
avec plus de développements, nous nous bornerons
à rappeler les faits essentiels qu'il est indispensable
d'avoir présents à l'esprit pour comprendre l'organisation des travaux d'exploitation.

Les *roches* qui constituent le sol sont de deux
sortes. Les unes sont appelées *roches massives*, parce
qu'elles existent en masses continues, immenses, ou
se rencontrent en blocs informes : telles sont les *granites*, les *porphyres*. C'est de telles roches que sont
constituées les assises inférieures, les fondements de
la *croûte terrestre*. Elles ont été autrefois — il y
a des millions de siècles — à l'état de *fusion*, sous
l'influence d'une effroyable chaleur. Puis, par un
lent refroidissement, elles se sont solidifiées comme
une lave qui se fige. Plus tard cette croûte primitive
solidifiée a été violemment *corrodée*, rongée, sillonnée par les eaux, lorsque les vapeurs qui envelop-
paient le globe brûlant d'un immense et opaque voile
de nuages, se sont précipitées en pluies torrentielles
et presque bouillantes sur sa surface à demi-refroi-
die, et ont formé les *océans*. Ces eaux, chaudes,
tumultueuses, agitées de courants rapides et soulevées en vagues énormes par d'effroyables tempêtes,
ont partout rongé, creusé, raviné le sol primitif
devenu leur lit; arrachant, broyant, roulant les débris,
pulvérisant, dissolvant... jusqu'à ce qu'enfin, le calme
se faisant peu à peu, les eaux refroidies ont laissé
déposer ces fragments qu'elles avaient arrachés, ces
matières qu'elles avaient dissoutes. Les amas de débris, les cailloux, les sables, les limons, déposés au
fond du lit de ces mers, sont souvent restés à cet
état de dissociation, comparables aux décombres
qui s'entassent au pied des édifices en ruine : ils
constituent alors ce qu'on appelle les *roches meubles*.
Mais le plus souvent, au contraire, par l'effet de

la pression, par des substances adhésives qui, se déposant en même temps, empâtèrent leurs parties comme un mortier empâte les grains de sable et les pierres d'un mur, ces matériaux entassés se cimentèrent à nouveau, se durcirent. Ces nouvelles roches consistantes, *formées* par les eaux aux dépens des anciennes, s'entassèrent par *assises superposées*, comme les couches de limon successivement déposées par les eaux troubles au fond d'un étang. Ainsi prirent naissance ces roches dites *roches de dépôt*, reconnaissables à leurs dispositions par *lits*, par couches ou assises. Tels sont les *grès*, formés de grains de sable cimentés, semblables à des mortiers durcis; les *schistes*, différents des grès par une structure feuilletée comme celle de l'ardoise; les *conglomérats* et les *brèches*, formés de plus gros fragments, comparables à du béton.

Cet immense travail géologique accompli par les eaux se continua pendant d'effrayantes périodes de siècles. En examinant leur ordre de superposition, il a été possible de classer les roches suivant leur antiquité *relative* plus ou moins reculée. On distingua ainsi les roches de dépôt *anciennes,* les roches de dépôt *secondaires, tertiaires ;* les roches de formation *moderne* — ou même contemporaine, car ce travail géologique se continue encore sous nos yeux, quoique plus lentement. Puis de nombreuses subdivisions d'*époques* viennent préciser davantage l'*âge relatif* des roches, et la *date comparative* des phénomènes.

Toutefois il ne faudrait pas croire que ces roches de dépôt soient partout restées disposées en couches *horizontales*, telles qu'elles furent formées. A mainte reprise et presque partout la croûte terrestre éprouva des *mouvements*, se fendit, se disloqua. Ici le sol se soulevait; là il s'affaissait, tantôt lentement, insensiblement, tantôt avec un déchirement violent et d'effroyables secousses. D'immenses surfaces *continentales* sortirent peu à peu des eaux; d'autres s'y engloutissaient. Les chaînes de montagnes se dressèrent; par les fissures profondes, des roches en fusion débor-

dèrent comme des flots de lave déversés d'un cratère.
Alors les couches des roches de dépôt se trouvèrent
soulevées, bouleversées de mille façons ; plissées, ondulées, craquelées et fissurées en tout sens ; ici inclinées, là redressées presque verticalement. Les épanchements immenses de ces matières formèrent, par le
refroidissement, des roches plus ou moins compactes,
appelées *roches éruptives*, plus nouvelles par la date
de leur apparition, mais tout à fait semblables par
leur mode de formation, leur structure massive, non
disposée en assises, leur composition, aux *roches massives* premières. — En même temps, un autre phénomène se produisait. Là où les assises des roches
d'origine aqueuse se trouvèrent en contact avec la
roche brûlante qui faisait éruption, là par exemple
où la lave de granit en fusion perçant la croûte
apparut débordant par les fissures, s'épanchant à travers les couches des roches de dépôt, celles-ci furent
profondément altérées, *transformées* ; elles changè-
rent d'aspect, de texture, de propriétés. Elles furent
cuites, en un mot, à la manière de l'argile qui se
durcit en brique dans le four, à la manière de la
terre sur laquelle s'épancherait la coulée ardente
d'un haut-fourneau. Ces masses minérales déposées
par les eaux, puis retravaillées par le feu, portent
le nom de roches *métamorphiques*, c'est-à-dire *métamorphosées*. C'est justement dans ces roches métamorphiques ou dans leurs environs que se rencontrent
les plus nombreux et les plus riches gîtes de minerais.

Parmi les roches exploitées comme matériaux pour
nos travaux et nos édifices, il faut citer, dans le groupe
des *roches massives*, anciennes de formation, les roches
de *quartz*, les plus dures de toutes, rebelles à la taille,
utilisables surtout pour l'entretien des chaussées de
nos routes ; les *granites*, roches à *grains*, comme
leur nom l'indique, pierres dures, difficiles à travailler,
mais susceptibles de taille et même de poli, très-
durables ; les *porphyres*, très-durs, moins grenus, dont
certaines variétés, susceptibles d'un très-beau poli,

constituent des matériaux de luxe. Parmi les *roches éruptives*, apparues à des époques plus récentes, nous rappellerons seulement les *basaltes*, roches compactes ordinairement et de couleur foncée, enfin les *laves*, plus modernes encore, plus légères, souvent de teintes plus pâles. Ces deux sortes de roches sont usitées pour les constructions et le dallage dans tous les pays dont le sol a été bouleversé par des éruptions volcaniques plus ou moins anciennes: tels les plateaux de la France centrale, l'âpre région des volcans éteints de l'Auvergne. — Les roches de dépôt offrent des matériaux d'une dureté moyenne, et constituent les pierres de construction par excellence. Citons d'abord les *grès*, les *schistes*. Les roches *calcaires* (contenant de la chaux) présentent les degrés les plus divers de dureté et de finesse de grain. En tête de cette magnifique série mettons les *marbres*, qui sont des *roches métamorphiques*, durcies par l'action des feux souterrains. Le marbre blanc pur est surtout destiné à la sculpture ; l'immense variété des marbres colorés, veinés , tachetés, constituent des pierres de construction ou des matériaux de luxe, suivant la beauté plus ou moins appréciée de leurs teintes, leur finesse, le poli dont ils sont susceptibles. Les calcaires grenus, non métamorphiques, dont il existe un nombre considérable de variétés très-diverses d'aspect et de qualité, fournissent des pierres pour la sculpture, des pierres de taille et des *moëllons* grossiers. La *pierre à bâtir* de Paris peut être prise comme un type moyen de cette classe de matériaux. La craie proprement dite, blanche, grise ou verdâtre, est souvent trop tendre pour la construction. Toutes les pierres calcaires, marbres, calcaires grenus ou craie, pourvu qu'elles soient assez pures, peuvent être employées comme *pierre à chaux*; cuites en des fours spéciaux elles fournissent, suivant leur nature, diverses qualités de chaux employées dans la composition des mortiers et des ciments, ou pour les besoins de l'agriculture. Les *marnes* calcaires, tendres, très-mêlées d'argile, sont extraites pour la culture, à titre *d'amendements*. De cette classe de matériaux il faut encore rapprocher le *gypse* ou *pierre à plâtre*, roche très-tendre, qui fournit le plâtre par la cuisson. Enfin les dépôts de galets, sables grossiers, sables fins, argiles, tangues, limons, qui constituent la série des *roches meubles*, sont exploités pour les besoins de nombreuses industries.

Il est rare, sans doute, qu'on ait à faire la recherche directe et méthodique d'une roche donnée comme on fait la recherche d'une couche de houille ou d'un filon métallifère. Depuis un temps immémorial, dans chaque contrée les besoins de la construction ont fait faire des recherches ; des carrières ont été ouvertes de toutes parts, et toutes les pierres exploitables qu'offre la région sont connues des constructeurs et des carriers par des traditions locales qui datent parfois de fort loin. En telle matière une découverte est chose peu commune. Mais le carrier aura souvent à déterminer si telle roche, exploitée dans le voisinage, pourra être rencontrée aussi dans un lieu donné, à quelque distance ; à quelle profondeur on devra atteindre la couche qui s'enfonce obliquement sous les terrains. Ou bien encore il voudra savoir si un banc mis à nu au flanc d'un escarpement doit se retrouver sous le manteau de verdure qui revêt telle butte isolée ou telle ondulation du versant opposé de la vallée : à quelle hauteur il faut le chercher. En ces circonstances l'entrepreneur se trouvera heureux de joindre à l'expérience de l'homme du métier des notions géologiques qui peuvent lui épargner mainte recherche stérile, maint tâtonnement coûteux. Mis alors en face du massif reconnu, il n'a plus qu'à déterminer le plan général de l'attaque, et à concerter les moyens d'exploitation.

Les excavations pratiquées pour l'extraction des roches portent le nom de CARRIÈRES. Cette extraction se fait de deux manières différentes : par *travail à ciel ouvert*, par *exploitation souterraine*. La première méthode, beaucoup plus simple et plus commode, sera toujours suivie de préférence, à moins que les frais d'une trop grande épaisseur de déblais à enlever pour arriver au découvert de la roche, ou la nécessité de respecter la couche superficielle du sol ne conduisent à adopter la seconde.

Exploitation à ciel ouvert. Ouverture d'un chantier. — La disposition générale de l'excavation à ciel ouvert, quelle que soit la nature de la roche extraite, est toujours à peu près la même. Si le *chantier d'extraction* est excavé en terrain plat, il forme une large tranchée, ou *fossé* plus ou moins profond, affectant une forme rectangulaire. Lors au contraire que la roche à exploiter forme un massif en relief au-dessus du sol environnant, ou se montre sur la pente raide d'une colline, la carrière consiste en une simple brèche ouverte aux flancs de l'escarpement. — Dans le premier cas, sur l'un des côtés de l'excavation on ménage ordinairement une rampe en pente douce par laquelle on extraira, à l'aide de brouettes, tombereaux ou wagonnets, les produits de l'abattage. Si l'excavation est profonde, il devient difficile et onéreux de faire remonter les tombereaux ou les *bardeaux* lourdement chargés le long de rampes raides et longues, défoncées de profondes ornières. On extrait alors les pierres, au moyen d'un treuil ou même d'une machine à vapeur, le long d'une paroi verticale de l'excavation, ainsi qu'il se pratique aux belles *ardoisières* d'Angers. Si la carrière est une brèche entamant le flanc d'un escarpement, le service de l'exploitation se simplifie encore. On peut précipiter les blocs sur les pentes, ou les faire descendre sur des rouleaux de bois. J'ai vu des blocs de granit, détachés vers le haut des pans de roches abrupts dominant la rive du fleuve, glisser directement, le long d'un plan incliné en madriers de chêne, jusque dans les chalands amenés pour les recevoir.

Dans tous les cas il convient de donner au chantier la disposition en *gradins*, sur le flanc attaqué. Les avantages de cette disposition sont bien évidents.

Imaginez qu'on maintienne taillée à pic la paroi entamée : sur un certain *front d'attaque* (largeur), on ne
pourrait mettre qu'un seul ouvrier : car si on en
mettait plusieurs l'un au-dessus de l'autre, les débris
détachés par celui d'en haut tomberaient droit sur la
tête de celui d'en bas... En donnant à la paroi exca-
vée la forme d'un énorme escalier, on obtient plusieurs étages d'exploitation, où les travaux peuvent
être poussés simultanément. Sur chaque degré les
ouvriers, chacun pour un front de 2 ou 3 ou 4
mètres, entament la roche, dont les fragments tombent à leurs pieds, et sont retenus par cette sorte de
banquette qui sert en outre à la circulation. On
donne ordinairement à ces gradins de 1 m. 50 à 2
mètres de hauteur — hauteur d'homme ; en largeur,
deux mètres au moins : mieux vaut 3 ou 4 ; enfin ces
gradins se développent horizontalement dans le sens
de la longueur, sur tout le front de la carrière. Pour
certaines roches cette disposition peut être réalisée
avec une régularité très-grande : pour les autres, on
en approchera le plus possible. Enfin nous noterons,
comme point capital de l'organisation d'un chantier,
les dispositions à prendre pour l'écoulement des
eaux de pluie et des eaux d'infiltration, qui tendent
toujours à s'accumuler dans toute dépression, et finiraient par arrêter les travaux. Si les eaux sont en
petite quantité, on se contente de les conduire par une
pente convenable, dans la partie la plus déclive de la
carrière ; et de là on peut, au besoin, les épuiser à
l'aide de seaux. Quand elles sont abondantes, il peut
devenir nécessaire de les extraire par des pompes.
En pareil cas, si le relief du terrain le permet, il est
plus avantageux de creuser une *tranchée* ou même
une *galerie* souterraine d'écoulement, dégorgeant les
eaux à niveau inférieur sur la pente des versants.

Conditions de l'abattage. — Au point de vue de
l'abattage les roches sont d'ordinaire classées, suivant
leur résistance, en 5 catégories : 1° les roches meubles
ébouleuses, telles que la terre, les sables et graviers,

Ardoisières d'Angers. — Gradins. Extraction par machines.

qu'on défonce avec la *pioche* et enlève à la *pelle* ;
2° les roches tendres, telles que les *argiles*, les *marnes*,
la *craie*, le *calcaire grossier*, le *gypse*, la *houille*, que
l'on attaque avec le *pic*, et que l'on abat avec des
masses, des coins, des leviers ; 3° les roches de dureté
moyenne, compactes, assez tenaces, telles que les
marbres, certains *schistes*, les *grès* ordinaires, pour
lesquelles aux moyens précédents on ajoute ordinairement le secours de la poudre ; 4° les roches *dures*,
qui font feu au choc de l'outil : la plupart des roches
quartzeuses, les *granites*, les *porphyres*, les *basaltes*,
qui sont toujours abattus à la poudre ; 5° la roche
récalcitrante, le quartz compacte et non fendillé, qui
émousse en un instant le tranchant de l'acier : roc
intraitable, à qui on ne s'attaque pas sans nécessité
absolue, et contre lequel on fait parfois intervenir,
comme nous le dirons plus tard, l'action du feu. —
Une autre circonstance encore influe considérablement
sur les procédés d'abattage : la destination des pierres
extraites. S'agit-il de la *pierre à chaux*, de la *pierre
à plâtre*, de la pierre destinée à l'entretien des
routes, etc. ? Il suffit que la roche soit brisée en fragments transportables. Mais pour les matériaux de
construction, pour les pierres destinées à des usages
spéciaux, d'autres conditions sont imposées, et nécessitent des précautions particulières.

Les matériaux de construction proprement dits
se divisent en matériaux *irréguliers* et matériaux
réguliers. Les fragments de pierre de dimension
moyenne, grossièrement abattus sur quatre pans,
forment ce qu'on appelle le *moëllon*. Certains grès et
schistes offrent naturellement des faces parallèles, et
constituent des pierres *plateuses*, comme disent les
maçons : circonstance favorable à la stabilité des
murailles. Les fragments irréguliers de faible dimension peuvent être utilisés pour le *blocage*. Enfin les
débris les plus petits trouvent encore leur emploi
dans la fabrication des *bétons* et pour l'entretien des
routes. Les *matériaux réguliers* comprennent les

pierres d'appareil, taillées sur cinq des six faces, et disposées en assises; puis les pierres diversement taillées employées dans les parties œuvrées de la construction. Il faut encore assimiler aux matériaux réguliers les pierres plates rectangulaires pour dallage, que fournissent facilement certains schistes; les pierres *tégulaires* (destinées aux couvertures des toits), qui doivent êtres *débitées* en plaques plus minces, et dont le type est l'*ardoise*. — La texture de la roche modifie souvent les conditions de l'abattage. Les roches massives, irrégulièrement fendillées, telles que les granites, les porphyres, se détachent en blocs et fragments informes dont la taille coûte très-cher; mais la disposition en couches des roches sédimentaires facilite l'extraction des matériaux réguliers. Quand l'épaisseur de la couche, entre deux joints horizontaux, correspond à la hauteur d'une assise de construction, ce qui a souvent lieu pour les grès et les calcaires, la pierre est déjà dressée sur deux faces, et pour ainsi dire dégagée à l'avance. Le sens de cette *stratification* est ce que les ouvriers appellent le *lit de carrière;* pour offrir la résistance la plus grande et les meilleures conditions d'emploi, les pierres doivent être posées *suivant le lit,* c'est-à-dire occuper dans la bâtisse une position semblable à celle qu'elles avaient dans les couches terrestres lors de leur formation. Si pour quelque raison spéciale une pierre est placée autrement, on dit qu'elle est posée en *délit*.

Procédés d'abattage. L'abattage en masse des roches tendres ou de moyenne tenacité se fait de la façon la plus simple, en introduisant des coins ou des leviers dans les joints naturels ou les fentes de la pierre, ou dans des entailles pratiquées à l'avance avec le *pic*. Veut-on enlever des blocs d'une forme donnée plus ou moins régulière et d'assez forte dimension, on doit d'abord dégager le bloc sur quatre faces, en avant, en dessus et des deux côtés : puis on fait au-dessous une entaille qui porte le nom de *havage* ou *souchèvement*. Si l'entaille doit être profonde, on sou-

tient la roche en dessous avec de forts étais de bois,
afin d'éviter qu'elle ne se brise par son propre poids,
en écrasant peut-être le *haveur*. Le *souchèvement*
poussé assez avant, on pratique du côté où le bloc
tient encore au massif une entaille qu'on appelle la
trace, le long de laquelle on creuse en outre, s'il est
nécessaire, des trous de distance en distance. En
enfonçant à coup de masse des coins de fer dans
l'entaille, sur toute la longueur de la trace en même
temps, on détermine une fente qui détache la roche.

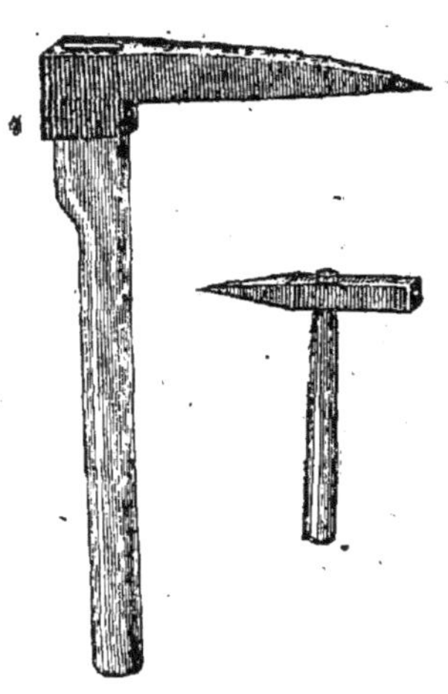

Pic et pointerolle.

Souvent aussi on use d'un procédé ingénieux, qui consiste
à enfoncer, dans les joints,
dans la trace, des coins de
bois de chêne séchés au four,
qu'on arrose ensuite largement. Le bois se mouille, se
gonfle, et d'un effort énorme
fait fendre et soulève la roche.
Telle est la *méthode à la trace*,
employée pour détacher les
lourdes pierres calcaires dont
on construit la plupart de nos
édifices modernes; les blocs
de marbre statuaire dans les
belles carrières de Carrare ou
des Pyrénées, les meules, etc.
Pour pratiquer les entailles
dans la roche dure, on emploie
un petit *burin* ou ciseau d'acier emmanché comme
un marteau, terminé en pointe aiguë d'un côté, de
l'autre par une tête plate qui reçoit les coups réitérés
d'une *masse à main*, et qu'on appelle *pointerolle*. Sous
l'effort des chocs, la pointe de l'outil égrène, creuse
peu à peu la pierre. Mais le travail est lent; et la
pointe étant bientôt émoussée, il faut avoir plusieurs
outils de rechange.

C'est à ces procédés que les anciens en étaient
réduits pour extraire les énormes pierres d'appareil

employées dans leurs monuments. — Nous, contre la
force de résistance passive qu'oppose le roc, nous savons appeler à notre secours la redoutable violence
des forces chimiques comprimées dans la *poudre*, et
soudainement déchaînées par le feu.

Coups de mine. Dès que la tenacité de la roche
dépasse une certaine limite, on a recours à la poudre.
On pratique ce qu'on appelle des *coups de mine.* La poudre de mine est à gros grains ronds, comparables à
ceux du plomb de chasse. On fait entrer dans sa
composition les proportions de salpêtre, de soufre et
de charbon qui produisent l'explosion la plus soudaine et la plus *brisante* (75 0/0 de salpêtre, 12,50 0/0
de soufre, 12,50 0/0 de charbon). La poudre remplissant une cavité close, l'inflammation dégage une quantité énorme de *gaz*, que la chaleur produite par la
combustion dilate violemment. Sous la pression extrême et soudaine, toute roche, quelle que soit sa
dureté, se fend, éclate, se divise en blocs ou en fragments. Dans les carrières comme dans les mines, on
place, suivant les cas, de petits ou de grands *coups
de mine*, ou des *fourneaux.* — Pour placer un petit
coup de mine un seul homme suffit. Le mineur pratique dans la roche un trou cylindrique de 2 1/2 à
3 centimètres de diamètre environ, en attaquant
la roche à l'aide d'un outil appelé *fleuret.* C'est
une tige de fer terminée par un biseau d'acier un
peu élargi. Tenant de la main gauche son outil,
le biseau engagé dans le trou commencé, de la
main droite il frappe sur la *tête* du fleuret des coups
répétés d'une petite masse à manche court pesant
2 kil. environ. Par le choc transmis au fleuret le
biseau entame la roche, qui *s'égrène* sous le tranchant. A chaque coup le mineur fait tourner son
fleuret d'une certaine quantité, en sorte que le trou
se creuse cylindrique, et que le biseau ne vienne pas
à se *coincer* dans une entaille étroite. On verse de
l'eau dans le trou, afin que le choc n'échauffe pas
l'outil et n'en *détrempe* pas le taillant. Lorsque les

parcelles broyées forment avec cette eau une boue trop épaisse qui gêne la manœuvre, à l'aide d'une petite tige de fer recourbée en cuiller à une extrémité, qu'on nomme la *curette*, le perceur extrait le sable et dégage le mouvement de l'outil. — Les petits coups de mine percés par un seul homme atteignent, suivant l'effet à produire, une profondeur de 25 à 50 cent. Pour détacher des blocs plus considérables, on pratique les grands coups de mine qui se *forent* à deux et à trois hommes. L'un tient et dirige, fait tourner le fleuret; l'autre, ou les deux autres alternativement assènent sur la tête de l'outil des coups de leurs lourdes masses à longs manches (de 4 à 6 kil.). Le fleuret a des dimensions et un poids proportionnés; la largeur du trou est d'environ 3 cent. 1/2 ou 4 cent.; on pousse de 60 cent. à 1 mètre en profondeur. — Parfois on substitue au choc des masses l'action d'une lourde *barre à mine*, semblable à un fleuret mais beaucoup plus massive,

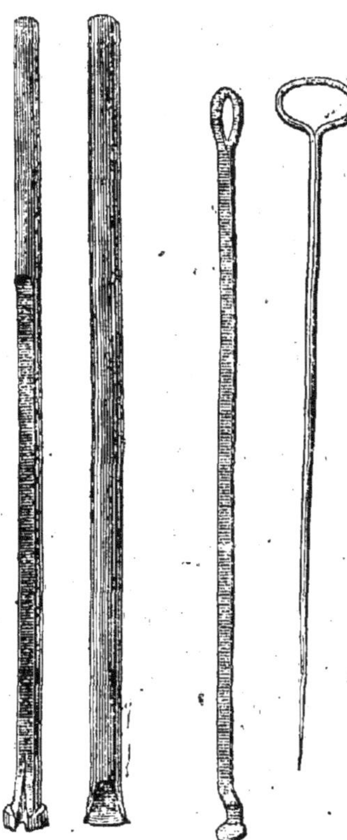

Bourroir, fleuret, curette et épinglette.

qu'on soulève et laisse retomber alternativement.

Le trou de mine pratiqué, nettoyé avec la *curette*, séché à l'aide d'un chiffon passé dans la boucle du même instrument, on charge la mine. L'ouvrier choisit une *cartouche* préparée à l'avance et de dimension

convenable; pour les petits trous elle contiendra de
50 à 100 ou 150 gr.; pour les grands, 200, 300,
500 gr., parfois même davantage. Il y enfonce, dans
le sens de la longueur, une broche de cuivre rouge
aiguë, recourbée en anneau à l'extrémité opposée :
c'est l'*épinglette*. Ainsi *fichée,* il conduit la cartouche
au fond du trou. Puis sans retirer l'épinglette, il
introduit dans le trou de mine de la *bourre,* qu'il

Forage d'un coup de mine à deux hommes.

chasse et tasse avec un *bourroir*. Cet instrument, qui
devrait toujours être en cuivre rouge, est muni d'une
cannelure pour laisser la place à l'épinglette, tandis
que l'on foule la bourre à l'entour. La bourre de
mineur, c'est tout simplement des menus fragments
de roche tendre, qui s'écrasent, se tassent, obstruent
le trou. On comprend qu'en retirant l'épinglette il
demeurera, au milieu de la bourre, à la place qu'elle
occupait, un vide se prolongeant jusqu'au sein de la
cartouche. Le mineur verse de la poudre dans ce

trou, amorce à l'aide d'une mèche soufrée pouvant durer quelques instants. — Mais ce procédé primitif qui peut offrir des dangers est de plus en plus abandonné. En effet, la roche dure peut étinceler au frôlement du bourroir ; il y a surtout un moment de danger, c'est quand on retire l'épinglette. Si celle-ci est de fer et qu'on la retire trop vivement, si elle froisse quelque fragment de roche dure et détache une étincelle, il est presque inévitable que cette parcelle embrasée tombe dans le trou, allume la poudre... Voilà pourquoi l'épinglette doit toujours être en cuivre rouge, métal mou, qui ne tire pas le feu de la pierre ; encore faut-il la bien graisser, et la retirer avec lenteur. — Puis, au moment de mettre le feu à la mèche soufrée, il peut arriver que quelques grains de poudre, laissés sur la pierre, fassent traînée et communiquent instantanément le feu, avant que le mineur ait eu le temps de s'écarter. Toutes ces chances d'accident sont évitées par le procédé moderne de la *fusée de sûreté*. Celle-ci consiste en une sorte de fusée d'artificier : un petit canal rempli de poudre au milieu d'une cordelette *goudronnée*, imperméable à l'humidité. Cette mèche pénètre dans la cartouche à laquelle elle est liée ; elle monte par le trou de mine qu'elle doit dépasser d'un décimètre environ. On bourre avec de l'argile et un bourroir de cuivre, ou mieux encore de bois, et doucement, pour ne pas rompre la mèche. Cette sorte de fusée brûle avec une certaine lenteur, et pour une longueur donnée, dure un temps que l'on peut calculer exactement. Chose importante : car le plus grand nombre des accidents arrivés à la suite de coups de mine sont dus justement au retard de l'explosion. — Par suite d'humidité communiquée à la poudre ou par toute autre cause, la traînée ou la fusée brûle mal, un retard se produit : les ouvriers, qui s'étaient écartés, au bout de quelques instants commencent à se dire que le coup tarde. « La mine est manquée. — Le coup ne partira pas. — La fusée est éteinte... » — Elle ne l'est pas, pourtant ; elle brûle sourdement, traîtreusement, sans sifflement, sans fumée. On perd patience, on revient voir ce qu'il y avait, ou, simplement, reprendre les travaux. — Le coup part, la roche vole en éclats. Les malheureux ouvriers sont atteints, les membres broyés par les blocs éboulés, les chairs entamées par les éclats tranchants, le visage défiguré par d'affreuses brûlures, les yeux... Imprudents ! on le leur avait dit, pourtant ! Mais l'habitude familiarise avec le danger et fait négliger les précautions. Quand un coup manque, *il faut absolument demeurer à l'écart, pendant un temps très-considérable*, afin qu'il soit bien sûr que la mèche est éteinte en réalité. Qu'est-ce qu'une perte de temps en présence d'affreux accidents possibles, trop communs ! Une bonne pratique est celle de certaines carrières où les coups de mine préparés sont tous enflammés à la fois, au moment où les ouvriers quittent le chantier, soit à la tombée du soir, soit pour le repas du milieu du jour. — En introduisant la cartouche dans un tube de fer-blanc pourvu d'un fond soudé, *doublant* pour ainsi dire d'une cloison métallique étanche le trou sur toute sa longueur et se prolongeant au dehors autant qu'il est nécessaire, on peut tirer un coup de mine *sous l'eau;* chose fréquente dans le creusement des puits.

Le meilleur coup est celui qui ne produit qu'un bruit sourd et mat ; celui-là fend la roche sur une grande étendue, sans faire voler beaucoup d'éclats. Une charge mal placée ou mal bourrée éclate à grand fracas, projette au loin beaucoup de fragments, et fait peu d'effet sur la roche ; parfois même elle part « en coup de fusil » crachant au loin sa bourre comme une mitraille. — Presque toujours les ouvriers mettent *trop de poudre en proportion de la profondeur du trou* : de là les fragments lancés au loin qui causent parfois de si graves accidents, malgré les fascines entassées, les planches, la terre qu'on accumule souvent sur le coup de mine.

Depuis quelques années on emploie beaucoup, au

lieu de poudre, dans les travaux des mines et des carrières, une substance explosive nouvelle, devenue célèbre lors de la dernière guerre : la *dynamite*. Cette matière est essentiellement constituée d'un composé chimique détonant, extrêmement violent et dangereux, la *nitroglycérine*. On en imbibe une terre pulvérulente, poreuse, qui l'absorbe et la retient : l'ensemble forme une sorte de pâte grasse, finement grenue, de couleur brun rouge. Par ce mélange la matière, sans perdre sa *puissance* d'explosion, perd sa *sensibilité* excessive, la facilité extrême d'inflammation qui la rendait dangereuse. Une cartouche de dynamite, enflammée avec une allumette, brûle sans détonation, comme une fusée. Pour qu'elle éclate, il faut que l'inflammation lui soit communiquée d'une manière soudaine et avec choc, par l'explosion d'une capsule ou d'un petit pétard, par exemple : mais alors, c'est avec une violence extrême. La dynamite se vend en petites cartouches fermées, ressemblant à des rouleaux de pièces de monnaie. Pour charger un trou de mine on met au fond une ou plusieurs cartouches semblables simplement superposées ; on les foule légèrement avec un bourroir de bois. Une dernière cartouche dite *amorce*, contenant une *capsule fulminante* et communiquant à une longue mèche de sûreté, est posée sur la charge : on achève de remplir le trou de terre, en bourrant très-légèrement ; ou bien on y verse simplement du sable, ou même de l'eau : cela suffit. On met le feu à la mèche, la capsule éclate et fait détoner la dynamite ; le coup retentit, et par les fissures de la roche disloquée on voit s'élever des vapeurs rougeâtres, âcres et irritantes, qu'il faut éviter de respirer. Plus commode et moins dangereuse pour le mineur, plus puissante et moins coûteuse, la dynamite paraît destinée à remplacer la poudre de mine dans ses diverses applications, militaires et industrielles.

Position des coups de mine. — Le forage et le tirage des coups de mine est une opération très-simple ;

mais leur disposition demande une certaine sagacité, ou une longue expérience. Généralement on doit les placer de telle sorte que les blocs fendus soient *rabattus*, et qu'on ait leur propre poids pour auxiliaire, non pour obstacle. Quand on veut rabattre un pan de roche dure et non fissurée, il est nécessaire d'affaiblir sa base en pratiquant à la *pointerolle* une entaille horizontale. Au-dessus de cette rigole, le mineur perce un ou plusieurs trous de mine obliques. Si on a affaire à une roche plus traitable, on entame un profond *havage* sous le bloc, que l'on soutient par des étais de bois fortement assujettis avec des coins : pendant ce temps, d'autres ouvriers placent un ou plusieurs coups de mine horizontaux à une certaine hauteur au-dessus du havage. Les étais sont enlevés, et l'explosion détache tout le bloc compris entre les coups de mine et le havage. D'adroits ouvriers parviennent à conduire ainsi une fente profonde à travers le rocher, de manière à détacher un *monolithe* sans le briser, en disposant le long d'une trace légère une série de petits coups de mine qui doivent tous prendre feu en même temps.

Fourneaux de mine. Les grands travaux auxquels notre époque procède avec une hardiesse si remarquable ont introduit dans l'art des mines et carrières l'usage des *fourneaux de mine* à forte charge, jusquelà réservés aux œuvres destructives de la guerre. Pour faire sauter des rochers qui encombrent le lit des fleuves ou les passes navigables, pour produire de vastes excavations, ou même tout simplement pour préparer l'exploitation en détail des roches en les fracturant dans leurs masses, on fait éclater d'énormes fourneaux de mine, contenant des quintaux de poudre, ou de *dynamite*. De longues galeries sont poussées dans les entrailles du rocher, aboutissant après plusieurs angles brisés à des cavités élargies qu'on nomme *chambres*. Là se dépose dans des réservoirs de métal ou dans des sacs de tissus imperméables à l'humidité, la matière explosible, qui contient à l'état de sommeil tant de forces violentes et terribles. On mure les chambres, on remblaie les galeries jusqu'à la voûte sur une grande longueur... ceci est la bourre du trou de mine gigantesque. Mais quels sont donc ces deux longs fils qui partant du sein des chambres serpentent le long des galeries, noyés dans les remblais, et se prolongent à l'extérieur ? — Dans l'art de la guerre moderne il y a de ces choses effrayantes : deux petits fils qui se glissent côte à côte, rampent sous terre, cachés. Cela n'a l'air de rien; cela dort. Vous marchez dessus peut-être. Et à un moment donné, à l'heure voulue, au signal d'un éclair, voilà que ces petits fils vont porter au loin, avec une étincelle, la destruction, le désastre, la mort... Nous autres nous ne cachons pas nos *conducteurs ;* mais je ne puis décrire ici ni les précautions nécessaires pour *isoler* les fils et forcer l'électricité à les suivre sans dévier; ni la *fusée d'explosion* qui s'y rattache, ni l'appareil électrique qui met en jeu cette force mystérieuse, et l'envoie agir au loin. Il faut nous contenter de dire qu'en définitive, au moyen d'un *courant électrique* lancé par cette machine et circulant comme par les fils de nos télégraphes, on produit à l'autre extrémité de ces *conducteurs* une *étincelle électrique* — un éclair en miniature, — qui enflamme une matière fulminante et communique le feu aux poudres. — Aux travaux du fort de Cherbourg en 1865, il s'agissait de creuser un port tout entier dans le roc vif granitique. — On fit usage de ces mines gigantesques. On vit 6 fourneaux, chargés de plus de 1,000 k. de poudre éclater à la fois, détachant et disloquant 50 000 mètres cubes de roche. Cela se regarde de loin. — Vous vous imaginez l'explosion terrible, la détonation formidable, la colonne de feu, les blocs de rochers lancés contre le ciel... Eh bien, pas du tout. Au coup de doigt qui fait jaillir l'étincelle, une secousse fait osciller le sol sous vos pieds comme la vibration d'un tremblement de terre. Un bruit profond, sourd, semblable à un tonnerre souterrain, puis le grondement des roches qui se fendent, de légères fumées bleues ou des vapeurs rougeâtres — suivant qu'on a employé la poudre ou la dynamite, s'élevant du sol légèrement soulevé en forme d'ampoule : c'est tout. Le travail de fracture a dû, si tout a été bien calculé, absorber la presque totalité de la *force* mise en activité; il n'en reste presque plus pour se produire au dehors par des phénomènes violents. Rappelez-vous ce que nous avons dit des simples coups de mine : moins ils font de bruit, plus ils font d'effet. Ici c'est la même chose, proportion gardée. S'il y avait eu détonation à grand fracas, roche broyée, blocs lancés vers le ciel, comme en une éruption — c'est que la mine eût manqué; son effet utile eût été nul. — Depuis quelques années on a employé, dans plusieurs carrières, mais sur une échelle plus restreinte, de moyens *fourneaux* de mine pour fendre les roches, et fournir les gros blocs destinés à des travaux d'*enrochement*. Les gros fragments isolés par les fissures produites sont ensuite *détaillés* à la grosseur convenable par les moyens ordinaires, avec beaucoup plus de facilité et d'économie que si on eût directement taillé en plein roc.

Exploitation souterraine. — Les carrières souterraines permettent de suivre une couche de roche avantageuse à une grande profondeur, sans avoir à déblayer le cube énorme de matériaux stériles qu'il faudrait enlever pour mettre la roche à nu ; elles respectent le sol superficiel et ses constructions. En compensation, le travail y est moins facile et plus dispendieux. La couche à exploiter est ordinairement attaquée sur le flanc d'un escarpement où sa tranche se montre à découvert. — Les vides produits par l'enlèvement des matériaux ne peuvent pas s'étendre indéfiniment en largeur, sans que le *ciel*, la voûte de la carrière, s'écroule. Il faut donc laisser de distance en distance de puissants piliers qui supportent le sol supérieur. La largeur des vides que l'on peut excaver, les dimensions des piliers qu'il faut réserver varient évidemment suivant la consistance de la roche. Quand la couche est très-épaisse, les excavations peuvent s'étendre dans le sens de la hauteur; on termine la partie supérieure en voûte, forme qui soutient mieux le sol situé au-dessus. Les souterrains alors offrent l'aspect de vastes cavernes aux grandes arcades haut voûtées. Quand la couche est peu *puissante*, les cavités sont plus étroites et n'offrent que la hauteur du *banc* exploité, — dans tous les cas hauteur d'homme, au moins. Ces vides, limités en largeur, et que l'on poursuit indéfiniment dans le sens de la longueur, prennent donc naturellement la forme des *galeries*.

On perce ordinairement deux systèmes de galeries qui se croisent, laissant entre elles les piliers massifs nécessaires au soutènement de la voûte : cette disposition est la plus favorable, celle qui dégage le mieux les travaux; chose à laquelle il faut tendre, car dans l'exploitation souterraine on se sent presque toujours gêné par le manque d'espace. De là le nom de méthode par *galeries et piliers*, donné à cette manière de procéder. —. Cette méthode enlève environ la moitié de la couche, et laisse en place l'autre moitié, sous forme de piliers : nécessité à laquelle on se résigne d'autant plus facilement que la couche de roche est pour ainsi dire indéfinie comparativement aux besoins, et qu'on peut toujours pousser en avant. — Comme on choisit les blocs les plus beaux, et qu'on s'arrange autant que possible pour laisser en piliers la moins bonne pierre, il suit que les galeries forment ordinairement un réseau assez irrégulier, qui finit par devenir un véritable dédale.

Cependant, comme à mesure que les galeries s'allongent le « transport au jour » (jusqu'à leur ouverture) des blocs extraits devient de plus en plus incommode et coûteux, lorsque les excavations ont pénétré un peu loin sous le sol, on perce de distance en distance des *puits*, qui de la surface du sol aboutissent à la voûte des galeries, et par où l'on fait l'extraction des blocs détachés. On enlève ces blocs à l'aide de machines très-communes et toutes primitives : une simple *chèvre*, un *treuil* à engrenage à deux hommes; souvent aussi, on emploie encore l'antique appareil, appelé la *roue des carriers*. C'est une grande roue de bois verticale, pourvue à sa circonférence de chevilles qui font saillie des deux côtés. Un gros cylindre de bois fait corps avec la roue, et lui sert d'essieu. Pour mettre en action la machine, un ou deux hommes, quelquefois quatre, montent à l'échelle sur les chevilles de la roue, absolument comme les *écureuils* captifs grimpent aux petits barreaux de leurs cages tournantes. Le poids du corps de ces hommes entraîne la roue et fait tourner le cylindre de bois où s'enroule lentement le câble auquel est suspendu le bloc à extraire.

L'attaque dans les carrières souterraines, le dégagement des blocs se font absolument comme au jour : seulement on fait les coups de mine plus petits, dans la crainte que l'ébranlement ne produise des éboulements au ciel des galeries. Quand les eaux d'infiltration sont abondantes, et ne trouvent pas à s'en aller comme elles sont venues, c'est-à-dire à travers les fissures des roches, on a soin de *tracer* les galeries un peu en montant à partir de l'ouverture. Si par suite de l'inclinaison de la couche que l'on poursuit cette direction était impraticable, il deviendrait nécessaire de creuser, à partir du point le plus bas , une galerie d'écoulement inclinant vers le dehors ; ou bien il faudra installer des pompes sur un des puits, comme dans une mine : chose que l'on évite autant que possible à cause de la dépense.

Carrières remarquables. — Parmi les carrières célèbres nous devons nous contenter de citer, pour exemples d'exploitation souterraine, les vastes excavations qui, transformées en lieux de sépulture, sont devenues les *catacombes* de Rome; les *cryptes* légendaires de Maëstricht, les *catacombes* de Paris qui s'étendent, immenses, sous les quartiers de la rive gauche. Tout cela est maintenant du domaine de l'histoire. — Autrefois , quand les communications étaient difficiles, coûteuses, entravées de mille manières, chaque ville devait tirer les matériaux de ses édifices des entrailles mêmes du sol qui les portait : de là sous chaque grande ville, ou à ses portes, ces excavations profondément fouillées, qui minaient en dessous le terrain. Aujourd'hui, grâce aux canaux, aux chemins de fer, les transports étant devenus faciles et peu coûteux, on a tout avantage à aller chercher un peu plus loin des matériaux exploitables à ciel ouvert, en des conditions plus favorables et plus économiques. La plupart de ces carrières souterraines ont été abandonnées. — Des exploitations modernes à découvert nous citerons seulement , comme remarquables par l'étendue des travaux, les belles ardoisières d'Angers, ouvertes dès l'antiquité ; celles des Ardennes ; les carrières de marbre des Pyrénées. Les carrières historiques de *Paros* (Archipel), qui fournissaient leurs marbres aux statuaires grecs, sont abandonnées ; mais celles de Carrare (Toscane), non moins célèbres, où Michel Ange et les sculpteurs des derniers siècles prenaient leurs blocs, sont encore en exploitation, quoique la variété précieuse du *marbre statuaire* y soit presque épuisée. Les chantiers rivaux de *Saravezza* sont ouverts depuis une époque plus récente. Ce sont de véritables montagnes de marbre, entamées aux flancs par de larges brèches : leurs masses puissantes, presque sans fissures, produisent des blocs magnifiques. On dégage le bloc par souchèvement, on le détache par une série de coups de mine. Les énormes rochers arrachés aux escarpements de la montagne sont précipités dans le vide. Ils tombent, roulant avec un fracas terrible, parfois se brisent en plusieurs morceaux. Souvent les blocs les plus purs destinés à la statuaire sont descendus avec précaution sur un plan incliné de bois jusqu'au pied de l'escarpement ; de là, chargés sur de lourds traîneaux, ou des chariots à roues pleines attelés de bœufs, ils descendent lentement les chemins tortueux de la vallée, et sont emmenés à la plage où on les embarque pour les transporter au loin.

TROISIÈME PARTIE

LES MINES

Disposition générale des travaux.

Gisement des minerais. — Nous avons développé ailleurs (*Roches et Minerais*) ce qui tient à l'origine, au mode de formation, à la situation et à la structure des divers gisements ; nous devons donc encore nous limiter à résumer, sous la forme la plus brève, les quelques données absolument indispensables à l'intelligence des *travaux de l'exploitation*, dont l'exposé fait la matière de ce volume. Les conditions dans lesquelles se rencontrent les minerais et matières exploitables diverses dépendent évidemment de la constitution même du sol qui les renferme et des accidents que ce sol a subis. La situation du minerai constitue le *gisement*, le lieu même où il est accumulé est le *gîte :* mots que le langage courant confond volontiers. Quand ces matières se rencontrent à la surface du sol, circonstance assez rare, on a ce qu'on appelle un *gîte à découvert*. Beaucoup plus communément les minerais gisent plus ou moins profondément enclavés au sein des roches. Sont-ils disposés en forme de *lits*, de *couches* plus ou moins épaisses, entre les assises superposées des *roches de dépôt?* ces couches, nécessairement, auront suivi tous les mouvements du sol; elles se trouveront tantôt horizontales et régulièrement étendues, tantôt inclinées, *plon-*

geantes comme disent les mineurs, contournées, plissées, fracturées, dénivelées et interrompues, comme les couches de la roche elle-même. C'est sous cette forme de couches que se montrent ordinairement la houille, certains minerais de fer. Imaginez que par suite de quelque mouvement du sol les roches se soient fendues, et que la fente se soit remplie après coup de matières différentes de celles qui constituent la roche : vous avez un *filon*. C'est un filon métallifère, si la matière de remplissage contient des minerais. Telle est la forme la plus commune des gîtes métallifères : ainsi se rencontrent le plus souvent le cuivre, le plomb, l'argent. La pente plus ou moins rapide de la fissure du filon qui *plonge* vers les profondeurs est ce qu'on appelle l'*inclinaison* du gîte : le sens dans lequel se marquerait la trace horizontale de la fente, si elle apparaissait à découvert, constitue sa *direction*. Des deux parois de roche ou *épontes* qui l'enserrent, celle qui surplombe obliquement est le *toit* : l'autre est dite le *mur* ou le *sol*. L'épaisseur du gîte, la distance mesurée entre toit et mur, est ce qu'on appelle la *puissance* d'une couche ou d'un *filon*. — Quand une *roche éruptive* est apparue, bouleversant les assises des *roches de dépôt*, souvent des vides formés entre les deux se sont comblés de minerais : ces sortes de filons, plus irréguliers que les *filons-fentes* ordinaires, sont appelés *filons de contact*. Enfin, quand la matière métallifère elle-même a pénétré en fusion, comme une lave, dans la fente, dans la déchirure ouverte, on a un *filon éruptif*. D'étroits filons portent le nom de *veines*; et quand la roche est tellement pénétrée de petites veines entrecroisées qu'il est nécessaire de l'abattre elle-même pour dégager le minerai, le gîte prend le nom allemand de *stockwerk* (travail en bloc). — Une masse irrégulière remplissant une cavité au sein des roches, et qui n'est ni *couche* ni *filon*, garde ordinairement le nom général d'*amas* ; et la cavité elle-même se nomme *sac*, *poche*. Souvent le gîte qui se prolonge plus ou moins profondément apparaît en certains endroits à fleur de sol ; ces traces révélatrices sont ce qu'on appelle les *affleurements* du gîte. — Il est rare que le minerai seul remplisse la cavité, sac ou fente, qui le renferme ; cela ne se rencontre guère que pour la *houille*, le *sel gemme*, certains *minerais de fer* en masse. Partout ailleurs le minerai est associé à des matières stériles, pierreuses, plus ou moins dures, qui portent le nom de *gangue*. La gangue même ordinairement comble la plus grande partie du filon ; le minerai est répandu dans sa masse en *veines* rubannées, ou en fragments, en *rognons* arrondis, en *noyaux*, en *croûtes*, en *sables* plus ou moins riches. Le pic du mineur abat à la fois la gangue vile et le minerai précieux que la nature avare fait acheter à l'homme au prix de tant de recherches et d'efforts.

Recherche des gîtes. — L'exploration géologique d'une région en vue de la reconnaissance des roches exploitables et des gîtes métallifères qu'elle peut renfermer dans son sol, conduit à la découverte d'*indices* plus ou moins prochains, qui ont besoin d'être confirmés par des travaux de recherche immédiate. Nous avons exposé ailleurs (*Roches et Minerais*) les principes et les procédés de cette investigation première, la valeur des indices, l'itinéraire de l'explorateur. Notre présente étude commence au moment où l'examen théorique du sol a établi l'existence et la situation du gîte, sinon avec certitude, du moins avec un degré de probabilité suffisante pour qu'il y ait lieu de mettre le pic dans la roche. Quand, par les *affleurements* rencontrés, par l'étude des mines voisines, cette existence et cette situation sont choses bien acquises, on va directement à la rencontre de la couche ou du filon en perçant dès l'abord le puits ou la galerie d'accès, qui devra servir de débouché pour la mine lorsqu'elle sera en exploitation. Souvent aussi, sur la foi d'indices moins précis, on se décide à creuser un petit puits provisoire ou quelques tronçons divergents d'étroites *galeries de recherche*, pour fouiller le terrain. Mais dans beaucoup de cas, notamment dans la recherche des couches de houille, parfois très-profondément ensevelies, on ne saurait entreprendre sans plus sérieuse garantie des travaux qui seraient considérables, lents, onéreux, et pourraient n'aboutir qu'à une déception. On procède alors aux recherches par voie de *sondage*.

Sondage. — Ce procédé, usité en Chine de temps immémorial, ne s'est introduit en Occident que depuis le xvi⁰ siècle, et son emploi est dû à l'initiative de notre Bernard de Palissy. Il consiste à percer, à *forer* dans le sol, à travers les couches de roches, un trou cylindrique de petit diamètre, pouvant atteindre à une très-grande profondeur. — En réalité, c'est le travail même du forage des trous de mine, agrandi à des proportions considérables : un *sondage* n'est autre chose qu'un trou de mine gigantesque. Mêmes outils : seulement, proportionnés aux dimensions de l'œuvre ; l'installation et la manœuvre se transforment et se compliquent dans le même rapport. — Imaginez une longue, forte et lourde barre de fer, élargie en palette à son extrémité armée d'acier, et se terminant par un tranchant en biseau : vous avez le *trépan* ou *burin*, l'outil essentiel du sondage ; une grosse *barre à mine*, comme vous voyez. Il s'agit de la mettre en mouvement, de la soulever et de la laisser retomber. Ici la force musculaire

Trépan simple.

serait impuissante ; l'outil est d'un poids énorme. C'est une machine qui fera le travail. — Supposez donc le trépan accroché par la tête à une forte corde qui, passant sur une poulie, vient s'enrouler sur le *rouleau* d'un treuil ou le *tambour* d'un manége. La machine agit, le trépan est lentement soulevé jusqu'à 50 centimètres ou un mètre de hauteur. Alors le trépan

Sondage au moyen d'un manège. — Relevage de la tige.

est décroché tout à coup : il retombe, convenablement guidé dans son mouvement; il frappe d'un choc puissant et entame la roche de son tranchant d'acier. Puis la même manœuvre recommence ; à chaque coup un ouvrier, au moyen d'une barre transversale, fait tourner le trépan sur lui-même d'une fraction de tour, afin que le trou se creuse régulièrement arrondi. Le forage commencé est tenu rempli d'eau ; la roche broyée forme un sable détrempé, une sorte de boue qui entraverait bientôt le mouvement du burin. On ramène celui-ci, et à sa place on descend une *curette* proportionnée à cette *barre à mine* : je veux dire un appareil destiné à enlever la roche broyée. C'est un cylindre creux, portant à sa partie inférieure une soupape. Le cylindre est descendu jusqu'au fond du trou; la soupape, par suite de ce mouvement de descente, se soulève, et la boue liquide pénètre à l'intérieur du cylindre. On le retire alors, on le ramène au jour ; la soupape qui s'est refermée retient les boues comme dans un seau. Si un *coup de soupape* ne suffit pas au curage du trou, on recommence l'opération. — Parfois aussi, pour enlever des dépôts épais ou même pour forer une roche très-tendre, on fait usage d'une sorte de *tarière*, comme une mèche de

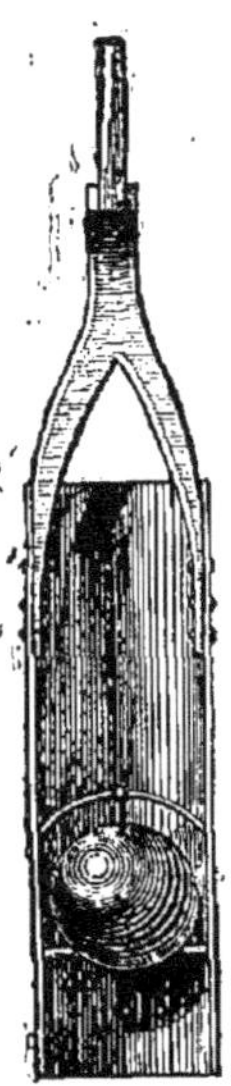

Cylindre à soupape.

vilebrequin, qui *rode*, c'est-à-dire creuse en tournant.

Au début la manœuvre est très-simple ; on avance assez rapidement. Mais à mesure que le trou se creuse, il faut que le trépan, pour atteindre le fond, soit fixé à l'extrémité d'une tige de plus en plus longue. Or, cette tige, au-delà d'une profondeur de quelques mètres, ne peut plus être faite d'une seule pièce. La monture de la sonde se compose donc de bouts de tige, en fer quelquefois, le plus souvent en bois, ayant chacun de 10 à 20 mètres de long, gros en proportion. Ces pièces de la tige *s'emboîtent*, se vissent bout à bout, à l'aide de vis et d'écrous de fer. La manœuvre devient lente et compliquée. Quand le trépan a battu quelque temps, il faut curer le trou : donc, retirer l'outil. Et pour cela il faut que la tige soit démontée pièce à pièce. Au moyen du treuil ou du manége l'outil est soulevé graduellement, et chaque pièce de la tige est successivement dévissée et mise de côté. Si le trou a atteint, par exemple, 200 mètres, il y a dix tiges semblables, au minimum, à dévisser, avant que le trépan soit ramené au jour. Le trépan sorti, il faut descendre la soupape, en rajustant, par une manœuvre inverse, les bouts de tige les uns aux autres; puis on remontera la soupape, on redescendra le trépan. Dès que le forage atteint une notable profondeur, la plus grande partie du temps se passe à descendre et à remonter les outils, à visser et dévisser les tiges : le travail avance lentement. — Pour un petit sondage destiné à atteindre des couches peu profondes, un treuil à engrenage mû par 2 ou par 4 hommes, ou un manége à chevaux peut suffire pour *battre*, et pour remonter les tiges. Quand le forage a une grande importance et doit être poussé profondément, on emploie une machine à vapeur. Pour le battage, la tige du trépan est alors accrochée à l'extrémité d'une forte poutre formant balancier; la force de la machine agit à l'autre extrémité pour élever le trépan et le laisser retomber. Enfin divers perfectionnements, dans le détail desquels nous ne pouvons entrer, et qui ont pour but d'activer le travail et de prévenir les accidents, ont été introduits à une époque récente.

L'inspection des débris rapportés par la soupape fait connaître, mais imparfaitement, la nature des couches atteintes. Si le trou contrecoupe un gîte métallifère, une couche de houille, des fragments de minerai, une poudre noire de charbon se retrouvent dans les boues extraites. A-t-on besoin d'indications plus précises, on substitue au trépan ordinaire un *décou-*

peur creux, armé de quatre dents d'acier, et disposé pour entamer la roche sur le contour seulement ; la roche ainsi creusée en rigole à la circonférence laisse vers le centre une sorte de bouchon cylindrique qui fait saillie au fond du trou : c'est ce que l'on appelle un *témoin*. Au lieu de la soupape on descend alors une sorte d'emporte-pièce faisant l'office de tenaille, qui brise à la base par un effort oblique, détache et ramène le témoin. On a de cette façon un échantillon parfaitement caractérisé de la roche atteinte ; et si un fragment de minerai ou de houille est ainsi rapporté, on peut en apprécier la qualité et la valeur. — En général les sondages se prêtent mal à la recherche des gîtes métallifères, et conviennent fort bien au contraire à la recherche de la houille. Un grand nombre de forages ont été pratiqués dans les bassins houillers ; beaucoup ont atteint la profondeur de 200 à 300 mètres, et donné des indications précieuses. Le plus profond sondage qui ait jamais été réalisé fut pratiqué vers 1853 à la *Mouille-longe*, près du Creusot, pour retrouver la continuité souterraine de couches de houille affleurant à quelque distance. Ce forage, qui coûta quatre années de travail et des sommes considérables, fut interrompu par un accident, avant d'avoir rempli son objet : le trépan se cassa dans le trou, et il fut impossible de le retirer. On avait atteint la profondeur énorme de 920 mètres !

Ce n'est pas seulement à la recherche de la houille que s'applique le procédé du forage au trépan ; et quoique ces sortes de travaux ne se rattachent qu'indirectement à notre sujet, nous ne pouvons nous empêcher de citer au moins en passant ces *puits artésiens*, si nombreux aujourd'hui, qui vont, sur la foi des données géologiques, chercher dans les profondeurs du sol d'un vaste bassin géographique des sources qui viennent de bien loin, des couches aquifères *remontantes*, véritables lacs souterrains dont les eaux jaillissent abondantes et pures, par l'étroit passage que leur ouvre la sonde.

Enfin on a récemment osé appliquer les procédés du sondage, agrandis dans des proportions gigantesques, à percer directement, en toute leur largeur, des puits de mines de 2 à 4 mètres de diamètre, et de plusieurs centaines de mètres de profondeur. Quel trou de vrille! C'est là certes, au point de vue de l'art, un résultat merveilleux ; mais il n'est pas dit qu'un pareil moyen, qui consiste à broyer en sable toute la roche au lieu de l'extraire en gros fragments, puisse jamais être employé couramment, économiquement, si ce n'est en certaines circonstances tout à fait exceptionnelles.

Conditions de l'exploitation. — Supposons donc le gîte découvert, reconnu par des travaux préliminaires d'exploration. Il s'agit maintenant de procéder à l'attaque. Mais, évidemment, les travaux devront être conduits suivant des méthodes différentes, selon la nature et la situation du gîte : conditions générales qu'il faut examiner tout d'abord.

L'exploitation des mines comprend une série si étendue de travaux si vastes et si divers, si variables dans le détail suivant les lieux et les circonstances, qu'une description suffisamment explicite de chacun de ces travaux faite dans un ordre successif quelconque rendrait difficile au lecteur, par les développements qu'elle entraînerait, la tâche de reconstruire dans son esprit l'ensemble décomposé, le mécanisme démonté pour ainsi dire pièce à pièce. Nous procéderons donc autrement. Posons bien d'abord les conditions générales, indiquons les divisions du sujet, arrêtons les grands traits ; par une description sommaire où tout soit sacrifié à la clarté, formons-nous une idée d'ensemble des méthodes et procédés. Cela fait, nous reprendrons l'un après l'autre les travaux, dont la place et le rôle dans l'exploitation nous seront connus d'avance ; nous n'aurons plus alors scrupule de nous arrêter quelque peu aux détails curieux ou aux effets pittoresques qui pourront se rencontrer sur notre route.

Au fond, la donnée générale de la *mine* est la même que celle de la *carrière* : analogie essentielle qui ressortira en mille manières. La différence, elle est surtout dans le développement imposé aux travaux de la mine, dans l'extension des procédés, leur complication, leur coordination, leur dépendance mutuelle en face des difficultés accumulées, dans l'importance qui en résulte pour les services accessoires. Pour les mines, comme pour les carrières, il y a deux conditions générales en présence : l'exploitation à ciel ouvert et l'exploitation souterraine. Mais, tandis que pour les carrières, le travail sous le ciel est le cas ordinaire, le travail souterrain l'exception, pour les mines, c'est précisément le contraire. Cela tient à la valeur de la matière à exploiter, valeur qui conduit à ne pas se contenter de l'enlever là où elle se montre à fleur de terre, mais à la poursuivre jusqu'à d'effrayantes profondeurs, au prix de travaux gigantesques et de dépenses énormes, que l'extraction des pierres et matériaux de construction ne saurait comporter.

EXPLOITATION A CIEL OUVERT.

Dispositions générales. — Rien ne ressemble mieux à une simple et vulgaire carrière qu'une exploitation de mine à ciel ouvert. Comme ce mode d'extraction est infiniment plus commode et plus simple, il va de soi qu'on y aura toujours recours lorsqu'il s'agira d'attaquer des amas de minerai superficiels ou gisant à de faibles profondeurs. — Un tel amas peut encore se rencontrer en deux situations différentes : en plaine, au-dessous du sol, de manière à être atteint par une excavation en forme de *fosse* ; vers le sommet ou à mi-pente d'une élévation, de telle sorte qu'on puisse y ouvrir une brèche *de flanc*. Ces conditions qui permettent l'exploitation à découvert ne se rencontrent pas, on le comprend, également fréquentes pour les diverses sortes de gîtes. C'est chose très-rare pour les *filons* (filons-fentes, filons de contact), qui ont ordinairement une faible puissance, et plongent sous le sol suivant une inclinaison rapide. Il y en a cependant des exemples ; le plus frappant qu'on puisse rappeler est cette légendaire mine de cuivre de *Falhun*, en Suède. Ce mode d'extraction est, naturellement, plus ordinaire pour les *couches*, lorsqu'elles ne sont pas situées profondément, ni fortement inclinées. Tel est le cas d'un très-grand nombre de mines de fer, ouvertes dans les couches superficielles dites *minerais d'alluvion*. Souvent il ne s'agit, pour mettre le gîte à découvert, que d'enlever une faible épaisseur de sable, d'argile ou de *tourbe*. Il y a aussi des exemples de couches de houille peu profondes ainsi dépouillées. Citons de préférence la houillère du *Treuil* près Saint-Étienne (Rhône), pour montrer comment certaines conditions locales peuvent influencer sur les procédés d'exploitation. Pour mettre à nu cette couche, il a fallu enlever une assez forte épaisseur de roche ; mais la roche, qui est un grès houiller fin et compacte, constitue une pierre de construction, dont la valeur compense, et au delà, les frais du découvert. Les amas irréguliers (*gîtes de contact, stockwerks, gîtes éruptifs*) se présentent assez souvent de telle sorte qu'on peut les exploiter ainsi ; mais alors ces gîtes, qui appartiennent aux régions montagneuses, le plus souvent se trouvent sur les sommets ou à mi-côte des escarpements, et sont attaqués de flanc par des brèches largement béantes : condition de beaucoup la plus favorable aux travaux à ciel ouvert. Tels sont, par exemple, les gisements de *sel gemme* de Cardona, au pied des Pyrénées ; Täberg, Dannemora (voir le frontispice), la plupart des fécondes mines de fer de la Suède. Là souvent l'amas forme un massif complétement dégagé, véritable montagne de minerai, entamée, *détranchée* de toutes parts, et qui finira par être déblayée complétement. Citons encore comme type le magnifique amas de fer oxydé de Rio, dans l'île d'Elbe ; vers le sommet d'un monticule conique qui domine la mer, la dure roche de fer sort de terre. Les excavations puissamment ouvertes, et depuis des siècles, forment, ici comme de longs ravins d'écroulement, là comme de larges cratères égueulés.

Quand une mine, ouverte et longtemps exploitée à ciel ouvert, de plus en plus se creuse à la poursuite du gîte qui s'enfonce dans la terre, il vient un moment où les travaux en tranchée, de plus en plus élargis et profonds, deviennent trop onéreux par l'enlèvement des roches. A partir de cette limite, la mine est forcée de changer de régime ; et l'exploitation se continuera désormais par des puits et des galeries souterraines. C'est ainsi qu'on a procédé à *Fahlun*, à la mine du *Treuil.* Enfin, dans un même ordre d'idées, il arrive fréquemment qu'on dépouille par des excavations au jour les affleurements des gîtes, tandis que les parties profondes qui en constituent la grande masse, sont fouillées par des mines souterraines. De cette manière de procéder, aussi fréquente que naturelle, contentons-nous de citer pour exemple l'abattage sur l'affleurement d'un gîte de cuivre au Rammelsberg (Saxe). C'est du reste ainsi que débute souvent l'exploitation d'un amas, du moins jusqu'à ce qu'on ait acquis sur sa structure et sa richesse des renseignements assez complets pour se hasarder à aller chercher le gîte dans la profondeur, par des percées lentes et coûteuses à travers les roches.

Travaux d'une mine à ciel ouvert. — Le *chantier d'extraction* d'une mine à ciel ouvert offrira souvent une forme plus irrégulière que celle d'une carrière, parce qu'il faut suivre l'amas exploité et se conformer à ses allures. S'agit-il d'une excavation en fosse, on tâchera de se rapprocher de la forme rectangulaire qui offre plus de commodité pour les services et dégage mieux les approches. Le *découvert* obtenu par l'enlèvement des terres ou des roches sur une surface plus ou moins étendue en longueur et en largeur, le gîte est attaqué. On *fonce* une tranchée étroite dans le minerai lui-même jusqu'à la profon-

Travail sur un affleurement au Rammelsberg. — Gradins droits.

deur de 1 m. 50 à 2 m. environ : hauteur d'homme. Puis on *abattra* le long du *front de taille* que forme l'une des parois, de manière à élargir graduellement la tranchée, en maintenant le fond à peu près horizontal. Lorsqu'elle sera devenue assez large, on *foncera* de même une seconde tranchée au fond de la première, laquelle s'élargira à son tour et ainsi de suite. De la sorte on arrive à donner aux fronts d'abattage la forme en *gradins* dont nous avons exposé les avantages. On peut avancer ainsi régulièrement jusqu'à ce qu'on atteigne en un certain sens, soit en longueur, soit en largeur, la limite du gîte. Les *tailles* alors s'arrêtent contre la pierre stérile ; on suit les contours des *plans de contact* plus ou moins brisés ou onduleux, en enlevant partout le minerai jusqu'à la roche : c'est ce qu'on appelle *dépouiller* le gîte.

Le long des *tailles*, sur les faces verticales des gradins, l'abattage du minerai se fait exactement comme celui de la roche dans une carrière : sauf qu'il n'y a ordinairement nulle précaution à prendre pour obtenir des blocs considérables, puisqu'il doit, au contraire, être détaillé en menus fragments. Chaque ouvrier travaille sur trois ou quatre mètres de front. Suivant la dureté du minerai, il emploie les outils seuls ou la poudre. Les minerais *ébouleux*, en sables, en *brèches* faiblement agglomérées, s'abattent à la pioche; pour les matières plus dures on emploie les pics acérés de diverses formes, les *pointerolles* sur lesquelles on frappe à coups de masse, les leviers pointus qu'on introduit dans les fentes. Les fragments détachés tombent sur le gradin, aux pieds du mineur. Si le minerai ou la gangue sont rebelles, on a recours aux *coups de mine.*

Nous avons vu comment on creuse, soit à la *barre à mine*, soit au fleuret et à la masse, les trous destinés à recevoir la matière explosive. La manière de les *placer* demande du mineur un certain tact. Il peut placer ses coups de mine *verticalement*, près du bord d'un gradin ; et alors l'explosion fera écrouler les blocs détachés sur le gradin inférieur. Il peut les diriger obliquement dans une des parois verticales, ce qui détache peu de blocs, mais a l'avantage de fissurer et d'ébranler la masse assez loin autour du coup de mine. Enfin il peut les placer *horizontalement*, au-dessus d'un *havage*, ou entaille faite en dessous, au pied du gradin. Son habileté consiste à prévoir la disposition que la masse peut avoir à se fracturer dans un sens ou dans l'autre , pour disposer ses coups de mine en conséquence.

Mais à la suite de l'abattage une complication va surgir, qui n'existe point pour l'extraction des pierres. Il est rare, nous le savons, très-rare, — sinon quand il s'agit du fer, de la houille ou du sel gemme — que la matière exploitable constitue à elle seule la masse du gîte. Presque toujours le minerai est accompagné de gangues, de matières stériles ; et même le plus souvent, excepté dans le cas des minerais de fer , la masse de ces déchets dépasse de beaucoup celle de la matière métallifère. D'une manière générale on peut dire que plus le métal est précieux, plus la gangue prédomine sur le minerai. Voilà donc les blocs et fragments, détachés par le fer ou par les coups de mine, abattus, gisant sur le *plat* du gradin. Une partie seulement de cette masse constitue le minerai ; le reste est roche stérile. Il ÿ aura donc lieu de faire des triages. Et comme il serait onéreux autant qu'inutile d'extraire de la fosse, par charrois ou par machines, ce poids considérable de matière improductive, un premier triage au moins doit toujours se faire dans la mine. Des ouvriers donc trient immédiatement le produit de l'abattage. Les blocs stériles sont écartés ; ceux qui contiennent des *veinules* ou des fragments de minerais sont brisés, *détaillés* à coup de masses ou de pics; les morceaux sont choisis à la main. Cette opération, grâce à l'habitude, s'accomplit avec rapidité; toute la partie exploitable est chargée à la pelle, avec ce qui y adhère encore de gangue, dans les brouettes, dans les *vases d'extraction*; le reste est le résidu, le *mort*, le déchet. Ces matériaux, parfois très-volumineux, restent dans la mine; ils constituent le *remblai*. La question des remblais

préoccupe peu dans une exploitation à ciel ouvert ;
dans les travaux souterrains, au contraire, c'est une
affaire capitale, comme nous le verrons. Ici, on s'en
débarrasse comme on peut. Une partie peut être uti-
lisée pour l'entretien des voies, si la nature de la roche
le permet ; le reste recomblera, derrière les mineurs,
les parties de l'excavation pauvres ou dépouillées.

*Transport du minerai. — Plan incliné automoteur.
Bennes.* — Le minerai abattu et trié, l'enlèvement
se fait de diverses manières : rarement par *portage*,
dans des sacs ou corbeilles portées sur le dos, sur
l'épaule. C'est là un moyen primitif, de plus en plus
délaissé, et dont on use exceptionnellement dans quelque coin de la mine, là où le *roulage* ne peut être ou
n'a pas encore été organisé. Le *roulage* se fait, soit à la
brouette, soit en de petits tombereaux ou wagonnets
à quatre roues, roulant sur le sol des gradins le long
des tailles, ou mieux sur un petit chemin de fer provisoire semblable à ceux qu'on voit employer chaque
jour dans les travaux de terrassement. Suivant l'activité plus ou moins grande de l'exploitation, on règle
les dimensions de ces tombereaux ou wagonnets ; ils
sont poussés par des hommes ou traînés par des chevaux.

Lorsque la mine s'ouvre en brèche sur le flanc d'une
colline, on peut, si la pente est assez raide, épargner
sur le parcours des voies, en disposant un plan incliné
en bois, un canal oblique où on déverse les minerais
brouettés le long des tailles. La matière glisse par
son propre poids jusqu'au pied de l'escarpement, où
elle est reçue et chargée sur des tombereaux, des
wagons ou des chalands. L'inclinaison est-elle trop
faible pour que le minerai glisse sur la *manche*, elle
est du moins plus que suffisante pour que les chariots
puissent descendre la pente, entraînés par leur propre
poids. L'idée se présentait alors tout naturellement
d'utiliser l'excédant de force au remontage des chariots
vides. L'appareil qui réalise cette idée est dit plan incliné *automoteur*. Une double voie de rails est établie

suivant l'inclinaison ; au haut de cette voie, imaginez une très-grosse poulie, sur la *gorge* de laquelle passe un long câble ; aux deux extrémités de ce câble deux chariots accrochés, l'un plein, l'autre vide. Évidemment si l'un descend par son poids, l'autre remontera. Le premier a été rempli à la pelle au haut de la pente, ou amené tout chargé de la taille. On laisse défiler le mécanisme. Le wagon vide remonté vient s'arrêter au niveau des chantiers ; tandis qu'on le rem_

Plan incliné automoteur.

plira, ou le remplacera par un wagon chargé, le premier sera déchargé au bas de la pente, ou mieux décroché et remplacé par un wagon vide. La poulie, pièce principale de tout le mécanisme, est munie d'un *frein*, c'est-à-dire d'un appareil construit sur le principe de ceux dont on use pour serrer les roues d'une lourde voiture que l'on veut retenir à la descente. Le frein peut serrer plus ou moins fortement la poulie, de manière à l'arrêter complétement, ou à la laisser tourner en modérant seulement la vitesse. Un ouvrier, agissant sur le levier du frein, dirige à son gré la machine, arrête les chariots, ou les met en marche en laissant défiler le câble. Le plan incliné automoteur, assez souvent employé dans les chantiers à ciel ouvert, est d'un usage plus fréquent encore dans les mines souterraines.

Lors au contraire que la mine forme une excavation en contre-bas du sol environnant, les tombereaux ou wagons doivent nécessairement monter pleins et redescendre à vide par un chemin en pente plus ou moins raide, donnant accès dans les travaux. Or quand la profondeur de la tranchée devient considérable, le montage des tombereaux ou wagons par des pentes, à force de chevaux, devient incommode et onéreux; il est préférable d'extraire les matières exploitées *verticalement*, le long d'une paroi à pic, par le moyen de machines. Les minerais sont versés dans des *bennes* (tonnes) ou *caisses* de formes diverses, suspendues à des câbles, montant et descendant alternativement. Les *vases d'extraction* sont mis en mouvement par un simple treuil manœuvré à deux hommes, ou par un manége, ou enfin, si l'importance des travaux l'exige, par une machine à vapeur.

Épuisement. — Le seul service accessoire que puisse exiger une mine à ciel ouvert est celui de l'*épuisement*. Plus l'excavation est étendue en superficie, plus elle reçoit des eaux du ciel; plus elle est profonde, plus les infiltrations du sol s'y rendent abondamment de toutes parts. Lorsqu'il est possible d'assécher la mine par une tranchée ou même une galerie souterraine dégorgeant les eaux à un niveau plus bas, dût-elle être très-longue, il y a avantage à user de ce moyen. Les sacrifices qu'on aura faits pour l'établissement de ces conduits d'écoulement naturel seront amplement compensés par des commodités de toutes sortes et d'importantes économies. Mais si le fond de la mine se trouve situé en contre-bas de tous les terrains environnants, force est de recourir à l'épuisement artificiel. On dispose alors l'excavation de telle manière que la pente conduise de toutes parts vers un lieu inférieur, où est creusée une cavité appelée le *puisard*. Là les eaux sont puisées, soit à l'aide de tonnes ou bennes semblables à celles de l'extraction, soit à l'aide de pompes. Parfois, surtout si la profondeur est considérable, une machine à vapeur puissante est uniquement occupée, jour et nuit, à l'épuisement. — La construction des machines motrices, les services d'extraction et de roulage, l'organisation des épuisements offrent des détails intéressants, pour lesquels nous renvoyons, afin de ne pas faire double emploi, à la description des exploitations souterraines.

Exploitation des alluvions métallifères. — Dans la catégorie des travaux à ciel ouvert rentre encore l'exploitation des minerais *en sables,* étendus sous forme de couches superficielles ou peu profondes. Les minerais d'étain, notamment, affectent souvent cette forme d'alluvions sablonneuses dans certains districts de la Cornouailles et de la Bretagne, à Banca (Océanie) et à Malacca (Asie Orientale). L'enlèvement de ces minerais *meubles* à la pioche et à la pelle se fait exactement comme celui d'une roche ébouleuse quelconque, dans une simple carrière de sablon. — L'extraction des *minerais de fer lacustres* du fond des eaux qui les recouvrent offre quelque chose de plus original. Ces lacs si nombreux en Suède, et qui « disposés en étages sur les pentes accidentées, se déversent les uns dans les autres comme les vasques d'une fontaine » (*Le Fer*), cachent souvent sous leur nappe tranquille, dans les parties peu profondes, de vastes bancs de sables ferrugineux, minerais en grains, jadis en roche, arrachés aux flancs des montagnes, broyés en sable, entraînés et déposés par les eaux. Les gens du pays, pendant la belle saison, montent de grands radeaux grossièrement construits, et les amènent au-dessus des dépôts ferrugineux. De là, ils puisent, ils *pêchent,* pourrait-on dire, le minerai à l'aide de seaux ou de grandes cuillers, emmanchées de longues perches ou suspendues à des cordes, et faisant l'office de *dragues.* Ils traînent ces dragues sur le fond pour les remplir, puis les redressent et les enlèvent. Un simple lavage dans un crible en fil de fer débarrasse le minerai du limon; on le verse en tas sur le plancher du radeau. Le chargement achevé, on l'amène à la rive prochaine. Deux de ces pêcheurs de minerai peuvent ainsi en extraire de 3 à 6 tonnes en une journée de travail.

Enfin les *alluvions aurifères*, couches superficielles, parfois immenses, de sable, de galets, de limons, étendues aux pieds des montagnes, et qui contiennent l'or disséminé en grains, en paillettes, en poudre, ces riches *placers* des régions de l'or, la Californie, l'Australie, la Sibérie, comme les sables aurifères eux-mêmes des rivières et des fleuves exploités par les *orpailleurs*, se rattachent aussi aux gîtes à découvert. Seulement ici les travaux de *lavage* qui ont pour but de concentrer et de recueillir les parcelles du précieux métal se combinent si intimement aux travaux d'extraction, qu'il serait impossible d'exposer ces derniers, très-simples du reste, sans entrer sur le terrain spécial de la métallurgie de l'or. Nous en traiterons en détail dans un autre ouvrage (*L'Or et l'Argent*).

EXPLOITATION SOUTERRAINE.

Attaque du gîte. — L'exploitation souterraine comporte, comme les chantiers à ciel ouvert, les travaux d'abattage, l'organisation de l'extraction et de l'épuisement. Mais, en outre des difficultés qui vont compliquer ces travaux par suite des conditions dans lesquelles ils devront être accomplis, des nécessités toutes nouvelles vont surgir, auxquelles il faudra faire face. D'abord il faudra songer à la circulation des ouvriers dans les travaux, chose qui ne nous avait aucunement préoccupé jusqu'ici. Mais ce n'est pas tout : on ne peut pas travailler sans air; on ne peut pas travailler dans les ténèbres. Donc deux nouveaux services, accessoires mais indispensables, l'*aérage* et l'*éclairage*, qui peuvent entraîner plus d'une complication. Dans ce vaste ensemble d'opérations, toutes solidaires, toutes dépendant les unes des autres, nous sommes forcé d'établir des divisions, pour la clarté de notre exposition. Nous considérerons à part les *travaux préparatoires*, tels que l'établissement des voies, puis les *travaux d'exploitation* proprement dits, comme l'abattage, l'extraction. — Il s'agit tout d'abord, n'est-ce pas, d'atteindre le gîte ; puis de pénétrer au sein même de la masse à exploiter. La première question qui se pose est donc celle des *voies* et cheminements souterrains.

L'ensemble des travaux de la *voierie souterraine* comprend quatre sortes de voies : 1° Les *galeries horizontales* ou à faible pente; 2° les *puits verticaux*; 3° les *galeries à forte pente* et 4° les *puits inclinés*. Mais ces deux derniers moyens de communication, fort usités pour la petite circulation intérieure dans les travaux, sont aujourd'hui, pour des raisons que nous exposerons plus loin, très-rarement employés comme voies principales.

Pénétrer jusqu'à un gîte donné par l'une quelconque de ces percées souterraines serait la chose la plus simple, et le choix assez indifférent, si les nécessités prévues des différents services de l'exploitation n'imposaient d'avance certaines conditions. L'attaque devra donc être dirigée diversement suivant les circonstances du gisement : ou par une *galerie* (horizontale) ou par un *puits* (vertical). Mais selon l'un ou l'autre des deux modes d'accès adopté, les conditions seront très-différentes pour l'exploitation, comme nous allons le voir. Supposons, par exemple, un amas inclus au sein d'une colline. Du point le plus rapproché, situé sur le versant, vers le fond de la vallée, je creuse une galerie légèrement montante, jusqu'à la rencontre du gîte. Cette galerie, pendant le cours de l'exploitation, pourra donner facile accès aux ouvriers, servir de voie de transport ou d'extraction pour amener au jour les matières abattues, sans frais, sans machines, sans complication ; enfin, chose capitale, grâce à sa pente légèrement inclinée vers le dehors, elle donnera aux eaux un écoulement naturel. Si, au contraire, j'eusse pratiqué, à partir d'un niveau supérieur, un puits descendant vers le gîte, ce puits eût été la voie de circulation pour les ouvriers, obligés de descendre et de remonter soit par des échelles, soit par des machines spéciales; toutes les matières à extraire, nous voilà contraints de les faire monter par le puits jusqu'au niveau du sol; et les eaux de la mine aussi devront être élevées jusqu'à la bouche du puits. Or l'élévation de toutes ces matières lourdes, les minerais et les eaux, constitue une dépense considérable de force motrice; voilà la nécessité d'établir, d'alimenter et d'entretenir des machines motrices puissantes et des appareils compliqués, qui grèveront l'exploitation de frais énormes. L'accès par galerie est donc infiniment préférable lorsqu'il est

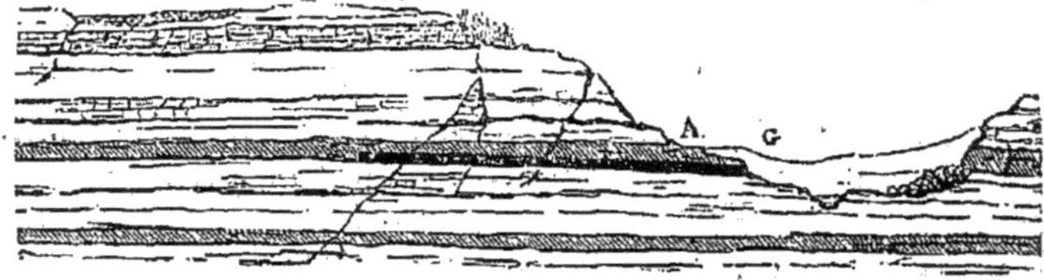

Attaque d'une couche par une galerie. A, affleurement. G, galerie.

possible, c'est-à-dire, évidemment, si le gîte se trouve à un niveau plus élevé qu'un point donné du sol environnant, où puisse déboucher au jour la galerie. S'il est situé en contre-bas du sol, ou si les points de débouché possible sont trop éloignés, il faut se résigner au puits, à l'extraction et à l'épuisement mécanique avec tous leurs inconvénients.

Appliquons ces principes à l'attaque des diverses sortes de gîtes. Pour commencer par le cas le plus simple, soit une *couche* horizontale ou à peu près. Cette couche affleure-t-elle en quelque partie déclive du sol, sur les pentes d'une vallée creusée dans les assises du terrain, par exemple? une galerie ouverte dans l'affleurement même nous fait pénétrer immédiatement au cœur du gîte ; à partir de cette *maîtresse voie* se creuseront des galeries latérales qui s'allongeront à mesure que les travaux s'étendront. Si la couche n'affleure pas, ou si le point d'affleurement est trop éloigné, on creusera un puits ; le gîte atteint, on y ouvrira une ou plusieurs voies horizon-

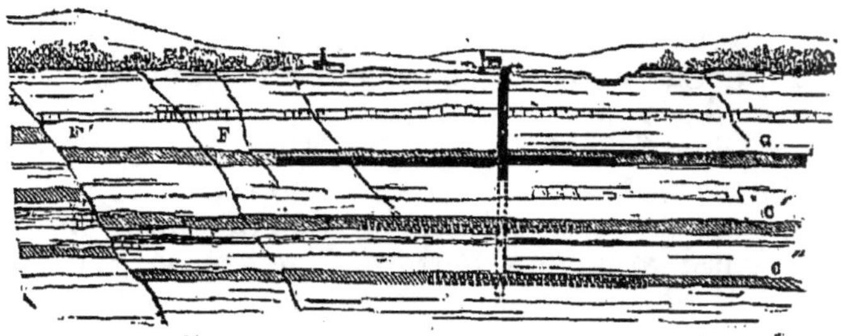

Attaque d'une couche par un puits. C, couche exploitée. C' C" couches plus profondes qui seront atteintes par le puits prolongé.

tales en communication avec ce puits. Soit maintenant un filon, ou un amas irrégulier de forme plongeante, ou une couche fortement inclinée. Si un tel gîte forme un affleurement qui se montre vers le bas d'un escarpement, de telle sorte qu'une partie importante au moins du gîte se trouve située au-dessus du niveau de ce point, on peut encore avantageusement ouvrir une galerie horizontale dans l'affleurement même. Mais si le gîte n'affleure que vers sa partie supérieure, circonstance la plus ordinaire, il y a deux manières de procéder, deux méthodes en présence. La première idée qui s'offre, c'est d'attaquer encore le gîte par l'affleurement même. Les travaux, alors, suivant leur marche en descendant, il faudra creuser, *dans l'épaisseur même du filon ou de la couche*, des galeries ou des puits plus ou moins inclinés, qui iront s'approfondissant à mesure. C'était la manière de procéder des anciens ; et bientôt nous aurons lieu d'exposer tous les inconvénients qu'elle entraîne, et qui l'ont fait abandonner généralement. L'autre méthode, beaucoup plus rationnelle, presque

universellement adoptée aujourd'hui, consiste *à re-
couper*, — c'est le terme technique, — le gîte *en profondeur*, par une voie pratiquée dans la roche stérile
encaissante : une galerie, si la disposition des reliefs
du sol le permet ; sinon, un puits vertical. Cela
fait, à partir de ce point où le puits ou la galerie le
recoupe, on creuse transversalement, dans le gîte
même, le long du *toit* ou du *mur*, une galerie horizontale qui en suivra toutes les ondulations. C'est ce
qu'on appelle la *galerie de direction*, parce qu'en effet
elle est orientée suivant la direction du gîte ; elle
ira s'*allongeant* à mesure que l'exploitation s'étendra
en direction, jusqu'à la limite : c'est pourquoi elle est
souvent aussi appelée *galerie d'allongement*. C'est la
voie principale, à laquelle se rattacheront les voies
secondaires. Ordinairement on creuse à partir du

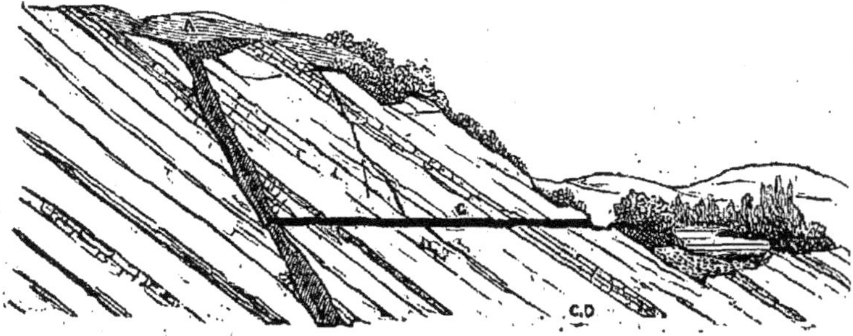

Attaque d'un filon incliné par une galerie. A affleurement. G galerie.

puits ou de la voie d'accès, deux galeries d'allongement s'ouvrant en face l'une de l'autre, pour exploiter le gîte en même temps à droite et à gauche.
Notons bien dès maintenant qu'une mine un peu
considérable peut rarement s'en tenir à une seule
voie de communication avec l'extérieur ; les services
de l'exploitation demandent le plus souvent qu'on
établisse au moins deux passages ouvrant au jour :
deux galeries, ou deux puits, ou un puits et une
galerie, en communication par les voies intérieures.

Traçage. — En outre, pour l'activité de l'exploitation, il est avantageux de multiplier les points d'attaque du gîte, les chantiers d'abattage. Pour cela, on recoupe le gîte par des voies croisées. S'agit-il d'une couche horizontale ? à partir soit du dehors, soit du puits, soit de la galerie principale, on perce deux ou plusieurs galeries, parallèles ou à peu près, qui de

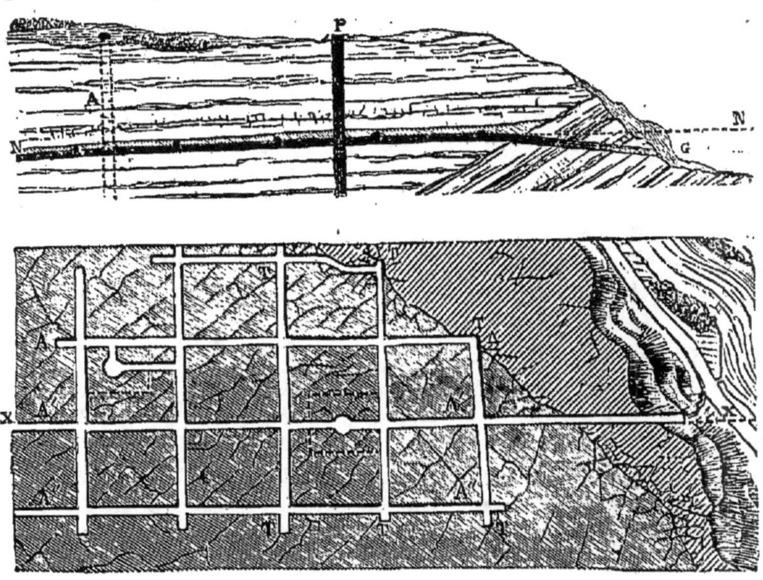

Traçage dans une couche horizontale (coupe et plan). P puits. G galerie d'écoulement. AA'A'' g. d'allongement. TT g. transversales.

distance en distance communiquent par des galeries transversales. De la sorte la couche se trouve découpée en *massifs* à peu près rectangulaires, isolés, dégagés, comme on dit, par les voies qui les contournent. Ces massifs dégagés seront entamés sur plusieurs points à la fois ; et tandis que les mineurs attaquent la matière exploitable dont l'enlèvement leur aura été facilité par les voies déjà tracées, d'autres ouvriers prolongent ces mêmes galeries vers la partie encore inattaquée de la couche pour y découper de nouveaux massifs : et ainsi de suite, jusqu'à *dépouillement* complet du champ d'exploitation. Cette opération préliminaire est ce qu'on appelle le *traçage*. Le *traçage*, dans la pratique, réalise rarement la régularité géométrique qu'offre notre figure. Les voies ne peuvent pas toujours être parfaitement droites, les massifs parfaitement égaux, vu que la couche elle-même n'est pas d'une régularité complète ; mais on cherche à se rapprocher de ces conditions idéales autant que le permettent la nature et la forme du gîte. En général, plus l'*aménagement* d'une mine est régulier, dans le tracé des voies comme en toute chose, plus les travaux sont rendus commodes, par cela même productifs, économiques.

Quand le gîte à dépouiller ne se compose que d'une seule couche à peu près horizontale et d'une faible épaisseur, les travaux ne peuvent s'étendre qu'en superficie. Mais s'il y a plusieurs couches superposées, cas le plus ordinaire dans les houillères, la mine doit avoir plusieurs *étages*, exploités, soit en même temps soit successivement. Un même puits, graduellement approfondi, atteint, traverse successivement les couches, et donne accès dans les divers étages. Le plus ordinairement alors ces étages ont en outre communication entre eux par de petits puits intérieurs destinés à divers services. Soit maintenant un filon régulier ou une couche très-fortement inclinée : c'est tout un, au point de vue de l'exploitation. Un tel gîte a dans son ensemble la forme d'une plaque plus ou moins épaisse, plongeant plus ou moins obliquement à travers les terrains. Il est évident qu'un puits vertical ne peut percer une semblable plaque qu'en un seul point. A cette hauteur, avons-nous dit déjà, on pousse de chaque côté du puits une galerie d'allongement horizontale, suivant la direction du gîte. Mais cette seule coupure ne dégagerait pas suffisamment les travaux. Cette voie principale percée, il faut découper le gîte en massifs par des voies croisées, à peu près comme nous avons fait pour la couche horizontale. Nous sommes donc conduits à percer, suivant la direction du gîte, non plus une seule galerie mais plusieurs galeries parallèles : deux, si vous voulez, pour commencer. Le gîte étant incliné, ces deux galeries parallèles poussées suivant sa direction sont donc nécessairement à deux niveaux différents. Elles se suivent, l'une au-dessus, l'autre au-dessous, mais non pas verticalement l'une sous l'autre, puisque le filon est incliné. Si maintenant de distance en distance nous perçons des voies communiquant de l'une à l'autre des deux galeries horizontales, ces voies transversales seront nécessairement dirigées dans le sens de l'inclinaison du gîte, elles-mêmes inclinées, *plongeantes*. Une telle voie à pente rapide, quelque chose d'intermédiaire entre une galerie et un puits, est ce qu'on appelle une *descenderie*. Le gîte entre les deux voies horizontales et les descenderies qui les réunissent de distance en distance, se trouve donc encore divisé en massifs dégagés, à peu près rectangulaires, tout semblables à ceux que forme dans une couche horizontale, le réseau des galeries croisées ; différant seulement en ce qu'ici les massifs sont situés obliquement comme le gîte lui-même. — Pour vous en faire une idée nette en suivant sur les figures, redressez le livre presque verticalement en face de vous. La même figure (p. 67) qui, le livre étant posé à plat, vous représentait, en *plan*, le massif découpé dans la couche horizontale, le livre étant relevé, vous représentera très-exactement, en élévation, c'est-à-dire en face, la plaque découpée dans le gîte incliné. Les deux galeries d'allongement (AA') restent horizontales, mais l'une se trouve située au-dessus de l'autre ; les voies transversales (TT) prennent la position de descenderies rapides. A mesure qu'on enlèvera ces massifs par les travaux d'abattage, on allongera les galeries vers les parties non encore entamées, et on établira de nouvelles descenderies, isolant de nouveaux massifs. Toute la tranche ainsi découpée dans le gîte, située entre la voie supérieure et la voie inférieure, et divisée en massifs, forme ce qu'on appelle un étage d'exploitation.

Si maintenant on veut ouvrir un second étage de travaux au-dessous de celui-ci, on établira, à une pro-

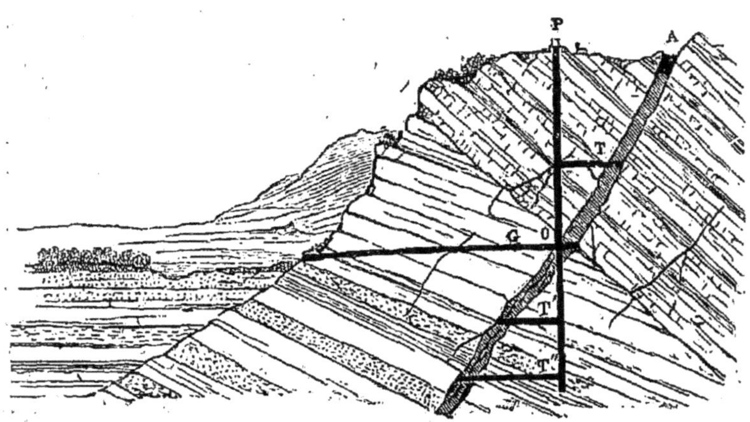

Exploitation d'un filon par plusieurs étages de travaux. P puits. TT'T" traverses. G galerie d'écoulement.

fondeur convenable, une nouvelle galerie d'allongement; puis, de distance en distance, des descenderies; la *voie inférieure* de l'étage situé au-dessus formera tout naturellement la *voie supérieure* de l'étage situé au-dessous. — Mais pour arriver au niveau de cet étage inférieur, et y établir la galerie d'allongement, il a fallu, tout d'abord, approfondir le puits principal de la quantité convenable. Et comme alors on se trouvait hors du gîte, qui, lui, s'enfonce obliquement, il a fallu, à partir du puits, aller à sa rencontre à travers la roche stérile, par une galerie horizontale. Cette galerie est ce qu'on appelle une *traverse*. A son débouché dans le gîte, part et s'étend des deux côtés la galerie d'allongement. Comme le puits ne peut couper la couche qu'en un seul point, à l'orifice des galeries d'un seul étage, les galeries de tous les autres étages, soit au-dessus soit au-dessous, sont ainsi mises en communication avec lui par des *traverses*. Pour les amas de toute forme, dès lors qu'ils sont étendus en profondeur, il est évident qu'il faut établir ainsi plusieurs étages d'exploitation ; on procède absolument comme nous avons indiqué pour le cas d'un filon-fente ou d'une couche inclinée, à cela près que si le gîte est moins régulier de forme, les travaux auront nécessairement aussi une allure moins régulière. Dans tous les cas nous remarquerons qu'on met autant que possible le puits principal dans la roche stérile, en dehors du gîte, pour atteindre ensuite celui-ci par des traverses à différents niveaux. La raison de ceci se comprendra mieux quand nous aurons décrit les travaux de l'exploitation.

Ainsi qu'on a déjà pu voir par ce qui précède, une considération est prédominante dans la question de l'aménagement d'une mine, de l'établissement des voies : c'est celle de l'épuisement des eaux. Même quand on fait d'un puits la voie principale d'extraction, s'il y a possibilité de creuser une galerie d'écoulement on n'y manque pas. Quand un point d'un gîte donné est atteint par une galerie d'écoulement, toute la partie du gîte *situé au-dessus* est considérée par le mineur comme *dégagée* pour l'exploitation, débarrassée du principal obstacle. En effet, tous les travaux qu'on pourra faire dans cette partie, auront un écoulement naturel ; point de frais d'épuisement, point de crainte d'inondation ; plus de ces dangers, de ces complications sans nombre, de ces charges onéreuses que les eaux infligent trop souvent au mineur. Au lieu d'occasionner une dépense considérable de force mécanique pour l'épuisement, avec une galerie d'écoulement ouverte souvent les eaux deviennent tout au contraire une source de force motrice utilisable pour d'autres services ; nous verrons plus loin comment. — Évidemment la galerie ne peut pas écouler les eaux de la partie du gîte qui se trouverait située en contre-bas de son niveau : il y a donc avantage à la pratiquer le plus bas possible. Mais pour cette partie même des travaux qu'elle ne saurait assécher, la galerie d'écoulement n'en constitue pas moins un avantage considérable. Les eaux des étages inférieurs n'auront du moins besoin d'être élevées que jusqu'à son niveau, pour se répandre au dehors ; tandis que sans elle il eût fallu les faire monter jusqu'à la bouche du puits : économie considérable de force motrice et d'appareils. — Enfin, quand la galerie peut donner accès aux ouvriers au moins dans certains étages, c'est une simplification importante obtenue, et plus d'un danger écarté. Dans les travaux où les eaux ne peuvent trouver un écoulement par une pente naturelle, elles se réunissent au fond du puits. Celui-ci se prolonge un peu au-dessous du niveau des plus basses galeries, et forme un réservoir, où s'accumulent les eaux. C'est ce qu'on nomme le *puisard* : cela représente un puits ordinaire. De là les eaux sont extraites par des machines, soit au moyen de *tonnes*, fonctionnant comme d'énormes seaux, soit au moyen de *pompes*.

La question de l'écoulement des eaux est encore à considérer dans le tracé de toutes les voies accessoires ; toutes les galeries d'une mine, galeries de traverse, d'allongement, voies secondaires, doivent avoir une pente légère vers le puits ou la galerie d'écoulement. Une voie, une série de voies qui se trouverait avoir une pente en sens contraire, sans dégagement, serait bientôt noyée, et la circulation, les travaux interrompus. Il suit de là encore que les voies obliques doivent toujours être percées en *montant*. Les descenderies, par exemple, doivent être pratiquées à partir de la voie inférieure, en se dirigeant vers la voie supérieure où elles déboucheront. Si l'on procédait en *descendant*, chaque voie inclinée deviendrait pour ainsi dire, pendant le temps de son percement, un petit puits, au fond duquel s'accumuleraient les infiltrations des parties voisines ; les travaux seraient arrêtés, ou bien il faudrait organiser des épuisements. Et non-seulement le perçage des voies, mais aussi l'abattage des massifs, les travaux des *tailles* doivent toujours progresser en montant. Il y a du reste à ce procédé beaucoup d'autres avantages, que nous mettrons en lumière quand nous parlerons de l'extraction. — On peut bien, il est vrai, dans une mine, ouvrir successivement les *étages* de plus en plus profonds, en descendant ainsi comme par degrés ; mais *dans chaque étage* les travaux doivent — insistons — procéder toujours en montant, à partir de la voie inférieure de l'étage. Dans une couche qui serait parfaitement horizontale, on n'aurait pas à se préoccuper de cette direction à donner aux travaux ; mais dès qu'il y a une pente, si faible qu'elle soit, il faut en tenir compte.

En outre de l'épuisement des eaux, il est encore une autre nécessité à laquelle la disposition générale des voies doit satisfaire. Je veux parler de l'*aérage*. L'air vicié par la respiration des ouvriers, la combustion des lampes, les coups de mine, plus encore par les émations souterraines, doit être sans cesse renouvelé. Il faut qu'un *courant d'air* continu et suffisamment rapide parcoure tous les travaux, circule par toutes les voies. Souvent il arrive que le courant d'air se produit tout naturellement. Si cette circulation naturelle ne se fait pas assez active, il faut y suppléer à l'aide de machines produisant un *courant d'air forcé*. Nous aurons lieu de revenir sur cette question de l'aérage, un des plus importants services de l'exploitation minière, et des plus difficiles à organiser. Pour le moment nous nous contenterons de prévoir cette nécessité, afin d'y conformer le tracé des voies. Évidemment toutes les voies doivent former dans leur ensemble un *circuit continu*, non interrompu, où l'air puisse circuler, serpenter pour ainsi dire de galerie en galerie ; toutes communiquant entre elles de telle sorte qu'il ne reste aucune impasse, aucun *cul-de-sac* où l'air vicié accumulé deviendrait rapidement irrespirable. La disposition générale d'un étage d'exploitation telle que nous l'avons indiquée, — deux galeries parallèles communiquant par des voies transversales, — satisfait à cette condition : le courant d'air arrive par une des galeries, revient par l'autre. Mais dans certains cas il est nécessaire de percer des galeries plus ou moins longues, des descenderies ou des puits même qui n'ont d'autre but que de compléter le circuit d'aérage, et constituent des *voies de retour d'air*. La même circulation exige évidemment aussi que la mine ait au moins deux ouvertures, — orifices de puits ou de galeries — communiquant avec l'extérieur : une pour l'entrée de l'air, l'autre pour la sortie. — Dans le cas où on est réduit à une seule voie débouchant au dehors, on est contraint de diviser le puits ou la galerie unique en deux parties par une cloison régnant dans toute la longueur : en réalité cela fait deux puits accolés ou deux galeries contiguës.

Dispositions des tailles. — L'abattage des matières exploitées se fait de deux manières différentes : 1° dans le creusement des galeries au sein du gîte, 2° dans l'attaque des massifs que ce traçage a dégagés. Des galeries creusées dans le terrain stérile sont un travail purement préparatoire, une mise de fonds nécessaire pour les futurs travaux; mais sitôt qu'on a atteint le gîte, les voies taillées dans son épaisseur même, pour l'opération du *traçage*, donnent lieu déjà à une certaine production. Le mineur qui travaille un peu à l'étroit au fond de la galerie, entame la masse exploitable avec les outils, et s'il le faut, avec la poudre : à mesure que la galerie se prolonge, un volume de matière égal au vide qu'elle forme est nécessairement enlevé, et le minerai occupait au moins une partie de ce volume excavé. Mais dans les massifs dégagés par le traçage le mineur travaille plus à l'aise, et par là même son travail est plus productif.

Saper, déblayer la matière de l'un de ces massifs paraît chose toute simple : mais une difficulté va surgir, inconnue aux chantiers à ciel ouvert. Comme l'établissement des voies est dominé par les conditions d'épuisement et d'aérage, l'organisation des travaux d'abattage est toute entière dépendante de la question de *soutènement*. En effet, du moment qu'on pratique au sein du terrain des vides d'une certaine étendue, on provoque des éboulements. Si vous déblayez les matières qui remplissent une couche, un filon, quelle que soit la solidité des roches, il viendra un moment où, sous le poids énorme des couches supérieures, le *toit* n'étant plus soutenu s'écroulera par fragments ou s'affaissera en bloc sur le mur, comblant le vide de la couche disparue, refermant la fente du filon. Il faut donc de toute nécessité ou empêcher l'effondrement de se produire, ou parer aux conséquences qu'il peut entraîner. Avec de solides étais, des *bois* plantés du toit au mur, on soutient, il est vrai, le toit sur un certain espace autour des points où les ouvriers travaillent ; mais ce ne peut être là qu'un étayage momentané. On ne peut songer à soutenir en l'air, par exemple, des épaisseurs de centaines de mètres de rocher en de vastes étendues, au-dessus d'une couche mise à vide, sur la tête d'une forêt d'étais, comme une terrasse sur des colonnes... — Ici la question principale est celle des remblais.

Suivant la nature du gîte et les conditions du gisement, la matière abattue produit, par le triage, ou beaucoup, ou peu, ou point de *remblai*. Remarquons, tout d'abord, que si on entame un rocher, pour le creusement d'une galerie, par exemple, non-seulement la pierre abattue, si on l'entassait dans le vide de cette galerie, suffirait pour le combler totalement, mais elle n'y pourrait toute rentrer, tant s'en faut; parce qu'il serait toujours impossible de tasser la matière aussi compacte et aussi serrée qu'elle était lorsqu'elle formait le terrain inattaqué. Si de cette matière abattue une partie est du minerai qu'il faut enlever, le reste, la matière stérile, pourra encore suffire pour combler le vide pratiqué si le minerai est en faible proportion relative, pour en combler une partie seulement, s'il est en forte proportion. Enfin si la matière à extraire forme toute la masse abattue, il ne restera rien pour remblayer les excavations. En général, dans les mines métallifères, les gangues prédominant sur les minerais, le triage produira une quantité considérable de remblai. Le minerai de fer compacte, le sel gemme, la houille, formant des couches presque dépourvues de gangue, fourniront peu ou point de remblai, à moins qu'on n'abatte, en même temps que la matière exploitable, de la roche stérile, au toit ou au mur du gîte. Dans beaucoup de cas on peut même être conduit à faire descendre du remblai de l'extérieur. — De là deux conditions d'exploitation tout à fait différentes : exploitation *avec remblais* (suffisants), exploitation *sans remblais.*

Exploitation sans remblais. Méthode par galeries et piliers. — Supposons d'abord que le remblai manque. On est en face de deux alternatives : ou laisser dans le gîte une quantité de matière exploitable suffisante pour soutenir le toit; ou laisser le toit s'écrouler, s'affaisser. — Nous avons déjà vu se présenter un cas assez semblable dans l'exploitation des carrières souterraines. Nous procéderons encore ici de la même manière, par *galeries et piliers.*

On creusera donc dans le gîte une série de galeries à peu près parallèles et très-rapprochées, coupée par une autre série de galeries transversales, formant une sorte de traçage très-serré; ou mieux encore, après avoir isolé par le traçage des massifs d'une certaine dimension, on les recoupera de même par deux systèmes de galeries laissant entre elles, sous forme de piliers, la quantité de matière nécessaire pour soutenir le toit. De la sorte, le *champ d'exploitation* arrive à figurer, sur le plan, un damier plus ou moins régulier de pleins et de vides. C'est ici que la question se pose. Abandonnerons-nous donc dans la mine, et pour jamais, toute cette matière exploitable, qui représente plus du tiers du gîte? Cela se fait pour des matières de faible valeur, comme certains minerais de fer, le sel gemme. Trop facilement on appliqua autrefois le même traitement à la houille : depuis on a appris à la ménager davantage. Enfin il est des cas où l'on peut y être forcé ; alors on donne aux galeries toute la largeur possible, on affaiblit les piliers autant qu'on le peut sans danger, et on se retire, abandonnant ce qui est strictement nécessaire pour soutenir le toit. C'est la *méthode par galeries et piliers*, sans *dépilage*.

Au contraire, quand cela est possible, on abat aussi les piliers ; et c'est cette opération que l'on nomme le *dépilage*. — « Mais alors, le toit s'effondrera? » Bien entendu ; mais c'est chose prévue. Dans la *méthode avec dépilage* on conduit d'abord le réseau croisé des galeries, en avançant dans le gîte, jusqu'à ce qu'on

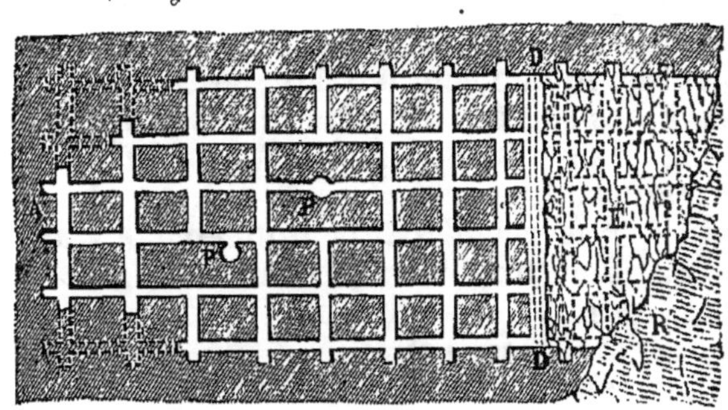

Plan d'une couche horizontale, exploitée par galeries et piliers avec dépilage. E partie dépilée. DD ligne de dépilage. R roche.

ait atteint la limite du champ d'exploitation dans un sens. La première période du travail est donc exactement semblable à la précédente méthode, sauf qu'on ne craint pas de laisser aux piliers une plus grande épaisseur. Cela fait, on procède aux *dépilages* en *battant en retraite*, c'est-à-dire commençant par la partie la plus éloignée du centre des travaux, et revenant graduellement vers les puits. A l'aide de procédés de soutènement que nous aurons lieu de décrire, on attaque les massifs d'abord réservés. Toute une ligne de ces piliers est sapée, déblayée; les étais qui protégeaient le travail sont enlevés à leur tour. Quelques mètres en arrière de la *ligne de dépilage* le toit s'écroule. Les *écrasées* avancent, gagnent à mesure qu'on se retire en abattant les piliers; mais elles ne recouvrent en s'effondrant qu'une place complétement dépouillée et déserte. On comprend qu'une telle manière de procéder provoquerait bien des accidents si les précautions les mieux entendues n'étaient prises; mais si le dépilage est bien conduit, l'opération offre toute la sécurité désirable.

Ce que nous venons d'exposer s'applique aux couches horizontales ou peu inclinées, cas le plus ordinaire pour les matières qui ne fournissent pas de remblai. Quand on a affaire à des filons ou à des couches fortement inclinées, le traçage des galeries horizontales et des *descenderies* qui les recoupent peut se faire de même, en laissant subsister du toit au mur des blocs servant de piliers; mais le dépilage est alors beaucoup plus difficile, et le plus souvent on doit y renoncer.

Exploitation avec remblais. Quand au contraire le triage fournit une quantité suffisante de remblais, ou quand on en fait descendre de l'extérieur, ce qui revient au même, les conditions de l'exploitation sont tout autres. Le procédé général, qui se diversifie dans le détail suivant les cas, consiste à substituer à une masse de matière abattue un volume équivalent de remblais soutenant la pression du toit. Il n'est pas nécessaire que le remblai comble entièrement le vide laissé par l'abattage; il suffit qu'on en puisse entasser des massifs assez considérables pour supporter la pression des terrains superposés. — Supposons d'abord une couche faiblement inclinée, découpée en massifs par le traçage. Il s'agit d'enlever un des massifs; on dispose de remblais. On peut procéder de plusieurs manières.

La première qui se présente à l'esprit est d'entamer le massif sur un des côtés; on entaillera la matière exploitable sur toute la longueur du massif à la fois, avançant également. Une certaine largeur étant ainsi enlevée, on soutiendra momentanément le toit, s'il est nécessaire, au-dessus de la tête des ouvriers, à l'aide d'étais de bois, de *boisages* disposés en ligne; puis, avec le *stérile* fourni par l'abattage, on remblaiera à mesure derrière les travailleurs. — On bâtit avec ces remblais comme des murs grossièrement construits en *pierre sèche* (sans mortier) montant jusqu'au toit; s'ils sont en trop petits fragments, on se contente de les jeter en tas. On avance de la sorte jusqu'à l'enlèvement total du massif, qui se trouve remplacé par une épaisseur équivalente de remblai. En accumulant ainsi

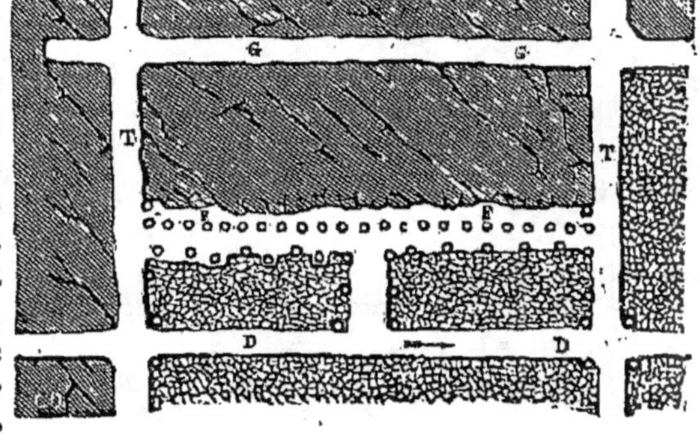

Exploitation d'un massif par grandes tailles. (Plan) FF front de taille. GG g. supérieure. DD g. de roulage. TT g. transversales.

les débris, on aura soin de réserver des voies. Cette manière d'attaquer les massifs sur toute leur longueur à la fois constitue la *méthode par grandes tailles*. On a toujours soin de procéder *en montant* suivant la pente de la couche.

Surtout quand la matière à exploiter est dure, il est plus avantageux pour l'abattage que chaque mineur ait devant soi le bloc dégagé sur deux faces. Dans ce cas on attaque le massif par un angle, et on progresse en donnant aux *tailles* la forme échelonnée figurée ci-après; les remblais suivent, en affectant la même forme. Cette disposition des tailles rappelle celle des carrières disposées en gradins, excepté qu'ici les degrés sont verticaux, en *plis de paravent* et non plus en marches d'escalier : c'est pourquoi on lui donne le nom de méthode par *gradins couchés.* Suivant qu'on attaque l'un ou l'autre flanc du gradin, de manière à faire progresser les tailles dans le sens parallèle aux voies d'allongement, ou transversalement, dans le sens de l'inclinaison du gîte, on a les *gradins couchés en direction,* ou les *gradins couchés en montant.* Enfin on peut aussi procéder par galeries et piliers : mais alors, au lieu d'étroites voies, on trace de larges entailles parallèles; on les remblaie à mesure qu'on avance en entassant le stérile à droite et à gauche, et ménageant seulement un passage au milieu. Entre ces entailles il reste

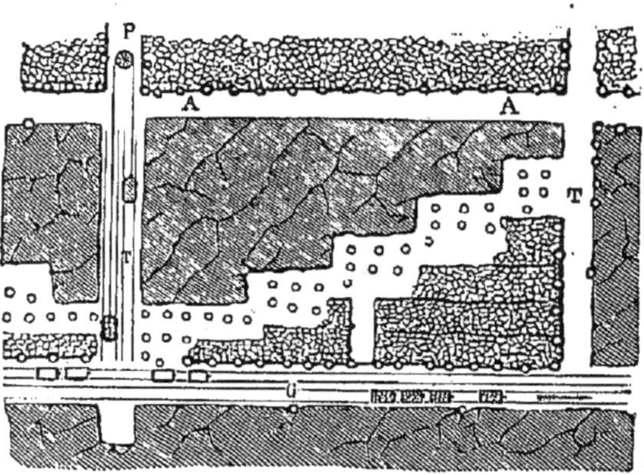

Exploitation d'une couche peu inclinée par gradins couchés. AA g. d'allongement supérieure. G g. de roulage. TT descenderies. P plan automoteur.

de larges et longs piliers, qu'on enlèvera ensuite à leur tour en procédant de la même manière : à ces piliers énormes on donne souvent le nom de *massifs longs.* De la sorte encore à chaque massif abattu est substitué un volume à peu près égal de remblai, ou du moins une quantité suffisante pour former de puissantes murailles, capables de soutenir le toit.

Supposez maintenant qu'il s'agisse d'une couche ou d'un filon très-incliné, presque redressé verticalement. (Pour suivre sur les figures, redressez encore le livre comme nous l'avons déjà fait en pareille circonstance.) Il s'agit d'enlever le massif plongeant compris entre le toit et le mur très-obliques, et de combler à mesure la fente, pour l'empêcher de se refermer. Ici, remarquez bien deux choses. D'abord que les *bois* allant du toit au mur, mis en étais pour le soutènement, sont placés presque horizontalement; on les engage en des entailles pratiquées dans la roche. Une ligne de bois ainsi posée fera donc l'effet d'une rangée de poutres, sur laquelle on pourra poser un plancher. Secondement, les remblais accumulés pour combler une partie de la fente, s'il y a des vides au-dessous, ne peuvent se maintenir en place qu'à la condition d'être soutenus sur des planchers ou des voûtes.

Il y a encore plusieurs méthodes , entre lesquelles on peut choisir suivant les cas. Nous avons d'abord les *gradins droits*, formant un véritable escalier

Exploitation d'un massif incliné par gradins droits. AA, galerie supérieure. G, galerie de roulage. P, descenderie.

entre le mur d'un côté et le toit de l'autre, qui représentent la cage de l'escalier : c'est une disposition toute semblable, *sauf l'étendue en largeur*, à celle que nous avons vue adoptée dans les carrières et les mines à ciel ouvert. Les ouvriers, montés sur la marche de l'escalier, attaquent la *contre-marche* verticale ; et l'ensemble des gradins va reculant jusqu'à enlèvement total. Mais comme ici les remblais ne pourraient se soutenir et glisseraient dans le vide de la taille, au niveau de chaque marche d'escalier il faut souvent établir, à mesure qu'on avance, un plancher grossier

porté sur des bois solides placés en travers, du toit
au mur, pour supporter le poids des remblais ; et de
plus, il faut abandonner ces bois dans la masse des
remblais accumulés. Cet inconvénient et plusieurs
autres encore font souvent préférer un autre aménagement. Supposez la figure retournée *la tête en bas...*
Vous avez la disposition par *gradins renversés*. Les
ouvriers attaquent la face verticale des gradins renversés ; les matières abattues tombent à leurs pieds.
Le triage fait, les remblais sont rejetés et s'accu-
mulent en une masse tassée , qui monte tout naturellement à mesure, recom-blant la partie dépouillée de la fente, sans qu'il soit besoin de les soutenir par des étages su-perposés de boi-sages et de plan-chers.

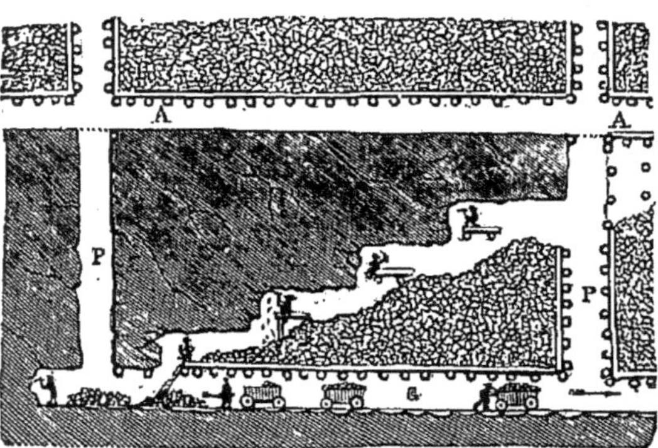

Exploitation d'un massif incliné par gradins renversés. AA, galerie d'allongement supérieure.
G, g. de roulage. PP, descenderies.

Dans tout ce qui précède , nous avons ad-
mis que le soutènement, momentané au moins, du
toit ou des remblais peut être fait par des étais de
bois, des planchers grossiers posés sur des bois transversaux comme sur des poutres. Cela suppose qu'entre le toit et le mur de la couche ou du filon la distance n'excède pas la longueur qu'on peut donner
dans la pratique à de tels étais. La limite pratique
est *trois mètres* environ, c'est-à-dire la hauteur d'un
étage ordinaire d'une de nos maisons. Si donc le gîte
a une puissance qui excède cette limite, on ne peut
plus *boiser*, étayer *du toit au mur*. De là la nécessité
de modifier profondément les méthodes d'abattage.

Les détails des procédés deviennent très-variables.

En somme, dès qu'il s'agit d'un gîte puissant, quelles que soient sa forme et sa pente, que ce soit une couche horizontale épaisse, ou un filon, ou une couche fortement inclinée, ou un amas irrégulier quelconque, la méthode générale consiste à partager par la pensée le gîte en *tranches horizontales* superposées, en étages horizontaux de la hauteur de 3 m. environ ; puis à traiter successivement chacune de ces tranches comme une *couche horizontale*. Pour l'enlèvement de chaque tranche, on pourra donc procéder, suivant les cas, avec ou sans remblai. Si on exploite chaque étage par *galeries et piliers* en abandonnant les piliers de soutènement, il faudra en outre laisser entre chaque étage un *sol* suffisamment épais, qui fasse voûte en dessus, plancher en dessous : cela conduit à

Exploitation d'un filon puissant par tranches superposées. P puits, B traverse. R, étage remblayé. E, étage en exploitation.

abandonner dans le gîte plus de la *moitié* du minerai. C'est ce qu'on fait... quand on ne peut pas faire autrement. Dans certains cas, on peut pratiquer le *dépilage*, et parer aux inconvénients des écroulements ; mais cela est assez rare.

Si on dispose de remblais, la question se simplifie fort. On arrivera donc par une des méthodes ci-dessus exposées pour le cas des couches horizontales de faible épaisseur (grandes tailles, gradins couchés, massifs longs, galeries et piliers) à enlever totalement une des *tranches* du gîte, et à la remplacer par du remblai. Cela fait, on agira de même pour la tranche située au-dessus ; on se trouvera avoir pour sol le remblai de l'étage inférieur. Dans cette méthode donc on procède *en montant*, à commencer par l'étage inférieur, ce qui est avantageux à tous égards.

Une observation générale, avant de finir. Quand on procède par *éboulements*, ne soutenant ni comblant les vides intérieurs, l'affaissement des terrains se propage peu à peu jusqu'à la surface. Lorsque la partie évidée est située très-profondément, il peut arriver que le sol s'affaisse assez régulièrement et assez lentement pour ne pas compromettre les travaux de la culture; si la profondeur est faible, le sol peut se défoncer par des écroulements, des effondrements en entonnoir, bouleversant toute la campagne. Dans tous les cas, les édifices situés sur un sol qui s'affaisse sont compromis dans leur solidité; et cette considération impérieuse peut contraindre à en passer par les méthodes avec soutènement. Même avec les remblais, qui toujours se tassent sous la pression, l'affaissement se produit encore; mais lent alors, presque insensible, et sans réel inconvénient.

Une des choses qui importent le plus à la bonne direction des travaux, c'est l'exécution exacte et soigneuse des *plans* qui représentent sur le papier la disposition des divers étages de la mine, des *coupes verticales* qui indiquent leurs relations dans le sens de la hauteur. On doit pouvoir suivre jour par jour sur ces tracés les progrès de l'exploitation : c'est sur le plan que se combinent toutes les mesures, que se prennent toutes les décisions. Les plans se *lèvent* dans la mine par les mêmes procédés et à l'aide des mêmes instruments qu'on emploie à la surface dans les opérations d'arpentage, de géodésie : *boussoles*, *cercles gradués*, pour l'évaluation des angles, *chaînes* pour mesurer les distances, *niveaux* pour déterminer les pentes, etc. Seulement, dans ces ténébreux labyrinthes, les opérations, gênées par le manque d'espace, sont évidemment plus difficiles et plus laborieuses qu'au grand jour, dans la pleine liberté du terrain découvert.

EXÉCUTION DES TRAVAUX SOUTERRAINS.

Galeries.

L'ensemble des voies souterraines dans une mine importante comprend un réseau de galeries croisées, étagées à divers niveaux, qui, supposées toutes mises bout à bout, formeraient un *développement* très-considérable, parfois une longueur de plusieurs lieues. — Il y a les *galeries-maîtresses*, servant de principale communication entre la mine et l'extérieur, en lieu et place des puits ; les *traverses*, aussi appelées *bouveaux*, pénétrant des puits vers le gîte ; il y a les galeries *de direction* ou *d'allongement*, suivant le filon ou la couche en direction ; les galeries transversales, souvent plus ou moins inclinées, *thiernes*, *descenderies*, *bronchages*, qui croisent et font communiquer les voies principales. Suivant les services auxquels elles sont consacrées, on distingue les *galeries de transport* ou *voies de roulage* pour le minerai abattu, les *voies de circulation* pour les travailleurs, les *galeries d'écoulement* pour les eaux, et les voies spéciales d'aérage ou *voies d'air* ; enfin les *galeries de recherche* pour sonder le gîte. Mais le plus souvent, chaque galerie sert à la fois à plusieurs fins. — Quand une voie est percée dans la masse minérale à exploiter, elle est dite *galerie au massif* ; si à travers la roche stérile, c'est une *galerie au rocher*.

Les voies ont des dimensions très-variables suivant leur importance et leur destination. En somme, il est très-avantageux pour une exploitation d'être desservie par des voies relativement larges ; l'excédant de dépense première est plus que compensé par des commodités de toute sorte, se traduisant par des économies et une plus grande activité d'exploitation. Une voie d'allongement servant au roulage aura au moins de 1 m. 75 à 2 mètres de hauteur, sur une largeur de 2 m. à 2 m. 50. Pour des voies secondaires, on se contentera de 1 m. 50 de hauteur sur 1 m. 20 de largeur. Des galeries de la hauteur de 1 m. 35 — bien juste hauteur d'homme — et d'un mètre ou même de 0,75 de large, sont un minimum pour la petite circulation intérieure. — Je sais bien qu'il y a dans certaines mines des couloirs encore plus étroits, inégaux, tortueux, où il faut se glisser en travers

Attaque du vif-thier au fond d'une galerie.

faute de largeur ou ramper à quatre pieds faute de hauteur; mais de tels passages, qu'on ne devrait jamais tolérer qu'à titre tout à fait exceptionnel et provisoire, ne peuvent pas être dits galeries; il faut les appeler de leur vrai nom, des *trous de rats*.

Perçage des galeries. — Dans les conditions ordinaires, le perçage d'une galerie est un travail très-simple. Un ou plusieurs mineurs (dits *coupeurs de mur*), suivant la largeur de la voie, attaquent la paroi qui forme le fond de la galerie, le *vif-thier* comme disent dans leur langage pittoresque les mineurs belges, c'est-à-dire la *bête vive*, la masse intacte de la roche ou du gite. L'abattage se fait par les procédés ordinaires ; au pic, à la poudre, suivant la dureté de la matière à entamer; selon que celle-ci est plus ou moins traitable, plus ou moins récalcitrante, on avance plus ou moins lentement. Les mineurs dressent grossièrement les parois latérales à l'aide du *pic à rocher*; ils nivellent à peu près le sol, et creusent, vers le milieu ou sur le côté de la voie, un petit sillon destiné à l'écoulement des eaux qui suintent ou sourdent çà et là : c'est le ruisseau de la rue souterraine. Rappelons ici que les voies de direction, et en général toutes les voies principales sont tracées, autant que possible, à peu près horizontales, avec une légère pente vers le puits ou vers le dehors; pente nécessaire pour l'écoulement des eaux, et qui facilite, en outre, comme nous le verrons plus loin, le transport des matières abattues.

Parfois les parois et la voûte de la galerie se soutiennent d'elles-mêmes. Il n'est pas nécessaire pour cela que la roche soit très-dure; mais il faut qu'elle soit compacte et très-saine, c'est-à-dire peu fissurée. J'ai vu des galeries creusées dans les roches tendres de la craie blanche, et qui se passaient fort bien de soutènement. — Lorsqu'il en est autrement, il faut contretenir les parois et la voûte soit par un système d'*étais* constituant ce qu'on appelle un *boisage*, soit par un *revêtement* en maçonnerie.

Le boisage complet d'une galerie consiste en une série de *cadres* de charpente, formés chacun de quatre pièces : deux *montants*, une *sole* en bas, une *traverse* en haut réunissant les montants. On donne à ceux-ci une position un peu oblique, afin qu'ils fassent, comme on dit, *jambes de force*; condition qui augmente beaucoup la résistance et la stabilité de l'ensemble. Ces cadres sont plus ou moins espacés suivant le besoin ; 1 mètre est une distance assez ordinaire. Entre ces cadres dressés et les parois de la roche, on a introduit des pièces de bois transversales allant d'un cadre au suivant dans le sens de la longueur de la galerie. C'est ce qu'on appelle le *garnissage*. Les pièces de garnissage portent contre la roche et la soutiennent, les cadres contre-étaient, serrent contre la roche les garnissages, qui forment cloison à jour le long des parois, plancher à la voûte. Une galerie n'a pas toujours besoin d'un boisage aussi complet. Si le sol est suffisamment solide pour fournir le point d'appui, on supprime la sole du cadre, et les montants sont engagés dans une entaille faite au sol pour les empêcher de glisser. Parfois une des parois de la roche est solide et n'a nul besoin d'être appuyée ; on ne fait qu'un *demi-boisage*, raidi contre l'autre paroi. Enfin si le toit de la galerie a seul besoin d'être soutenu, ce qui arrive fréquemment dans les filons, le plancher de garnissage est simplement posé sur une série de *potelles*, courtes poutres engagées à leurs deux extrémités dans des entailles pratiquées aux parois de roc, et serrées avec des coins ; de toutes les pièces du cadre de boisage, il ne reste plus ici que la traverse.

Galerie boisée.

Les bois que l'on emploie généralement dans les

mines pour le boisage des galeries, des puits, l'étaie-
ment des tailles, etc., sont des *troncs* d'arbres de gros-
seurs diverses suivant les cas, et d'essences variées :
chêne, hêtre, charme, pin, sapin. Ils sont simplement
écorcés, non *équarris*, le moins possible entamés par le
fer ; coupés net, là où il le faut, à l'aide de la hache
tranchante du boiseur : non pas sciés — ce qui déchire
les fibres, forme des surfaces spongieuses, et favorise
l'action destructive de l'humidité. Les garnissages sont
formés de plus petits troncs et tronçons de grosses
branches, coupés en deux, fendus dans le sens des
fibres : encore a-t-on soin d'appliquer du côté du roc
la surface fendue. Le petit ruisselet d'écoulement doit
être dégagé en dessous des soles, si les cadres en
possèdent, de telle sorte que l'eau n'y atteigne pas.

Le boisage se pose à mesure que la galerie se prolonge. Aussitôt que le mineur a avancé son entaille
de deux ou trois mètres, arrivent avec leur attirail
les *boiseurs,* qui dressent un nouveau cadre à la suite
des autres déjà posés, chassent des garnissages, et
serrent le tout avec des coins de bois, enfoncés à
grands coups de masses. La plupart des galeries de
mine, même les voies principales, sont simplement
étayées de la sorte ; les *thiernes, bronchages,* descenderies, qui ne doivent servir que pendant le temps
de l'exploitation du massif qu'elles entourent, sont
soutenues par de légers boisages. On ne muraille
que les grandes galeries qui ont une importance
considérable et doivent desservir de vastes travaux
pendant une longue période ; ou bien encore celles
qui traversent des terrains dont la pression est si
forte qu'un boisage n'y résisterait pas.

Muraillement des galeries. Les galeries muraillées
ont en petit la forme d'un tunnel de chemin de fer :
une voûte soutenue sur deux murailles latérales dites
pieds-droits. Dans certains terrains le sol n'aurait
pas assez de consistance pour offrir un solide point
d'appui aux pieds-droits chargés de la pression
que leur transmet la voûte. Dans ce cas le revête-

ment en maçonnerie doit se recourber inférieurement aussi en une voûte renversée, qui forme ce
qu'on appelle un *radier*. La galerie alors figure un
tube ovale, une sorte d'énorme tuyau noyé dans
l'épaisseur des terrains, et dont les parois présentent
de toute part une surface arrondie pour résister aux
poussées (pressions) qui se contre-balancent plus ou
moins. On éta-
blit sur des tra-
verses un plan-
cher à une cer-
taine hauteur,
pour servir à la
circulation ; et
la voûte renver-
sée du radier
devient un canal
pour l'écoule-
ment des eaux.
— Tout au con-
traire, quand la
roche est très-
solide d'un côté,
ou des deux cô-
tés, on supprime
un des pieds-
droits ou même
tous deux ; dans
ce dernier cas le
muraillement se

Galerie muraillée.

réduit à une voûte jetée d'un côté à l'autre, s'appuyant à droite et à gauche sur une corniche taillée
dans le rocher, et supportant le poids des terres ou
des remblais accumulés au-dessus. Ces maçonneries
se construisent suivant les pays soit en briques soit en
moëllon piqué, c'est-à-dire en pierre grossièrement
taillée, et sont cimentées avec de bonne chaux hydraulique ou du ciment dit *ciment romain.*
Un muraillement se bâtit par *reprises*, c'est-à-dire

par petits bouts. Une certaine longueur de galerie étant creusée, et étayée par un boisage provisoire, les maçons se mettent à l'œuvre. A mesure qu'ils avancent, ils enlèvent les pièces du boisage; celles qu'ils ne pourraient enlever sans craindre de provoquer des éboulements, ils les laissent engagées derrière, noyées pour ainsi dire dans l'épaisseur de la maçonnerie.

Les principales complications qui peuvent surgir dans le percement d'une galerie tiennent, non pas à la dureté trop grande de la roche, — ce qui ne peut entraîner que des retards et des frais, — mais tout au contraire à la rencontre de terrains très-ébouleux, *mouvants*, tels que des sables, des graviers, des argiles sans consistance. Surtout si ces terrains sont infiltrés d'eaux abondantes, chose malheu-

Galerie muraillée avec radier.

reusement commune, l'opération peut devenir très-difficile. On cherche autant que possible à éviter de telles couches de terrain, à maintenir la galerie dans une roche saine, fallût-il faire un détour. Mais on n'a pas toujours le choix; et on peut être contraint d'aborder de front l'obstacle. Les difficultés tiennent à ce que le *vif-thier*, le fond de la galerie, et les parois latérales de l'entaille que pratique le mineur

ne peuvent se soutenir pendant le travail même d'excavation, s'éboulent à mesure, avant qu'on ait pu les
appuyer par un boisage. Si l'on continuait de creuser
il se ferait des effondrements dangereux, le vide se
recomblerait sans cesse... Que faire? Il faudrait que
le soutènement, au lieu de suivre, de si près que ce
soit, l'excavation, la précédât pour ainsi dire; qu'on
boisât avant de creuser... Or cela n'est pas impossible.

Imaginez qu'avant d'entamer le pan de roche ébouleuse on pose contre le fond de la galerie un cadre
de boisage très-solide. Autour de ce cadre, en dehors, entre lui et la paroi latérale, on va introduire
et chasser de force des planches de chêne d'environ
1^m ou 1^m 50 terminées en coin, qui vont s'enfoncer
horizontalement dans la masse du terrain à attaquer,
comme des pilotis dans le sol. Des deux côtés et
à la voûte, tout autour du cadre, on chasse de ces
planches-coins ou *palplanches*; à grands coups de
masse on les contraint de pénétrer jusqu'à la tête
dans le terrain meuble. On a soin de les enfoncer
divergentes, c'est-à-dire s'écartant. Supposez qu'une
série de palplanches se touchant, ou presque, les
unes les autres, aient été ainsi enfoncées à un mètre
de profondeur : voilà un mètre de galerie boisée
avant d'être ouverte; les palplanches forment un garnissage qui précède l'entaille. Attaquons maintenant
à la pioche le terrain ébouleux : la paroi du fond
s'écroulera bien en talus, mais le terrain est soutenu
à la voûte et aux parois, il ne peut venir combler à
mesure le vide que nous faisons. Quand nous aurons
avancé de 50 ou 55 centimètres, ce sera assez pour
faire la place à un second cadre, que nous monterons
à l'intérieur du vide ménagé par les palplanches. Ce
cadre sera de même dimension que le précédent : et
il aura sa place entre les palplanches, car elles ont
été enfoncées divergentes, et le vide qu'elles protè-
gent va s'évasant. — Cela fait, entre le second cadre
et les premières palplanches, on en chassera une
seconde rangée, qui prolongera le garnissage de 50

à 60 cent. au delà des premières, et permettra de creuser un peu plus avant. En répétant cette manœuvre autant de fois qu'il est nécessaire on arrive à franchir le pas difficile : dès que les coins s'arrêtent contre la roche ferme, on reprend le mode ordinaire de creusement. La galerie ainsi *poussée*, on se hâte de la soutenir par un bon muraillement à *radier*, bien étanche, construit en dedans du boisage provisoire que constituent les cadres et les palplanches.

Le plus souvent un écoulement considérable d'eau vient compliquer les difficultés. Le liquide filtre avec abondance à travers le sable mobile, ou délaie en boue les argiles. Il faut lui préparer un épuisement rapide. Parfois les couches de sable rencontrées sont tellement submergées que les eaux envahiraient la galerie, entraînant sables et argiles délayées, arrêtant les travaux. En ces cas heureusement rares où les procédés que nous venons de décrire seraient inefficaces, et si l'on ne peut couper court aux complications en détournant la voie, il reste la ressource de moyens compliqués, coûteux, non sans danger, analogues à ceux qu'on emploie, en face des mêmes difficultés, dans le percement des puits, et dont nous donnerons plus loin une description sommaire.

Grandes galeries d'écoulement. — Dans certaines exploitations importantes les voies principales sont parfois construites sur de larges dimensions, et constituent de véritables travaux d'art. On cite dans des houillères anglaises, des galeries voûtées, véritables *tunnels* où circulent des trains de wagons attelés à des locomotives, absolument comme sur les chemins de fer à la surface. Les galeries d'écoulement surtout sont largement exécutées : en France, en Angleterre, en Allemagne, certaines mines en possèdent de fort belles. Mais ces ouvrages particuliers à une seule exploitation ne sont rien en comparaison des grands canaux souterrains qui desservent à la fois tout un groupe de mines nombreux et important. Dans certaines régions minières, en Cornouailles, au Harz, il y a de ces galeries, qui, creusées à des profondeurs de plusieurs centaines de mètres, parcourent tout le district et vont déboucher au loin. La région entière est ainsi drainée, pour ainsi dire ; la grande galerie est le *drain collecteur ;* chaque exploitation y envoie un tronçon de galerie pour y déverser ses eaux. En outre une telle voie établit d'une mine à l'autre une communication précieuse ; elle sert souvent à la circulation des ouvriers, aux transports même ; elle devient ainsi une grande route souterraine du district minier. Enfin, par un système dont nous donnerons plus loin une idée, elle crée pour toutes ces mines une puissante et économique source de force motrice. On cite, dans le Harz, les six belles galeries du groupe de mines de Clausthal : quatre d'entre elles datent de près de trois siècles ; la dernière, à peine achevée, sillonne le sol à 400 mètres de profondeur, et se prolonge sur plus de 23 kilomètres de développement. Une autre à Schemnitz, en Hongrie, atteint 16 kilomètres. Ces vastes galeries forment, sur une grande partie de leur étendue, des canaux souterrains navigables, où le transport des minerais se fait sur des bateaux. Une longue corde de touage accrochée de place en place pend en guirlande à la voûte ; le *toueur* y prend un point d'appui pour faire glisser son lourd chaland chargé de minerai, et l'amener doucement jusqu'au débouché où la galerie s'ouvre sur un canal découvert. Un trottoir pour la circulation règne le long d'une des parois. Des galeries-canaux, moins importantes, il est vrai, existent aussi dans plusieurs houillères françaises et anglaises.

Ces grands ouvrages sont exceptionnels ; mais toute mine moderne, en pays civilisé, devrait avoir au moins un parcours de voies principales convenablement nivelées, bien percées, suffisamment larges et hautes. L'art du mineur à notre époque, les connaissances géologiques permettent d'établir un plan d'exploitation régulier. Aux temps anciens il ne pouvait en être ainsi. Tout allait au hasard. Le mineur suivait le filon, tant qu'il donnait, poussant sa galerie à mesure ; en sorte que dans un gîte un peu irrégulier la voie allait tâtonnant, tortueuse, large ici, là resserrée, montant ou descendant ; les voies formaient un dédale inextricable dont le plan jamais ne fut dressé. Ces méthodes barbares sont encore suivies dans les contrées peu avancées en civilisation. Au Mexique, par exemple, au Chili, le mineur perce encore de ces terriers irréguliers, plus semblables à des cavernes qu'à des mines, où d'immenses excavations font suite à des couloirs tortueux, à pente raide, au sol glissant et inégal, parfois interrompus par des escaliers ébréchés dans le roc,. par des passages obliques et bas où il faut ramper à quatre pieds ou se glisser obliquement. Là les puits sont de simples trous béants, aux parois crevassées desquels de rudes troncs d'arbres dressés, portant des entailles pratiquées à la hache, forment de vertigineuses échelles. Tout le reste à l'avenant ; en ces conditions un service de roulage régulier est impossible, et les lourds minerais doivent être amenés au jour par petites charges, à dos d'homme. — Malheureusement il n'est pas besoin d'aller si loin, ni de remonter bien haut dans l'histoire, pour trouver de ces mines mal aménagées, où les voies étroites tracées au hasard rendent inapplicable toute bonne organisation des transports. Au commencement de ce siècle toutes nos houillères, dans le Midi surtout, où les gîtes sont moins réguliers qu'au Nord, en étaient là. Très-mal ouvertes par les premiers exploitants, elles avaient légué à leurs successeurs des travaux irréguliers, dont on continuait de tirer parti tant bien que mal. Cela entraînait des conséquences déplorables. Tout était à refaire, et c'était des frais énormes. Il a fallu pourtant en venir à ces mesures radicales. Beaucoup de mines métallifères, où les travaux ont moins d'activité que dans les houillères, ont encore aujourd'hui des voies mal percées et dans un état d'entretien insuffisant.

Dans beaucoup d'exploitations bien organisées des voies appartenant à d'anciens travaux délaissés s'utilisent du moins encore pour la circulation : leurs tortueuses *fendues* ou *visettes* donnent accès dans la mine. L'abord des chantiers par ces longs souterrains cause une impression irrésistible de tristesse, sinon aux ouvriers, dont les nerfs sont blasés sur de telles impressions, du moins aux visiteurs. A quelques mètres de l'entrée, la clarté du jour rampant sous la voûte meurt, combattue, bientôt effacée par la lueur rougeâtre et fumeuse des lampes. L'œil, mal habitué aux ténèbres, ne distingue plus rien à dix pas ; peu à peu, on commence à apercevoir devant soi les parois inégales du rocher, fuyant vers le vide noir du fond. On avance lentement, suivant une pente rapide, sur un sol défoncé ; à mesure que l'on descend, la montagne semble s'alourdir, peser sur vous. Le chemin s'allonge, s'allonge : il semble qu'on ne verra jamais le bout de l'interminable fendue. — Une surtout, dont je me souviens, était particulièrement lugubre. Arrivée à un premier étage d'exploitation abandonné, la voie plongeait tout à coup en pente raide vers les profondeurs, tortueuse, interrompue de degrés inégaux ; le sol s'abaissait sous le pied, la voûte rampante *pendait,* d'une déclivité rapide, vers le fond noir du passage : il semblait qu'on descendait dans les enfers. A droite et à gauche s'ouvraient des entrées basses de galeries : c'était l'accès des vieux travaux, dédale inconnu où on se fût égaré, perdu sans retour peut-être. Ailleurs le sentier traversait de vastes excavations irrégulières; les vides formaient de grandes arcades pleines d'ombre, d'où l'écho des pas revenait avec des sonorités étranges ; ou, si l'on s'arrêtait, il en sortait des murmures cristallins d'eaux courantes invisibles. C'était avec un véritable soulagement qu'on se sentait arrivé à la fin de cette sombre traversée, quand les bruits croissants et de plus en plus distincts du travail, les voix, les coups de pics, le choc sourd des machines

dans le puits de la pompe, annonçaient la présence
de l'homme et l'animation laborieuse des chantiers
en activité.

Puits.

Les mineurs distinguent deux sortes de puits : les
puits *principaux*, formant grande voie de communication entre la mine et l'extérieur, et les puits *secondaires*, ou puits intérieurs, petits puits de service,
faisant communiquer deux étages de travaux. Un
puits principal constitue le plus considérable des travaux d'une exploitation minière, l'œuvre capitale.
Suivant ses destinations, il reçoit des dénominations
diverses : il y a les puits *d'extraction*, *d'aérage*, le
puits d'épuisement ou *puits des pompes*; le puits servant à la circulation des travailleurs est dit *puits
aux échelles*. Mais le plus souvent un seul et même
puits réunit plusieurs de ces services divers, et doit
être disposé en conséquence. — Pour le mineur
belge, un puits est une *fosse* ou une *bure*, quand
il est achevé, une *avaleresse* (du mot *aval*, en aval,
en bas), tandis qu'il est en voie de creusement. L'Anglais le nomme *schaft*, trou; ou bien *pit*, abîme.
Abîme en effet, et souvent d'effrayante profondeur.
Il y a dans les mines du Harz (Andreasberg) des
puits qui plongent jusqu'à 800 et 870 mètres dans
les entrailles de la terre! C'est, il est vrai, la limite
extrême jusqu'ici atteinte; mais les puits profonds
de 500 mètres, — un demi-kilomètre en verticale !
ne sont pas rares. Vous trouverez sans doute que la
profondeur très-ordinaire de 300 à 400 mètres est
déjà quelque chose; mais les travaux autrefois limités pour ainsi dire à la superficie, se sont tellement
étendus en descendant que les mineurs sont habitués
à regarder comme peu profonds les puits qui ne
dépassent pas 100 ou 150 mètres. Suivant sa destination et l'importance de l'exploitation qu'il dessert,
un puits doit offrir une *section* — entendez une surface de vide — plus ou moins considérable. Un puits

qui aurait un mètre seulement de diamètre intérieur, serait un puits très-étroit ; 2 mètres, 3 mètres
sont des largeurs ordinaires ; mais il en est qui vont
à plus de 4 et 5 mètres dans les deux sens. Quant à
leur forme, elle est variable. Il y a des puits ronds,
elliptiques, c'est-à-dire d'ouverture ovale ; des puits
carrés, *rectangulaires* (en carré long), à six, à huit, à
douze pans. Il est très-rare que le puits se creuse, du
moins dans toute la profondeur, au sein d'une roche
assez ferme, assez compacte pour que les parois se
soutiennent d'elles-mêmes, sans nul appui. Presque
toujours les parois du puits sont contretenues par
des pièces de charpente dont l'ensemble constitue un
boisage, en tout comparable à celui d'une galerie ;
ou bien on les revêt d'une maçonnerie, comme il se
pratique d'ordinaire pour nos puits domestiques. —
Les puits boisés ont toujours une forme carrée, rectangulaire ou à *pans coupés ;* les contours arrondis,
en voûte, appartiennent aux puits muraillés. — Un
puits principal est presque toujours creusé vertical,
rarement il est *incliné* suivant la pente du filon. De
la surface du sol il plonge jusqu'à l'étage inférieur
de l'exploitation ; les galeries des étages supérieurs y
débouchent à des hauteurs différentes, par des
arcades ouvrant sur le vide. Si plus tard on se
décide à pénétrer dans le gîte à une profondeur
plus grande, à ouvrir un autre étage de travaux en
dessous, la première chose à faire est de prolonger
le puits de la quantité nécessaire : c'est ainsi que
certains puits, successivement prolongés, ont fini par
atteindre les profondeurs extrêmes dont nous avons
parlé. Le puits doit même se creuser un peu au-
dessous du niveau des galeries du dernier étage, pour
former ce qu'on appelle le *puisard*, réservoir où s'accumulent les eaux. L'orifice du puits, la gueule de
l'abîme, s'entoure ordinairement d'un terre-plein qui
s'élève d'une couple de mètres au-dessus du sol environnant. Ce terre-plein forme ce qu'on appelle les
haldes du puits, le *plâtre* de la mine. On évite ainsi

que les eaux de la surface ne se déversent par l'ouverture, et on se ménage certaines facilités pour le service. Autrefois les puits s'ouvraient souvent à découvert dans la campagne, béants au ras du sol ; dangereuse coutume qu'on a bien fait d'abandonner. Un puits doit toujours être couvert, ne fût-ce que d'un simple hangar, lequel en outre abritera les travailleurs et les divers appareils installés à l'orifice.

Fonçage d'un puits. — Le creusement, ou comme on dit, le *fonçage* d'un puits est une opération considérable, toujours longue et dispendieuse, parfois entourée des plus graves difficultés. Dans les conditions normales, le travail en lui-même est simple. Simple, mais lent et pénible. Les *puisatiers*, descendus au fond de l'excavation par des échelles disposées en étages, attaquent la roche au pic, à la pioche, forent des coups de mine. Mais l'espace étant très-restreint, on ne peut faire travailler à la fois qu'un petit nombre d'ouvriers ; encore sont-ils gênés dans leurs mouvements. Lorsqu'un coup de mine a été foré et chargé, *amorcé* par une longue mèche, il faut que tous les ouvriers quittent le fond du puits et remontent plusieurs étages d'échelles pour se mettre à l'abri, attendant l'explosion. Les fragments de roche enlevés sont chargés à la pelle dans de petites *cuves* ou grands seaux, que l'on remonte à l'aide d'un treuil, d'une machine d'extraction quelconque. — On comprend qu'en de telles conditions le travail avance lentement. Or ce n'est pas tout. A peine est-on arrivé à la profondeur de quelques mètres, que le jour manque : il faut s'éclairer avec des lampes. D'autre part les eaux d'infiltration, suintant par toutes les fissures des parois et s'accumulant au fond, ajoutent aux incommodités de la situation. Il faut organiser un épuisement à l'aide de seaux, ou mieux à l'aide de pompes installées dans le puits; et ce système de pompes devra se prolonger et se compliquer à mesure que les travaux iront s'approfondissant. Nous ne nous arrêterons pas à décrire l'organisation de cet épuisement, non plus que celle de l'extraction des déblais, vu qu'en somme ces services provisoires ne diffèrent de l'installation définitive que justement en ce qu'ils sont provisoires, moins importants, plus sommairement organisés, modifiés à chaque instant. Cependant quand il s'agit d'un puits large et profond il est avantageux d'établir, sur ce puits en voie de fonçage, les moteurs qui devront le desservir lorsqu'il sera achevé, et de réduire à la moindre importance possible les appareils provisoires, de nul emploi lorsque le travail est accompli.

Au delà d'une certaine profondeur l'air du puits cesse de se renouveler suffisamment par la circulation naturelle qui tend à s'établir entre l'excavation et l'extérieur. L'air épaissi par la respiration et la combustion des lampes demeure confiné au fond de la fosse ; la fumée des coupes de mine ne se dégage plus, et gêne les travailleurs. Souvent les émanations du sol, le pesant *air méphitique* des cavernes, tendent à s'accumuler au fond du puits. Ils y formeraient bientôt une couche stagnante, une atmosphère irrespirable et mortelle. Il est donc nécessaire de pourvoir à l'aérage. Un large canal, une sorte de tuyau carré en planches règne dans toute la hauteur du puits, et se prolonge à mesure que les travaux s'enfoncent ; c'est comme une sorte de cheminée, par laquelle il s'établit un tirage. Et si ce tirage ne se produit pas naturellement avec une suffisante activité, il faut y suppléer en établissant à l'orifice du puits un des appareils d'aérage que nous aurons occasion de décrire.

Notons enfin l'emploi tout récent dans le fonçage des puits de mine et le percement des galeries des machines *perforatrices à air comprimé*. Ces machines ont pour but de forer mécaniquement et avec une grande rapidité les coups de mines. Elles furent créées pour l'exécution des immenses *tunnels* qui percent les Alpes par la base : travaux gigantesques, éternel honneur du génie des temps modernes qui, au lieu de s'épuiser à élever entre les peuples de menaçantes et jalouses barrières, leur ouvre, par ses efforts surhumains, des communications plus faciles à travers les murailles de montagnes que la nature même avait dressées entre elles! Depuis, les *perforatrices mécaniques* ont été adoptées dans une cinquantaine des grandes exploitations minières. Nous regrettons que notre cadre resserré nous interdise la description de ces appareils fort compliqués ; ils ne sont, du reste, et ne seront d'ici à longtemps, que très-exceptionnellement mis en œuvre.

Boisage des puits. — Tout en fonçant le puits, les ouvriers ont soin de soutenir les parois, partout où il est nécessaire, par des étais, des pièces de charpente formant un *boisage provisoire*. Lorsqu'on est arrivé à une profondeur convenable, on commence les travaux définitifs de soutènement : boisage, ou muraillement. Le choix entre les deux procédés peut dépendre de bien des considérations. Le muraillement convient aux puits de vastes dimensions et de grande importance, devant servir longtemps ; les boisages avec le temps pourrissent, nécessitent des frais d'entretien et de réparation. — Dans les pays où les forêts abondent, comme au Harz, on boise tous les puits, même les plus importants ; en Belgique, où le bois est rare et cher, on muraille en briques même les puits de médiocre avenir. Dans certaines houillères du bassin de la Loire, on voit de fort beaux puits muraillés en pierres empruntées au terrain même que traverse l'excavation. La pierre extraite pour former le vide du puits fournit de quoi le revêtir, et les ouvriers mettent ces matériaux en œuvre avec une habileté et une économie remarquables.

Le boisage d'un puits a beaucoup d'analogie avec celui d'une galerie. Il se compose encore d'une suite de cadres de charpente, superposés à intervalles réguliers, maintenant des garnissages appuyés contre la paroi. Ici les cadres doivent être formés de très-fortes pièces, laissées brutes dans leur longueur, mais soigneusement ajustées à leur *assemblage*. Ils sont ou carrés, ou rectangulaires, ou à plusieurs pans, suivant la forme des puits. Certaines pièces du cadre dépassent l'assemblage et font saillie au dehors ; ces *portées* excédantes sont engagées dans des entailles profondes pratiquées dans la roche. Entre les cadres ainsi fermement maintenus et la paroi on chasse de forts garnissages. — Les cadres doivent être posés à intervalles d'autant plus rapprochés que la pression, la *poussée* des terrains est plus forte ; les garnissages aussi sont plus ou moins serrés, suivant la nature de la roche plus ou moins ébouleuse. En outre de ces pièces principales, des pièces de renfort *croisées* assujétissent les cadres, comme les *écharpes* retiennent les planches assemblées d'un pan de bois.

Enfin quand le puits doit réunir plusieurs services, il est ordinairement divisé en plusieurs compartiments par des cloisons qui règnent dans toute sa hauteur : les pièces, dites *traverses*, qui soutiennent ces cloisons, les planches qui les forment ajoutent encore à la solidité, à la résistance du revêtement. — Il y a, dans les mines de Harz surtout, de magnifiques boisages, immenses charpentes savamment combinées qui se prolongent sur des profondeurs de 500, 600, 700 mètres, et sont dignes d'être admirées comme des œuvres imposantes. Je n'ai pas besoin de dire à quels travaux, à quels frais entraînent de pareilles constructions. Au contraire, dans les terrains qui se soutiennent bien, de petits puits auxquels suffira un léger boisage peuvent être établis économiquement. Les puits intérieurs, dits *bures*, *burons*, *buretaux*, souvent inclinés suivant la pente du gîte, n'offrent d'ordinaire que de faibles dimensions, et sont soutenus par des boisages très-simples.

Muraillement des puits. — Quand un puits foncé doit être muraillé, la première condition est de donner à la maçonnerie une assise solide sur la roche ferme et stable. On pose donc d'abord au fond du puits, sur le sol bien dressé, une sorte de roue ou de cadre ayant la forme du puits, et qu'on nomme le *rouet.* Ce rouet est formé de fortes pièces de chêne soigneusement équarries et ajustées. Sur le contour de ce rouet, on monte graduellement le muraille-ment comme si l'on bâtissait une tour, en ayant soin de bien accoler la maçonnerie à la roche, o'exercer même une forte pression contre elle. A mesure qu'on s'élève, on enlève les pièces du boisage provisoire ; celles qu'on ne pourrait enlever sans craindre de pro-voquer des éboulements demeureront engagées der-rière la maçonnerie. Le fonçage d'un puits étant une opération très-lente, souvent on ne peut attendre que le puits ait atteint toute sa profondeur pour le revêtir de son enveloppe protectrice. Dans ce cas on mu-raille par *reprises,* c'est-à-dire par étages. L'excava-tion étant arrivée à une certaine profondeur, les ouvriers, profitant d'une couche de roc ferme et stable, laissent une *banquette,* une sorte de forte et épaisse corniche de pierre régnant autour du puits, qui se trouve ainsi rétréci à cet endroit. Sur cet appui solide on peut élever un muraillement jusqu'à la bouche du puits s'il le faut, tandis qu'en dessous le *fonçage* se continue. A quelques mètres au-dessous de la banquette le puits reprend son diamètre, la saillie de roc ayant une suffisante résistance pour supporter le muraillement. Quand on aura encore excavé une profondeur d'un étage, on élèvera de même un revêtement de maçonnerie qui viendra re-joindre, *reprendre* en dessous le muraillement déjà exécuté. De la sorte le puits peut être muraillé à me-sure qu'il s'approfondit.

Puits cuvelés. — Nous venons de décrire sommai-rement les travaux d'exécution d'un puits dans les conditions normales, ordinaires. Mais plus d'une dif-ficulté peut surgir. Les plus graves tiennent non pas à des roches trop dures, trop difficilement attaqua-bles — cette rencontre ne pouvant avoir pour effet que de ralentir les travaux ; mais tout au contraire à la traversée de roches très-ébouleuses, de sables mouvants, d'argiles détrempées, surtout à l'abondance extrême et à l'énorme pression des eaux qui font de ces couches *perméables* comme de véritables filtres souterrains. Essayons de donner une idée de ces difficultés, et des moyens que l'obstination humaine a su inventer pour les surmonter. Supposons d'abord que le puits en se creusant rencontre une simple couche meuble d'argiles, de graviers, ou de sables moyennement *aquifères*. A mesure qu'on pénètrerait dans la couche, ces matières sans consistance s'ébouleraient de toutes parts, avant qu'on eût pu les soutenir par la pose du boisage, recombleraient le fond de la fosse, faisant naître de grands vides latéraux. Ici donc il faut encore avoir recours aux procédés que nous avons vu employer dans le percement des galeries en des circonstances semblables. Arrivés à la couche ébouleuse, les ouvriers posent tout d'abord à plat, au fond du puits, un très-fort cadre de boisage, semblable à ceux qui soutiennent les garnissages. Autour de ce cadre on chasse de force une série de palplanches, comme un rang de pilotis. Ces pilotis entreront sans trop d'effort, puisque le sol est meuble. On a soin de les enfoncer non pas tout à fait verticalement, mais un peu divergents, inclinés en dehors, en évasant. Supposons qu'on ait ainsi fait pénétrer jusqu'à une profondeur de 1 m. ou 1 m. 50 la rangée entière de palplanches tout autour du cadre : voilà « un boisage qui précède l'excavation ». Les parties latérales du terrain étant soutenues d'avance, les ouvriers enlèvent facilement les terres meubles à l'intérieur jusqu'au contact des palplanches qui empêchent les éboulements. Dès que cet enlèvement aura approfondi le puits de 50 ou 60 centimètres par exemple, on posera, à l'intérieur, un second cadre que l'on assemblera par pièces. Celui-ci sera aussi grand que le premier, et il aura amplement sa place, puisque le vide va s'évasant, à cause de l'obliquité donnée aux palplanches. Ce cadre assemblé et fortement assujetti, on enfoncera autour, entre lui et le garnissage de palplanches, un autre rang de palplanches semblables et semblablement divergentes, qui pénètreront dans le terrain à 50 ou 60 centimètres au delà des premières ; puis on approfondira d'autant l'excavation. Pendant ces opérations les pompes doivent fonctionner avec activité, pour épuiser à mesure les eaux qui filtrent abondamment à travers le terrain poreux et fissuré. En réitérant autant de fois qu'il est nécessaire les mêmes manœuvres, on arrive à traverser la couche meuble. et à retrouver le roc ferme ; mais le travail avance très-lentement, et il en résulte un retard dans le creusement du puits. Dès que la pointe des pilotis s'émousse contre un terrain plus ferme, on se hâte de reprendre les procédés ordinaires de fonçage.

Une telle rencontre est le cas le plus fréquent et le plus simple. Mais quand la couche à traverser est extrêmement épaisse, très-mouvante, surtout si les eaux y affluent avec une très-grande abondance, ces moyens deviennent inefficaces.

On est parfois obligé de creuser des puits de plus de cent mètres de profondeur à travers des terrains interrompus à chaque instant par des couches meubles et inondées. En de telles circonstances un simple boisage, ou un muraillement ordinaire ne suffiraient pas. Entre les garnissages, par les joints des pierres, ce seraient de véritables cascades qui se précipiteraient au fond du puits. Fût-il exécuté, il serait impossible de le maintenir à sec ; nulles pompes n'y arriveraient. De tels cas sont ordinaires dans nos houillères du Nord. C'est pour ces terrains difficiles qu'on a imaginé les *puits cuvelés*. Le problème était de revêtir le puits d'une enveloppe continue, étanche, calfeutrée de telle sorte que les eaux ne puissent s'y infiltrer ; assez solide pous résister à leur pression, qui peut s'élever à plus de 100 000 kilogrammes pour chaque mètre carré de surface des parois... Figurez-vous comme une *cuve* de bois, un tonneau dont les *douvelles* jointives maintiennent le liquide : de là le nom même de *cuvelage*. Seulement ici l'eau est en dehors, faisant effort énorme pour s'infiltrer à l'intérieur : il faut l'en empêcher. Ce n'était pas tout, de combiner la construction d'un revêtement qui, supposé mis en place, pût résister à la pression énorme : il faut l'y mettre, en place ! Or c'est là justement le difficile. Un cuvelage peut être fait en bois, en fonte ou en tôle, ou même en maçonnerie. Le puits, une fois achevé, représente donc comme un tuyau enfoncé dans le sol, et formé d'*anneaux* superposés. Quand la nature du terrain est telle qu'on peut franchir successivement chaque couche meuble par le moyen ci-avant indiqué des palplanches, appelant à son aide de puissantes machines d'épuisement, à mesure qu'une certaine épaisseur de ce terrain est traversée, on fait descendre, puis on rajuste dans le puits les pièces de *cuvelage* qui forment immédiatement un nouvel anneau ajouté à la longueur du tuyau. Pendant la pose, il est vrai, l'eau jaillit de toutes parts, les ouvriers travaillent pour ainsi dire sous une cascade... Mais les pompes jouent avec une activité extrême. On se hâte. Dès que l'anneau de cuvelage est posé, cette voie est fermée plus ou moins complétement aux eaux; on travaille alors plus à l'aise à en calfeutrer les jointures, à serrer, à l'aide de coins, les pièces contre les *cadres* qui les supportent. Cela fait, les eaux de cette couche sont arrêtées par les parois du cuvelage; on creuse plus profondément, jusqu'à la rencontre d'une nouvelle couche meuble et aquifère, contre laquelle on procédera de la même manière. De la sorte on a affaire successivement à chaque couche, source des eaux envahissantes; on peut espérer la *franchir* à l'aide de pompes puissantes : tandis qu'on n'eût pu songer à épuiser toutes ces cascades superposées se déversant librement dans le puits.

Un puits cuvelé presque toujours offre un contour arrondi, ou à petits pans coupés se rapprochant beaucoup de la forme ronde, qui est la plus favorable pour la résistance aux pressions. Quand le cuvelage est en bois, il se compose de pièces de chêne courtes et massives, d'un grand *équarrissage;* ces pièces sont choisies du bois le plus dur et le plus sain, soigneusement dressées et assemblées. Ce sont pour ainsi dire les douvelles de la cuve ; elles sont taillées obliquement comme les clavaux d'une voûte. Une série de ces pièces formant le tour du puits constitue comme un cadre de charpente à pans coupés : et ces cadres sont superposés sans aucun intervalle sur toute la hauteur du cuvelage. Parfois, surtout en Angleterre, on remplace ces pièces de bois par de lourds panneaux de fonte, ou des plaques de tôle très-épaisses, fortement boulonnées. Il y a de ces puits revêtus de fer sur une hauteur de plus de 100 mètres. Nous ne pouvons décrire ici en détail les procédés et les engins à l'aide desquels on arrive à mettre en place les fortes pièces de bois ou les lourds panneaux de métal ; vous devinez bien quelles difficultés peuvent rencontrer ces opérations, dans un espace resserré, quand le travail se complique de la lutte contre l'envahissement des eaux. Les pièces posées, assujetties avec des coins qui les compriment de toutes parts, il faut *faire les joints.* Le procédé employé consiste à enfoncer le long des joints des coins de bois appelés *picots.* On fait d'abord la place avec un coin d'acier tranchant que l'on nomme *agrappe;* l'agrappe retirée, on chasse dans la fente des picots de bois mou, puis des picots de bois dur; on les enfonce à coup de masses. Le *picotage* d'un joint est jugé suffisant quand l'agrappe, frappée à tours de bras avec les plus lourdes masses, *refuse d'entrer,* les fibres du bois, tassées, condensées par la pression violente, étant devenues inattaquables au fer. Eh bien, tous ces moyens si énergiques sont parfois impuissants, lorsqu'il s'agit de traverser des couches de terrain meuble très-épaisses et très-aquifères, par l'impossibilité de résister à l'invasion des eaux pendant l'assemblage des pièces du cuvelage. Que fera-t-on? On construira d'avance un tronçon de cuvelage, un peu supérieur en hauteur à l'épaisseur de la couche meuble à traverser ; puis on le fera entrer de force, tout d'une pièce, dans le sol mouvant. — Imaginez, si vous voulez, un tuyau de poële qu'on ferait entrer dans du sable, et agrandissez par la pensée. Cela s'appelle une *trousse coupante*. Pour fixer les idées et rendre l'explication plus simple, supposez une couche de 10 mètres de terrains meubles, reconnus par le sondage, au fond de l'*avaleresse* en cours d'exécution. — On construit donc l'anneau de cuvelage, en tôle, par exemple ; une sorte d'énorme tuyau ayant à peu près le diamètre du puits, et 11 mètres de hauteur. Les pièces sont descendues séparées ; on les ajuste au fond. Le tube construit, il s'agit de le faire pénétrer. Si les eaux, qui ne pourront plus s'épancher le long des parois, mais seulement filtrer par le fond comme des sources remontantes, ne sont pas tellement abondantes qu'on ne puisse arriver à les épuiser, on monte des pompes ; des ouvriers descendent au fond du tuyau, enlèvent à la pelle les sables ou les argiles délayées, jusque sous le bord tranchant de la trousse coupante, qui descend, s'enfonce de son propre poids. Lorsqu'elle refuse d'avancer, on la charge d'un poids considérable de pierres, on la contraint de s'enfoncer par la pression d'énormes vis de fer semblables à des vis de pressoir. La couche meuble traversée, le bord de la trousse coupante s'arrête contre la roche résistante qui lui succède. On achève d'enlever les déblais, on calfeutre les joints en haut et en bas du tube par des *picotages* excessivement serrés ; puis on continue de foncer en attaquant la roche résistante par les moyens ordinaires. Si on ne peut épuiser les eaux, on les laisse monter dans le tube, et on enlève les sables ou les boues du fond, sous l'eau, au moyen de *dragues*, sortes de cuillers à longs manches qu'on manie d'en haut. On fait aussi des *trousses coupantes* en bois ; on en fait, chose plus étonnante, en maçonnerie. Ce dernier système, assez souvent employé pour traverser une couche de terrains mouvants situés vers la superficie du sol, semble inventé tout exprès pour donner un démenti au mot de Gubetta, qu' « une tour est tout le contraire d'un puits. » Il consiste en effet à construire, à la surface, une tour qui s'enfonce dans le sol par son propre poids, à mesure qu'on la bâtit... On donne pour fondement à la maçonnerie un solide rouet de bois dont la face inférieure est taillée en coin ; et tandis que les maçons élèvent les murailles, les puisatiers, placés à l'intérieur, enlèvent les sables et les déblais, affouillant en dessous ses fondements, et font ainsi descendre tout d'une pièce le revêtement, jusqu'à ce qu'il rencontre une roche ferme où il puisse s'appuyer, prendre assise définitivement. On a parfois *enterré* ainsi à mesure de leur construction des tours de 15 et 18 mètres de hauteur — la hauteur d'une maison à 6 étages...! D'autres fois on bâtit la tour tout entière au-dessus du sol, et on la fait descendre d'une pièce dans les sables : c'est ainsi qu'on procéda, à Londres, pour les puits qui donnent accès au *tunnel* percé sous la Tamise, faisant communiquer l'une avec l'autre les deux rives du fleuve. Ces tours-puits n'avaient pas moins de 12 mètres de hauteur, et un diamètre plus grand encore.

Par le moyen des trousses coupantes, en maçonnerie ou en métal, on a pu creuser des puits dans des terrains submergés — en plein dans le lit des rivières ! — Mais imaginez-vous les difficultés, les obstacles de toute sorte, les expédients qu'il faut à chaque instant improviser en face du danger imminent, quand ces travaux, si difficiles à la surface même, il faut les exécuter au fond d'un puits déjà creusé de 100 ou 200 mètres, tout encombré d'engins, de boisages, où les lampes arrivent à peine à dissiper les lourdes ténèbres, où les eaux affluent, vous inondent, où on peut à peine se tourner dans l'étroit espace, et sous le coup de mille dangers? — Un vieux maître mineur belge me traduisait un jour son admiration pour l'audace qui conçoit de pareilles œuvres, et l'entêtement héroïque qui les mène à bonne fin, à travers les obstacles : « Les hommes, disait-il, sont endiablés ! » Je lui répliquais par ces mines de cuivre et d'étain de la Cornouailles (Cap Land's End) dont l'exploitation se prolonge à près de 2 kilomètres sous le lit même de la mer. Les eaux qui suintent par les fissures de la roche sont salées. En certains endroits la profondeur est assez faible pour qu'en prêtant l'oreille on distingue le murmure éternel des flots, qui roulent sur la tête des mineurs. Parfois, pendant les tempêtes, les mugissements de l'Océan et le bruit sinistre des galets entre-choqués, se répercutant et grossissant de galerie en galerie, prennent des voix si étranges et de tels accents de menace, que les ouvriers s'enfuient épouvantés. Dans quelques-unes de ces mêmes mines on a osé creuser des puits dans le lit même de la mer, sur la plage que le flot envahit à chaque marée. Là, à l'heure de la marée haute, on voit les bords du puits, surélevés au-dessus du niveau des eaux par une solide construction en pierre, se dresser comme une tour isolée au milieu des vagues.

Organisation des services de l'exploitation.

Travaux d'abattage. — L'abattage, avons-nous dit, se fait en deux conditions distinctes : par le *traçage* des *galeries au massif,* et dans les tailles. Nous avons décrit sommairement, en parlant de la direction générale des travaux, la disposition de l'attaque par *galeries et piliers,* avec ou sans *dépilage;* par *grandes tailles,* par *gradins droits, renversés, couchés, longs massifs* : nous n'y reviendrons pas. C'est du travail des ouvriers dans la taille qu'il nous reste à dire quelques mots. L'aspect des tailles et les conditions du travail diffèrent beaucoup suivant la puissance et l'inclinaison du gîte. S'agit-il d'une couche à peu près horizontale, moyennement épaisse? les vides pratiqués auront évidemment une forme surbaissée, le toit formant une sorte de plafond bas sur la tête des ouvriers. Est-ce une couche peu puissante et très-inclinée, presque verticale? Il est évident que les évidements pratiqueront des espèces de couloirs, hauts, étroits, plus ou moins obliques; tandis que si la puissance du gîte est considérable, les chantiers pourront offrir l'aspect de hautes et longues tranchées ou de vastes excavations voûtées, soutenues par de massifs piliers. — Dans tous les cas il faut que les mineurs puissent circuler dans la taille. Si donc la couche *horizontale* n'a pas hauteur d'homme, si la couche inclinée ou le filon n'ont pas une largeur suffisante pour qu'on puisse s'y glisser, il faut que le mineur abatte non-seulement le minerai et la gangue s'il y en a, la matière qui constitue le gîte, enfin, mais en outre une certaine épaisseur de la roche stérile, au toit ou au mur, pour élever ou élargir le vide.

Le *front* d'abattage se présente au mineur, suivant les cas, ou comme un mur vertical ayant à peu près hauteur d'homme, ou comme un escalier (gradins droits) ou comme un escalier vu en dessous (gradins renversés). L'ouvrier marche sur un sol qui est le *mur* de la couche, sur le minerai ou sur des remblais; aux gradins droits il est posé sur le degré horizontal; aux gradins renversés, pour les degrés supérieurs il monte le plus ordinairement sur un échafaudage mobile qu'on nomme *chevalet*. C'est contre la paroi verticale qu'il déploie ses efforts.

Dans les mines métallifères, d'ordinaire les minerais et plus encore les gangues sont des matières dures : le quartz surtout est rebelle. Il faut avoir recours à la poudre. Mais dans les chantiers souterrains où il importe de ne pas susciter d'ébranlements violents qui pourraient produire des éboulements, on n'emploie ordinairement que de petits coups de mine. A l'aide d'un pic aigu, de la pointerolle, le mineur entaille une rigole, un *havage* qui a pour but d'affaiblir la roche; et il place au-dessus de petits coups de mine, qui portent en *rabattant*. Souvent le mineur entaille son havage ou place ses coups de mine dans la roche stérile, moins récalcitrante que le filon lui-même; et alors le filon et la gangue sont entraînés dans le rabattage, qui emporte aussi une certaine épaisseur du toit ou du mur. On emploie beaucoup aujourd'hui la *dynamite* dans les tailles au lieu et place de la poudre. — Il est bien évident que les coups de mine offrent ici les mêmes dangers qu'à l'air libre, encore augmentés par la gêne qu'apporte le manque d'espace; il faut donc redoubler de précautions.

Les minerais en grandes masses compactes, comme les minerais de fer, le sel gemme, nécessitent aussi l'emploi d'une substance explosive; au contraire, les matières tendres, telles que la houille, peuvent être abattues simplement à l'aide du pic. Lorsqu'il s'agit de celle-ci, les usages auxquels on la destine exigent que l'on fasse le moins possible de petits fragments, de ces *menus* qui n'ont qu'une faible valeur. Le mineur, après avoir creusé, soit dans la houille même, soit, ce qui vaut mieux, dans la roche stérile, en dessous de la couche, un profond havage, fait ébouler la paroi entamée, en tâchant de la disloquer en gros fragments; ou produit le rabattage du bloc *souschevé* par de petits coups de mine placés vers le toit. Dans beaucoup de houillères le travail est divisé : il y a un poste de *haveurs*, qui viennent creuser les entailles, et auxquels succède un poste de mineurs rabattant le charbon.

Une condition qui rend l'abattage incommode et pénible, est celle d'une couche peu inclinée et d'une faible puissance : 40 ou 50 centimètres, par exemple. Le vide produit par l'enlèvement d'une telle couche forme évidemment une entaille serrée où l'ouvrier est obligé de se glisser de côté, de ramper entre toit et mur. Il a beau entamer un peu le toit et le mur pour élargir l'entaille : on ne peut pousser au-delà d'une certaine limite ces procédés onéreux. Et pourtant peut-on se résigner à laisser là le combustible inestimable, la précieuse veine métallique? Le mineur pénètre donc dans la fente oblique; couché sur le flanc, avec son pic à long manche il sape au fond de l'entaille, arrache et fait glisser au-dehors la houille ou le minerai. Cette position, qu'il lui faut garder pendant une bonne partie de la journée, a fait donner à ce genre de travail le nom expressif de travail à *col tordu*. C'est plus qu'incommode; et pourtant les ouvriers s'y habituent encore assez facilement... tant la pauvre machine humaine, d'apparence si frêle, a encore en soi de ressources et de résistance vitale !

Il nous reste, pour en avoir fini avec les procédés d'abattage, à rappeler l'emploi du feu, communément usité dans l'antiquité, aujourd'hui délaissé presque universellement. Dans certaines mines de Norwége, cependant, en Hongrie, au Rammelsberg (Harz), à Altenberg (Saxe), contre des roches très-tenaces on applique encore le feu. Le bois est disposé sur des grilles de fer, de telle sorte que les flammes lèchent la paroi du rocher. Les ouvriers allument leurs bûchers dans toute la mine le samedi soir, en quittant les travaux. Cette nuit et le dimanche suivant la mine est inabordable; on voit la fumée sortir par les puits, comme par autant de cheminées. Mais le lundi matin tout est consumé; la fumée s'est dégagée, entraînée par un vif courant d'air, quand les ouvriers viennent reprendre leur tâche. Souvent ils trouvent la roche encore brûlante; ils la refroidissent en l'arrosant de vifs jets d'eau froide, ce qui achève de la désagréger. On attaque alors la paroi avec les outils, en introduisant leur pointe acérée dans les fissures produites par l'action du feu.

Boisage des tailles. — A mesure que le travail avance dans les tailles, les boiseurs viennent planter les étais pour soutenir provisoirement le toit derrière les mineurs. — Ainsi, par exemple, s'il s'agit d'un massif découpé dans une couche à peu près horizontale et exploité suivant la méthode des *grandes tailles* (figure page 79) les étais plantés forment des *lignes de boisage*, comme une colonnade parallèle au front de taille. Entre la dernière ligne du boisage posée et la taille circulent et travaillent les mineurs.

Les bois sont de simples troncs de 15 à 30 centimètres de diamètre suivant les cas, et ayant pour hauteur la *puissance* même de la couche, du toit au mur.
On les assujettit en place à l'aide de coins de bois
chassés à grands coups de masse. — La matière rabattue ayant subi, au pied même de la taille, un premier triage, les remblayeurs s'emparent aussitôt du
déchet, du *stérile,* pour en construire, en arrière de
la double ou triple ligne de boisage, ces massifs, ces
piliers, ces murs dont nous avons parlé, et qui pro-
gressent, gagnent en avant à mesure que la paroi
d'en face recule, sapée par le pic du mineur.

Quand, avançant ainsi, le massif de remblayage
atteint à une rangée de bois, on enlève un à un ces
étais en les *décalant,* c'est-à-dire en desserrant les
coins ; ce qui peut se faire sans danger aucun, vu que
le massif ou les piliers de remblais appuient maintenant le toit à cet endroit. Les bois enlevés vont être
reportés en avant, et serviront à former une nouvelle
ligne, rendue nécessaire par le progrès de l'abattage.
— Dans les travaux *par gradins couchés* (voir figure
page 80) on suit pour le soutènement les mêmes principes ; seulement les colonnades de boisage progres-
sent, comme les massifs de remblai et l'abattage lui-
même, en ligne brisée (figure page 81). — Mais c'est
surtout pour le *dépilage,* dans la méthode par galeries
et piliers avec éboulement, qu'il faut s'entourer de
toutes les précautions.

A mesure qu'on sape le pilier, une forêt serrée de
puissants étais se dresse, pour le remplacer dans sa
fonction de soutènement. La masse abattue, on procède à l'enlèvement des étais eux-mêmes, toujours en
commençant par la ligne la plus éloignée. Des cordes
ont été attachées au pied des étais à abattre. Après
avoir desserré les coins autant qu'il se peut sans
danger, les ouvriers se retirent derrière les autres
lignes. Alors, en face du « *bois* » qu'il s'agit de mettre
bas, on suspend horizontalement, comme un *bélier*
antique, une longue poutre à l'aide de cordes ; puis

du choc de cette poutre, on heurte violemment le poteau. Il s'abat ; on le ramène à l'aide des cordes. A mesure que les lignes d'étais sont enlevées, l'éboulement suit à quelque distance en arrière. On entend les roches se fendre ; puis la masse s'affaisse, s'écroule avec un sourd fracas. Une secousse ébranle le sol ; quelques étais isolés, qu'il avait été impossible d'abattre, et qu'il a fallu abandonner, ploient, et se rompent avec d'affreux craquements. Si l'écroulement tardait trop il faudrait le provoquer ; sans quoi le toit, après s'être soutenu sur une trop grande étendue, s'affaisserait tout à coup, et pourrait, par sa chute subite, occasionner des accidents.

Dans les couches et les filons fortement inclinés, les étais, allant du toit au mur, se trouvent placés presque horizontalement. Les boisages des tailles ont à supporter non-seulement la pression qui tend à refermer la fente évidée, mais en outre le poids des remblais accumulés : ces boisages destinés à rester en place, doivent avoir une solidité très-grande. Ces *potelles* ou *poutrelles* sont donc engagées par leurs deux extrémités dans de profondes entailles pratiquées dans le rocher, et serrées par des coins chassés à grand effort ; souvent aussi ils sont renforcés vers le milieu par des pièces obliques formant *contre-étais*, et prenant aussi leur point d'appui sur la roche des parois. D'autres fois, la charge des remblais entassés pour recombler le vide de la fente est soutenue par une voûte plus ou moins oblique, bandée d'un côté à l'autre, du *toit* au *mur*. Dans l'un et l'autre cas le vide ménagé au-dessous forme un couloir que l'on

Galerie sous remblais.

utilise pour la circulation, une *galerie sous remblais*.

Organisation des transports. — Le minerai abattu, il faut le transporter au jour. Dans les anciennes mines souvent le transport se faisait à dos par des *porteurs*, qui, courbés sous la charge, longeaient les tailles, se glissaient par d'étroites et tortueuses galeries, remontaient par de longues et raides *fendues*, ou même par des échelles. Mais ce moyen, primitif jusqu'à la barbarie, est délaissé à peu près partout aujourd'hui, chez les nations civilisées. Dans toute mine convenablement aménagée il existe une organisation régulière de *roulage* souterrain, complétée d'un système d'extraction par le puits, si les galeries de roulage elles-mêmes n'aboutissent pas au jour. Les voies principales de transport sont évidemment les *galeries de direction*, avec les traverses qui les rattachent au puits. Dans un étage d'exploitation, c'est toujours la galerie d'allongement *inférieure* qui sert au transport des matières abattues dans cet étage. La raison en est simple. Le perçage des *bronchages* et autres voies transversales, la marche de l'abattage dans les tailles, procèdent toujours en montant : nous avons dit pourquoi. Il serait donc onéreux, gênant, presque impossible de faire remonter les matières abattues vers la voie supérieure de l'étage. Si la pente du gîte est très-forte, les voies transversales qui réunissent la galerie supérieure à la galerie inférieure sont de véritables *puits inclinés*. Les minerais abattus et triés dans la taille sont alors simplement jetés à la pelle dans la bouche béante de ce puits qui s'ouvre à l'extrémité de la taille, ou dans des *cheminées* qu'on a ménagées à travers les massifs de remblai. La matière s'écroule par son propre poids, à travers l'étroit couloir : elle arrive au bas, à l'ouverture qui débouche dans la galerie de direction inférieure. C'est là que les *chargeurs* viennent l'enlever à la pelle et la charger dans les chariots amenés en face. — Quand la pente des descenderies n'est pas assez raide pour que la matière abattue y glisse directement, on a alors recours au mécanisme du plan incliné automoteur, précédemment décrit. Quand le gîte exploité est une couche horizontale, les voies transversales se trouvant de niveau aussi ou à peu près, la chose se simplifie : les galeries qui aboutissent aux tailles, les passages même qui longent les tailles deviennent des voies de roulage.

Le transport par les galeries horizontales se fait, soit à l'aide de brouettes, soit à l'aide de chariots plus ou moins perfectionnés. La brouette est une sorte d'intermédiaire entre le *portage* et le *roulage*, puisque l'ouvrier qui la pousse doit soutenir une partie du poids. On l'emploie cependant assez souvent dans les tailles, ou pour de faibles parcours. Mieux valent certainement les chariots à quatre roues. Ceux-ci sont ordinairement traînés par des hommes qui s'y attèlent au moyen d'une courroie, d'une sorte de *bricole*. Souvent un *pousseur* — un enfant — vient en aide au *traîneur*. Dans certaines mines où le sol est très-glissant, on supprime les roues ; on les remplace par des espèces de *patins*, bandes de fer sur lesquelles glisse le chariot ainsi transformé en *traîneau*. Le tirage des lourds chariots aux roues basses sur le sol inégal et rocheux des galeries, est fort rude ; on est obligé de ménager la charge, ce qui revient à augmenter, pour une masse donnée de matière transportée, le personnel, les frais. De plus si le sol toujours humide des galeries n'est pas d'un roc très-solide, il se broie, se défonce d'ornières profondes : une boue collante embourbe brouettes et chariots. On obvie plus ou moins à cet inconvénient en étendant, sur le sol de la galerie, des planches posées bout à bout, où le rouleur fait passer la roue de sa brouette et pose ses pieds. C'est une première amélioration. De là à l'emploi des *chemins de bois* mieux établis il n'y a qu'un pas. Des *longrines* de bois posées sur deux lignes parallèles sont fixées sur les soles des cadres du boisage : sur ces deux *rails de bois* roulent les roues des chariots. Le mouvement est beaucoup plus doux ; la charge transportée, avec un moindre effort, est plus considérable, le trajet bien plus rapide. Les chemins de bois ont été et sont encore très-usités en Allemagne ; on y fait rouler de petits chariots que les ouvriers appellent *chiens de mine*. Mais aujourd'hui que l'industrie fournit le fer en abondance et à bon marché, il y a avantage à substituer à ces chemins de bois qui s'usent vite et pourrissent, de petits *chemins de fer*. Leurs rails, étroites bandes de fer placées de champ, sont fixés à l'aide de coins de bois dans de simples entailles pratiquées en des *traverses* espacées de mètre en mètre le long de la galerie. La voie, d'un rail à l'autre, est le plus ordinairement large de 60 à 80 centimètres. Les petits wagonnets bas qui y roulent ont des roues en fonte dont le contour est profondément creusé en gorge de poulie, embrassant le rail des deux côtés pour retenir le chariot sur la voie. Quand le roulage est fait à force d'homme, le *matériel roulant* et la voie elle-même ont de faibles proportions ; mais, dans les mines où l'exploitation est très-active et bien organisée, on trouve de grands avantages à employer des chevaux : la voie est alors plus large, les wagonnets plus grands, et on en accroche plusieurs à la suite les uns des autres, formant ainsi de véritables trains. — Lorsque les chariots peuvent être amenés directement au dehors, les galeries de roulage se raccordent à une galerie principale débouchant à l'extérieur et qui souvent alors est à *double ou triple voie*. Sinon, les voies de roulage convergent vers le puits d'extraction.

C'est surtout dans les houillères, où le travail est très-actif, que le roulage est largement organisé, et qu'on peut voir la mise en œuvre de tous les perfectionnements dont nous venons de parler. La *traction* est ordinairement faite par des chevaux. Ces patients auxiliaires du travail humain sont toujours bien traités et ménagés dans les mines. Leur écurie est située près des puits en un lieu bien aéré. Ils s'habituent beaucoup mieux que l'homme au séjour souterrain, à l'obscurité; leurs yeux acquièrent vite une sensibilité qui leur permet de voir dans l'ombre, ou du moins avec une très-faible lumière, comme les chats.... Si la mine n'a pas de galerie ouvrant à l'extérieur, les chevaux sont descendus par le puits, suspendus au câble, et avec les plus grandes précautions. Ils arrivent ahuris, étrangement effrayés de l'étonnant voyage qu'ils viennent de faire; mais ils se remettent bientôt. Les chevaux ainsi descendus sont destinés à ne plus revoir le jour; ils vivent et meurent dans la mine.

Extraction et circulation.

L'extraction par les puits se fait au moyen de *vases* de diverses formes, le plus ordinairement de *bennes* ou tonnes semblables à de grands seaux, qui montent et redescendent alternativement, suspendus aux extrémités de longs câbles. Ce n'est que pour une très-minime extraction, ou pour les travaux préparatoires, lorsqu'on n'a pas encore eu le temps de s'organiser plus largement, qu'on peut employer, pour remonter de petites bennes, un treuil à engrenages mû par des hommes, ou une de ces *roues de carrières* que nous avons décrites. Une exploitation tant soit peu active doit avoir au moins un *manége*.

Tout le monde sait ce que c'est qu'un manége : un *arbre* ou essieu vertical en bois porte deux ou quatre longs bras s'étendant horizontalement; à l'extrémité de ces bras on attèle des chevaux, qui, marchant en rond dans l'étroite piste du manége, font tourner l'arbre vertical. Voyons maintenant comment on dispose la machine pour s'en servir à l'extraction. Les bennes sont toujours suspendues deux par deux, de telle sorte que l'une monte tandis que l'autre descend, et réciproquement, de même que les deux seaux dans nos puits domestiques. Au-dessus donc de l'orifice du puits, sur une charpente appelée *chevalet*, sont disposées deux grosses poulies de renvoi : ce sont les *molettes*. Le câble qui soutient l'une des bennes passe sur la molette correspondante, et se repliant horizontalement s'enroule autour d'un gros cylindre vertical de bois, semblable à un tonneau, faisant corps avec l'arbre du manége, et que l'on nomme *tambour*, par allusion à sa forme. L'autre câble passe de même sur l'autre molette, et vient aussi s'enrouler sur une partie différente du même tambour, mais *en sens contraire*. Il suit de là que si les chevaux sont mis en marche,. e tambour, tournant avec le manége, enroulera l'un des câbles, tandis que l'autre se déroulera ; l'une des bennes montera, l'autre descendra. Veut-on maintenant produire le mouvement inverse des bennes ? On fait *retourner*, tête pour queue, les chevaux du manége, et on les fait marcher en sens contraire. Le câble qui tout à l'heure s'enroulait se déroulera, et réciproquement... C'est là un mécanisme d'une simplicité toute primitive : aussi est-il employé dans les mines depuis un temps immémorial. Mais dans une grande exploitation, lorsque les bennes doivent avoir une vaste capacité et un poids très-lourd, descendre à des profondeurs considérables et se mouvoir avec rapidité, le manége à 2, 4 ou même 6 chevaux ne saurait suffire ; il faut une puissante machine à vapeur. — Voyons maintenant comment se fait la manœuvre de l'extraction dans le cas le plus simple.

A chaque étage d'exploitation la galerie de roulage qui débouche dans le puits s'élargit et forme une petite salle que l'on appelle la *chambre d'accrochage*. Une arcade cintrée, aussi large que possible, lui donne ouverture sur le puits. C'est là que sont amenés les sacs, corbeilles ou chariots remplis de houille, de minerai. Il s'agit de verser leur contenu dans les bennes. Supposons qu'une benne descende vide : elle arrive en face de la galerie où elle doit être chargée ; les accrocheurs avertissent par un cri ou un coup de sonnette les hommes du dehors, qui du reste étaient prévenus. La machine, manége ou machine à vapeur, s'arrête. Les ouvriers, à l'aide de crocs emmanchés au bout de longues perches, semblables aux *gaffes* des marins, accrochent la benne suspendue dans le puits en face de l'ouverture, et la tirent vers eux, la font entrer dans la chambre où elle se pose. Un ouvrier alors la décroche, en *démaillant* des trois crochets de la benne la triple chaîne qui prend au câble. Cela fait, il *remmaille* les mêmes chaînes aux crochets d'une autre benne qui est là, remplie et attendant. Un cri pour signal, et le manége se met en marche, lentement d'abord. La benne pleine est enlevée; mais comme elle était posée hors de l'*axe* du puits, en côté, à l'orifice de la chambre d'accrochage, si on la laissait *partir* librement, à peine soulevée elle irait, en se balançant, heurter rudement la paroi opposée du puits. Les accrocheurs donc, avec leurs gaffes, avec des cordes, la retiennent un peu au départ, pour l'empêcher de se balancer trop fort, la guident autant que possible pendant les deux ou trois premiers mètres de montée. Puis elle leur échappe et continue son mouvement d'ascension avec une vitesse plus grande. Pendant ce temps une benne vide est remplie. On y déverse le contenu des chariots, wagonnets ou chiens de mine, tantôt en faisant basculer le chariot lui-même, tantôt en levant une paroi mobile formant porte à l'arrière, ainsi qu'on le voit pratiquer aux terrassiers déchargeant leurs tombereaux.

Arrivée à l'orifice du puits, la benne doit être déchargée ou changée. Autrefois, quand les bennes avaient une faible capacité, on se contentait de les tirer un peu en dehors, et de les faire basculer de manière à verser leur contenu dans un chariot placé au bord du puits. Cette manœuvre était mauvaise et périlleuse ; à chaque instant des morceaux de minerai retombaient dans le puits. Presque partout aujourd'hui le puits d'extraction est couvert d'une double trappe. La benne montante soulève elle-même la trappe, qui retombe derrière elle. Un chariot, qui doit recevoir la charge, avance sous la tonne : ses roues portent sur des rails posés des deux côtés de la trappe, et non pas sur elle. Un ouvrier accroche alors à un crochet fixé au fond de la benne une chaîne pendante au *chevalet*. Un petit mouvement de recul du manége fait redescendre la benne, qui, retenue par le fond, se renverse progressivement. Deux pas en avant, et la benne se redresse. La chaîne du fond est décrochée, la trappe ouverte, et la benne peut librement redescendre. D'autres fois on remplace le fond fixe de la tonne par un fond mobile retenu par un fort crochet de fer ; la benne étant suspendue au-dessus du chariot, on chasse le crochet ; le fond tombe, s'ouvre comme une trappe, et le contenu de la tonne s'écroule. Un procédé plus commode et plus avantageux consiste à faire redescendre doucement la benne sur le chariot, la décrocher, et accrocher en sa place une autre benne amenée vide sur le chariot. Les chevaux, habitués à ces manœuvres, obéissent à la voix ; on dirait qu'ils ont l'intelligence des mouvements à exécuter. Une machine à vapeur, sous la main du mécanicien, peut accomplir avec plus de précision encore ces évolutions en avant et en arrière, nécessaires pour l'enlèvement et le déchargement des bennes.

Mais ne pourrait-on simplifier encore ces manœuvres, éviter tous les transbordements? On réalise une simplification, une économie de temps et de main-d'œuvre, en se servant des mêmes *vases* pour le roulage à l'intérieur et l'extraction par le puits. Cela se peut faire de deux manières. Ou c'est la benne elle-même, la tonne ronde que l'on décroche du câble et qu'on pose sur une plate-forme à roues, représentant un chariot sans bords. La benne est ainsi amenée vide aux tailles, remplie, puis traînée vers le puits, accrochée de nouveau au câble qui l'enlève. D'autres fois, tout à l'inverse, c'est le wagonnet de roulage ordinaire qui, arrivant des tailles par la galerie, est saisi, accroché au câble, en lieu et place de benne, remonté à la surface. Arrivé au jour, on le fait passer sur les rails d'un petit chemin de fer extérieur, par lequel on le traîne au lieu où il doit être déchargé définitivement : cela fait, on le ramène vide vers le puits. Les mêmes wagonnets font le roulage souterrain, le montage et le transport à l'extérieur, puis reviennent vides devant les tailles.

Disposition des machines modernes pour l'extraction. — Dans les grandes exploitations l'extraction est organisée sur une vaste échelle. La machine motrice est toujours une *roue hydraulique* puissante, ou une machine à vapeur de 15, 25, 50 chevaux ; il y en a qui atteignent la force de 100 et 150 chevaux. Tout l'appareil s'agrandit en proportion. Le poids à soulever étant très-considérable, la profondeur parfois extrême, les câbles sont énormes; *plats*, et non plus ronds, formés de plusieurs câbles ronds plus petits, assemblés parallèlement et *laminés* ensemble. Cela ressemble à un gigantesque ruban, qui a parfois 400 ou 500 mètres de longueur et plus, 15 à 20 centimètres de largeur, et pèse de 5 à 8 kilog. par mètre de longueur : c'est-à-dire qu'un câble de 500 mètres pèsera environ 3500 kil. Ces câbles sont faits du meilleur chanvre; on en fait aussi en fils de fer tressés. Les *molettes* (poulies de renvoi) prennent la forme de grandes roues de fonte de 2 à 3 mètres de diamètre, ayant leur contour creusé d'une large et profonde gorge de poulie, destinée à recevoir et maintenir le câble plat. Le *chevalet* qui les supporte forme au-dessus du puits une haute et puissante charpente, s'élevant jusqu'à 15 et 18 mètres. Cette construction sert alors à double fin : elle est en même temps le support des molettes et la charpente du bâtiment qui couvre le puits. Le rouleau sur lequel s'enroule et se déroule le câble n'a plus la forme allongée du *tambour*. On lui donne le nom de *bobine* : mais c'est une bobine extrêmement étroite, puisqu'elle n'a que la largeur d'un seul tour de câble. Imaginez deux roues de voiture juxtaposées, enfilées sur le même essieu, de telle sorte que leurs moyeux se touchent; supposez encore que ces deux roues fassent corps l'une avec l'autre. Les deux bouts des moyeux qui se touchent,

forment, n'est-ce pas, un cylindre plein, peu épais et
étroit; l'espace compris entre les deux roues figure
comme une gorge de poulie très-profonde, étroite
et toute à jour. — Vous avez l'idée de ce que c'est
qu'une *bobine* d'extraction. C'est un *rouleau·* qui n'a
que la largeur du câble, et auquel est accolée de chaque côté une grande roue légère. Les tours de câble,
au lieu de s'enrouler l'un à côté de l'autre comme
sur le treuil d'une chèvre, comme sur le tambour du
manége, s'enroulent l'un sur l'autre, se superposent.
A mesure donc que la benne monte, les épaisseurs
de câbles superposées sur la bobine s'accumulent rapidement, augmentent le diamètre d'enroulement.
Les deux grandes roues placées à droite et à gauche
entre lesquelles le câble a juste son passage, servent
de guides, et leurs rayons soutiennent les tours superposés de câble, qui sans cela *décapleraient* en se déversant d'un côté ou de l'autre. Comme il y a deux
bennes à faire mouvoir, il y a nécessairement deux
bobines, fixées sur un même gros *arbre* (essieu) de
fer, mis en mouvement par la machine motrice. Les
câbles y sont accrochés en sens contraire, de telle
sorte que l'un se déroule tandis que l'autre s'enroule.

Cette condition d'enroulement superposé qui augmente le diamètre de la bobine à mesure que la
benne monte et le diminue à mesure qu'elle descend,
a pour but de régulariser l'effort de la machine. En
effet, quand le câble de l'une des bennes est totalement déroulé, son poids, qui est considérable, s'a-
joute au poids de la benne : mais alors le diamètre
d'enroulement est moindre, et pour une même marche
de la machine, la benne prend une moindre vitesse;
ce qui exige moins de dépense de force de la part du
moteur. Au contraire, quand la benne arrivant vers
le haut de sa course a peu de câble pendant à ajouter
à son poids, tandis que le poids de l'autre câble
déroulé tend à décharger le mécanisme et à entraîner
le mouvement dans le même sens : alors le câble de
la benne montante s'enroule sur une bobine dont le

diamètre se trouve augmenté de tous les tours superposés; sa vitesse est plus grande, et utilise toute
l'énergie motrice. On arrive ainsi à rendre plus égale
la force demandée à la machine. Celle-ci n'en a pas
moins besoin d'être très-puissante à la fois et très-docile. Très-puissante, car elle doit pouvoir enlever une
charge de 5000, de 10000 kilog. avec une vitesse de
2 à 3 mètres par seconde; de telle sorte, par exemple, que d'un puits de 500 mètres de profondeur la
benne puisse être remontée en moins de 3 minutes.
— Très-docile : elle doit pouvoir à volonté et *instantanément*, ralentir ou accélérer son mouvement, s'arrêter, repartir, marcher en avant et en arrière; et
cela, avec une telle précision, et d'une obéissance si
facile, que le mécanicien puisse la mener pour ainsi
dire du bout du doigt.

Bennes et cages guidées. — Les appareils d'extraction réclamaient d'autre part d'importants perfectionnements. Représentez-vous, pendante dans le puits, au
bout d'un immense câble de 400 ou 500 mètres de longueur, la benne, comme un grain de plomb au bout
d'un fil. Il est impossible d'éviter que cette benne, en
montant, ne prenne parfois un mouvement d'oscillation. Ce mouvement peut aller jusqu'à se heurter à
la paroi du puits; et alors il peut arriver que la benne
s'accroche à quelque pièce saillante des boisages,
rompe le câble ou se renverse. Puis, tandis que cette
benne monte, l'autre descend. Il vient un moment où
elles se rencontrent, se croisent. Sans doute le puits
est fait pour laisser passer les deux bennes; mais
c'est un peu juste, le passage est étroit. Si l'une os-
cille, à la rencontre elles peuvent s'accrocher, tout au
moins se heurter. Du coup une des bennes peut être
renversée, ou brisée, vidée dans le puits; elle peut
être décrochée du câble; ou bien le choc l'enverra
frapper violemment la paroi, et avec la vitesse qu'elle
a, rebondissant d'un côté à l'autre, se jetant à travers les boisages, elle peut occasionner mille accidents. Toujours le moment de la rencontre des tonnes

est un moment périlleux. Le mécanicien qui sait à quelle hauteur elle doit avoir lieu, ralentit considérablement la vitesse pour ce moment critique : le danger est diminué, non pas évité. — Et notez bien que ce danger est d'autant plus sérieux que la vitesse est plus grande, le puits plus profond, l'extraction plus active. La question, en soi très-importante, prend un caractère impérieux si, comme bientôt nous le verrons, les ouvriers doivent circuler par le puits. Pour obvier à ces périls, on a imaginé le *guidage*. Le long du puits règne dans toute la hauteur, solidement assujettie aux parois, une double *coulisse* en bois. Un cadre de bois, suspendu à l'extrémité du câble, est engagé entre les deux *coulisseaux*, par lesquels il est *guidé* dans son mouvement d'ascension et de descente, comme par des « rails verticaux ». A ce cadre, on accroche la benne par une chaîne de fer : de la sorte elle ne peut osciller; l'autre benne étant guidée de la même manière par une autre coulisse de l'autre côté du puits, tout balancement, tout heurt, toute *rencontre* est impossible, et la plus grave chance d'accident est écartée. On peut suspendre au cadre guidé non pas une benne seulement, mais deux, trois, quatre, accrochées les unes sous les autres, en chapelet : on peut y suspendre également les wagonnets, les *berlines* que l'on veut faire monter directement à la surface. — Cette dernière pratique conduisit à inventer les *cages guidées*. Imaginez une cage rectangulaire en charpente, comme une énorme cage à poulets, maintenue, guidée entre deux coulisseaux établis parallèlement sur toute la hauteur du puits. Sur le plancher inférieur on peut poser, suivant les dimensions, une berline, ou deux côte à côte. On fait ainsi des cages à deux étages, où l'on peut mettre quatre berlines, d'autres même à 4 étages qui en portent 8. — La cage est suspendue au câble. Supposez-la arrêtée dans le puits, en face d'une *chambre d'accrochage*. Elle repose sur de forts *taquets* ou verrous de fer qui la soutiennent de telle sorte que son plancher soit juste

Chargement d'une cage guidée.

au niveau du sol de la galerie ; on y roule une, deux berlines. Si c'est une cage à deux étages, les berlines étant posées sur le plancher supérieur, la machine, à un signal donné, soulève la cage de 1ᵐ 50 environ, et le plancher de l'étage inférieur arrive à son tour au niveau du sol. Les berlines en place, au coup de sifflet ou de sonnette, le machiniste met l'appareil en mouvement. La cage arrive à l'ouverture. Là un mécanisme nommé *clichage* l'arrête et la soutient, de telle sorte que son plancher affleure juste au niveau du sol de la *halde;* on pousse la berline pleine, qui quitte la cage, s'engage sur les rails d'un petit chemin de fer extérieur : on en roule une vide à sa place. On procède ainsi successivement pour chaque étage s'il y en a plusieurs. La cage posait sur les forts *taquets* du *clichage*, qui la fixaient comme des verrous ; en pressant un levier, le *clicheur* retire les taquets ; la cage redevient libre ; et la machine se mettant en mouvement en sens inverse, elle redescend, toujours maintenue entre ses guides, emportant ses berlines vides, tandis que l'autre cage montera à son tour.

Un seul danger de chute subsistait, la rupture subite du câble : accident qui n'est pas rare, du reste. Pour obvier à ces périls, on a récemment imaginé les *parachutes*. Deux puissantes griffes d'acier sont disposées de telle sorte que, si le câble se rompt, d'elles-mêmes elles viennent s'enfoncer profondément, avec une énergie irrésistible, dans le bois des coulisses du guidage, arrêtent la chute, retiennent la cage suspendue sur l'abîme, si lourde que soit la charge. Ces perfectionnements aujourd'hui adoptés dans un grand nombre de houillères permettent de faire circuler sans danger les ouvriers par les puits : chose qui jusque-là avait été si périlleuse.

Circulation des ouvriers. La question de l'extraction ne peut être séparée de celle de la circulation des ouvriers. Si la mine communique au dehors par des galeries pouvant donner accès aux mineurs, rien de plus simple. Ils auront simplement à se garer, dans ces étroits et sombres couloirs, de la rencontre d'un chariot, d'un train de wagonnets; il y a bien juste de quoi laisser passage, en s'effaçant contre la paroi. Ils auront à se défier des trappes des puits intérieurs qu'on pourrait avoir laissées ouvertes. Mais très-souvent les mineurs n'ont pour descendre et remonter d'autre passage que le puits. Or, le puits est une voie périlleuse, surtout avec les anciens moyens de circulation. Le plus simple et le plus sûr, le meilleur à tous égards, quand le puits n'est pas profond, ce sont les *échelles*. Il doit toujours y avoir un *puits aux échelles*, ou tout au moins un compartiment spécial dans le puits. Celles-ci sont aussi très-bien placées dans le puits des pompes; mais elles doivent toujours être séparées de la voie d'extraction. Ces échelles sont, ou appliquées verticalement contre la paroi du puits, ou, ce qui vaut mieux, posées obliquement, en zig-zag. A chaque hauteur de 6 à 10 mètres il y a un petit palier de repos; en sorte que les échelles sont disposées par étages. Même quand il y a une autre voie d'accès, ou quand les ouvriers descendent par les machines, le puits doit toujours avoir ses échelles; elles serviront en cas d'accident, en cas de chômage de la machine. D'ailleurs il faut qu'on puisse visiter le puits, les pompes : pour tous ces services les échelles sont dans tous les cas indispensables. Mais en tant que voie ordinaire de descente et d'ascension, les échelles perdent tous leurs avantages et présentent les plus graves inconvénients dès que le puits dépasse 50 ou 100 mètres. Vous imaginez-vous ce que c'est que de descendre et de remonter chaque jour, par exemple, 500 mètres, $^1/_2$ kilomètre d'échelles? Énorme perte de temps, d'abord : une $^1/_2$ heure pour descendre, une heure et plus pour remonter; puis une fatigue extrême : et cette dépense de force et de temps est absolument improductive. Ce ne sont pas, malheureusement, les jambes seules et les bras qui fatiguent à cette gymnastique exorbitante; c'est la poitrine qui souffre. Souvenez-vous de ce qui vous est arrivé si

vous avez seulement franchi l'escalier raide condui-
sant au faîte d'un monument élevé : sur les tours de
Notre-Dame de Paris par exemple (70 m.), ou sur la flè-
che du Munster de Strasbourg (140 m.). La circulation
s'accélère; le cœur bat, la respiration devient hale-
tante : on arrive essoufflé, oppressé. Mais 70 ou même
100 mètres ne sont pas 500 mètres, et des échelles à
pic ne sont pas des escaliers. — Le mineur a fini sa
journée ; il est las. Au signal du départ, il laisse tomber l'outil. Eh bien, c'est justement alors que commence pour lui le plus rude travail, la montée. Il a
beau s'arrêter un instant sur chaque palier pour reprendre haleine; il faut qu'il se hâte : d'autres viennent derrière. Il sort du puits, exténué; il se traîne chez lui
d'un pas alourdi, sans même jouir du plaisir de respirer l'air pur du dehors; il n'a qu'un seul besoin,
celui de se jeter au plus vite sur un lit. — Pour une
fois, accidentellement, c'est bien : une heure de repos fera évanouir la fatigue. Mais refaire chaque jour
deux fois ce voyage en ligne verticale, c'est trop pour
les forces humaines. A ce métier le mineur s'use rapidement; il contracte, par la pression du sang re-
foulé dans les poumons, de graves maladies de poitrine : à 45 ans, il est vieux. Longtemps même avant
ce terme ses forces sont brisées, il ne retrouve plus
sa vigueur pour le travail productif et rémunéré. Voilà
pourquoi dans toutes les mines profondes on a préféré aux échelles la circulation par le câble, malgré
ses dangers. L'idée se présentait tout naturellement
de descendre et de remonter dans la benne servant
aux extractions. C'est, du reste, aujourd'hui encore le
procédé le plus en usage. Les mineurs se plantent debout sur le fond de la benne; souvent même s'il n'y a
plus de place à l'intérieur, ou tout simplement par
négligence, ils se tiennent debout, les pieds posés sur
le bord de la tonne, se retenant d'une main aux chaînes ou au câble : ce qui est beaucoup plus dangereux. Le voyage s'effectue rapidement et sans fatigue,
mais non sans risque. Les ouvriers, habitués, n'en ont

souci ; on en voit s'amuser à faire osciller la benne.
Et pourtant une secousse de la tonne heurtant les
boisages peut la décrocher ou la renverser, précipiter les imprudents au fond du puits. Le moment
du *changeage* (rencontre) des tonnes est surtout critique. Que le machiniste oublie d'arrêter à temps, et
un tour de bobine de trop — trois secondes — envoie
la tonne dans le *puisard;* malheur à qui ne sait na-
ger ! — Le câble lui-même peut rompre. — Enfin les
accidents les plus communs sont les chutes de pierres,
de morceaux de bois provenant du revêtement du
puits, de fragments de minerais tombés de la benne
montante. — En certaines mines la pratique habi-
tuelle est plus dangereuse encore : au lieu d'être debout dans la tonne, les mineurs se font descendre et
monter suspendus au câble par une double courroie ;
assis dans l'une des boucles formées par la courroie,
ils ont le dos appuyé contre l'autre boucle. Des groupes de huit ou dix à la fois descendent ainsi suspendus ; c'est effrayant de voir cette grappe humaine se
balancer sur l'abîme. Cela se fait dans les mines de
sel de Bohême, dans certaines houillères anglaises, et
bien ailleurs ! Et notez bien que c'est la continuité
surtout qui fait le danger de ces téméraires pratiques. On descendrait bien ainsi une fois, exceptionnellement, sans péril sérieux ; on ferait grande attention, on penserait à tout, toutes les précautions seraient prises. Mais quand c'est une pratique journalière,
quand plus d'une centaine d'ouvriers doivent chaque
jour prendre la même voie, il y a hâte, un certain
désordre est possible ; puis on s'habitue à la situation, on pense à toute autre chose, on néglige les
précautions. Sur un si grand nombre de fois une fois
arrive où cette négligence entraîne des désastres.

On avait fait déjà quelque chose en établissant au-
dessus des bennes une sorte de toit de bois qui pré-
servait les mineurs de la chute des pierres et des
débris. Le *guidage* de la tonne mettait à l'abri des
accidents de la rencontre. Toutefois la descente par

les bennes, comme moyen ordinaire de circulation, était jugée si dangereuse, que le gouvernement Français l'interdit dans nos mines ; il fallut ouvrir à grands frais de longues *fendues* obliques aboutissant au jour. Mais pour les appareils modernes perfectionnés l'interdiction est levée. Les cages *guidées* bien établies avec toit et *parachutes*, offrent en effet toutes les garanties possibles contre les accidents qu'il est donné à l'homme de prévoir et de conjurer. — Les *parachutes* ne sont pas un luxe de précaution inutile. Qui dirait en voyant ces câbles énormes, qui dirait qu'on peut avoir à craindre leur rupture? Cependant quand ces appareils furent adaptés aux cages d'extraction dans nos houillères du Nord, dans le cours d'une seule année, ils avaient fonctionné dix fois, et sauvé la vie à plus de vingt mineurs.

La descente par le puits dans la benne ou la cage fait toujours éprouver au visiteur, surtout s'il est homme d'imagination, une impression indéfinissable. Toute préoccupation de danger écartée, c'est un étrange voyage pour qui le fait une première fois, que ce *voyage en verticale...* Vous avez revêtu un costume de circonstance, vous vous êtes *embarqués* dans la tonne. La double trappe s'ouvre : on voit la gueule du gouffre, le trou noir au-dessus duquel la tonne est suspendue comme à un fil. Au signal « laissez aller! » on sent comme une oscillation, et l'étrange impression d'un plancher qui s'abaisse sous vos pieds. On s'enfonce dans ces ténèbres béantes, lentement d'abord; puis la machine prend de la vitesse. Quand la trappe retombe au-dessus de vos têtes, au bruit formidablement grossi qui gronde dans les profondeurs, il semble que tout s'écroule, et que la terre se referme sur vous avec un affreux mugissement. — Bientôt on s'habitue au mouvement régulier; on finit par en perdre conscience. Et alors, par une illusion bizarre, comme une hallucination dont on a peine à se défendre, il semble qu'on est immobile, tandis que les charpentes et les machines, à peine entrevues au passage à la lueur douteuse des lampes, semblent fuir *en haut,* monter, lancées d'une vitesse folle. Si le puits est découvert, l'orifice, quelque terne que soit la clarté du jour extérieur, semble, par comparaison, rayonner une très-vive lumière : vous voyez en levant la tête, comme un *œil,* rond ou carré, qui va diminuant, diminuant, à mesure que vous vous enfoncez, et de plus en plus rayonnant. — Généralement lorsque la tonne s'arrête et qu'il faut sortir de la machine, le voyageur novice a les yeux fascinés ; la tête lui tourne, et sa démarche est chancelante : il lui semble que le sol ferme sur lequel il se pose se dérobe encore sous ses pieds.

Échelles mobiles. — Pour les exploitations trèsactives, dans les grandes houillères par exemple, la circulation des ouvriers par les appareils d'extraction les plus perfectionnés n'est pas encore sans inconvénients. Elle exige, tout d'abord, que le voyage s'accomplisse avec une grande vitesse, 3 m. par seconde : or c'est une condition défavorable à la sécurité. Prenons la profondeur très-ordinaire de 400 m. ; le trajet du puits coûtera 2 minutes ; soit 2 minutes 1/2 avec le temps d'arrêt ; si la cage porte 10 ouvriers, il faut à ce compte une heure pour descendre au fond 200 ouvriers : une heure 1/2 s'il y en a 300, chose commune. — Autant pour la montée ; voilà donc 3 heures par jour pendant lesquelles l'extraction des produits de la mine est forcément suspendue. Cette considération a fait adopter dans beaucoup de mines déjà des appareils spéciaux appelés en Allemagne, où ils furent inventés, *fahrkunst,* en France *machines à monter, échelles mobiles.*

Imaginez-vous être debout sur une étroite plateforme ; par un mécanisme spécial cette plate-forme se soulève d'une certaine hauteur, de 3 mètres, par exemple, la hauteur d'un étage. Arrivée là, la plateforme qui vous porte s'arrête, juste au niveau d'un palier. Vous passez sur le palier : c'est comme si vous aviez franchi un escalier d'un étage. La plate-

forme alors, par un mouvement inverse, redescend
à son premier niveau. Mais en même temps un second marchepied semblable s'abaisse en face de vous,
jusqu'au franc du palier où vous êtes; il s'y arrête
un moment. Vous faites un pas en avant, et vous
vous posez sur cette autre plate-forme, qui, après
un court instant d'arrêt, s'élevant à son tour de 3 m.,
vous amènera au niveau du palier d'un second étage.
Et ainsi de suite. — La machine imaginée pour réaliser de semblables conditions dans la pratique se
compose donc d'une série de paliers superposés,
fixés à la paroi du puits ; en face de ces paliers se
meut d'un mouvement alternatif une longue *tige* de
bois, régnant sur toute la hauteur du puits, et portant, à des distances égales à celles qui séparent les
paliers, des marchepieds qui s'élèvent et s'abaissent
par le mouvement de la tige. Vous êtes à l'un des
étages : voulez-vous descendre? Vous posez le pied
sur le marchepied qui, montant de l'étage inférieur,
vient de s'arrêter au niveau de votre palier, et va
redescendre. Voulez-vous monter ? Vous attendez le
moment où le marchepied qui vient de descendre ·
de l'étage supérieur s'arrête, prêt à remonter. De la
sorte vous arrivez au haut ou au fond du puits par
grandes enjambées. Il faut seulement saisir avec précision le ryhthme de la machine, et passer sans hésitation, au court moment d'arrêt (1 seconde), du palier sur le marchepied et réciproquement. Un faux
mouvement pourrait vous précipiter au fond du
puits. Ce qu'il y a de mieux à faire si vous manquez
le moment, ou si la place est occupée, c'est d'attendre tranquillement une autre pulsation de l'appareil. La machine à monter, telle que nous venons
de la décrire, est fort usitée au Harz. Dans les houillères belges on emploie un appareil très-perfectionné
appelé *Waroquière,* du nom de son inventeur. Ici la
machine est à double effet. Il y a non pas une seule
tige mobile, mais deux tiges, dont l'une monte tandis que l'autre descend. Au lieu de passer du mar-

chepied de la machine sur un palier fixe, établi à la paroi du puits, on passe de l'une à l'autre des tiges, au moment où deux des plates-formes mobiles sont arrêtées en face l'une de l'autre. Ces plates-formes sont, non plus d'étroits marche-pieds, mais de larges paliers à balustrade, où deux hommes de front tiennent à l'aise : aucun danger. J'ai vu dans un *charbonnage* belge les mineurs sortir ainsi du puits deux à deux. — La fosse de la machine s'ouvre devant vous sous la forme d'un large trou carré, noir... tout à coup vous voyez surgir deux mineurs la lampe à la main, absolument comme les fantômes qui sortent de terre par une trappe, au théâtre. Le palier mo-

Fahrkunst au Harz.

bile de la waroquière arrive à fleur de sol : les deux mineurs qui font un pas en avant vers vous sur le sol ferme semblent exactement passer. d'un balcon dans l'appartement. A peine ont-ils mis le pied sur la terre ferme que le plancher qui les a apportés s'enfonce derrière eux; deux autres mineurs surgissent du puits sur le palier de l'autre tige, ceux-là vous tournant le dos, et sortant à l'opposé, de l'autre côté du puits.

La longue tige qui porte les marchepieds ou planchers mobiles est construite comme la maîtresse-tige des pompes, dont nous aurons bientôt occasion de parler. La tige simple ou double est sous la dépendance directe d'une machine à vapeur spéciale, très-ingénieuse ; l'appareil, au repos pendant la plus grande partie de la journée, doit toujours être prêt à marcher au premier signal. En marche, il fait 12 ou 15 oscillations par minute ; et comme un certain nombre d'ouvriers peuvent se trouver en même temps répartis sur les divers paliers, montant tous à la fois de trois mètres environ à chaque pulsation, en moins d'une heure le personnel d'une mine importante peut être descendu ou ramené au jour.

Épuisement.

L'épuisement des eaux est une question capitale dans une exploitation minière. Si la mine possède une galerie d'écoulement *inférieure* au niveau de tous les travaux, tout est simple; il ne s'agit que de donner aux galeries d'allongement des divers étages une faible pente qui amène les eaux vers le puits, au fond duquel la galerie d'écoulement s'ouvre. Mais le plus souvent la galerie d'écoulement, s'il y en a une, n'est pas située à une profondeur suffisante pour *assécher* tous les étages ; elle s'ouvre seulement à une certaine hauteur dans le puits. Il faut du moins alors y conduire directement toutes les eaux venant des étages supérieurs à son niveau. Dans toutes les mines où il n'y a pas de galerie d'écoulement, et pour les étages inférieurs à cette galerie, là où elle existe, il faut absolument un système mécanique d'épuisement, *élevant* les eaux à mesure qu'elles s'accumulent dans le *puisard*. — Des seaux ordinaires puisant alternativement, des pompes mues à bras peuvent suffire, avons-nous dit, pour certaines mines soit à ciel ouvert, soit souterraines, où les infiltrations sont à peu près insignifiantes, et la profondeur très-faible; les mêmes moyens sont employés au début des travaux de *fonçage* d'un puits. Mais dès que la profondeur devient un peu considérable et les eaux abondantes, il faut des appareils de grande dimension mus par de puissantes machines.

Un système très-simple consiste à utiliser pour l'épuisement l'appareil d'extraction lui-même. Les bennes jouent le rôle de seaux énormes ; elles vont se remplir dans le puisard, et se verser, soit à l'orifice du puits, soit à une certaine hauteur seulement, au niveau de la galerie d'écoulement. Une benne destinée à cet usage a le fond pourvu d'une large soupape ; lorsqu'elle s'enfonce dans le puisard, l'eau soulève la soupape et remplit la tonne rapidement sans qu'elle ait besoin de se pencher pour se remplir. Arrivée au haut de sa course, la tonne est vidée dans un canal formant entonnoir, et déversant les eaux soit au jour, soit dans la galerie d'écoulement. Dans une exploitation l'extraction n'est pas toujours assez active pour occuper sans cesse la machine ; on profite des moments de repos pour travailler à l'épuisement. Le plus ordinairement on monte les minerais le jour, les eaux la nuit. Mais dès que l'affluence des eaux atteint 1 ou 2 hectolitres par minute, ce procédé est insuffisant : il faut des pompes et une machine motrice spéciales. — Les pompes usitées dans les mines sont de deux sortes : la pompe *élévatoire*, la pompe *foulante*. Nous ne pouvons décrire ici en détail ces appareils. Disons seulement que dans la pompe élévatoire le liquide *aspiré* remplit le corps de pompe lorsque le piston s'élève, passe au-dessus de celui-ci à travers une soupape lorsqu'il descend ; et, en se relevant, celui-ci *soulève*, emporte dans son mouvement toute la quantité d'eau qui remplit le tuyau au-dessus du *corps de pompe*. En somme donc, c'est en *remontant* que le piston *élève* la masse d'eau; en descendant il ne fait aucun travail, et n'exige aucun effort. Dans la pompe *foulante*, au contraire, l'eau aspirée remplit la capacité du corps de pompe quand le piston s'élève ; quand il redescend, il refoule au dehors toute cette quantité d'eau introduite, et la force de s'élever par un tuyau montant placé latéralement. Ici, c'est donc en *descendant* que le piston agit, a besoin d'être poussé avec force. Dès que le puits dépasse une certaine profondeur, une seule pompe ne peut, d'un seul jet, élever l'eau jusqu'à l'orifice. Une pompe élévatoire dépasse rarement 50 m. ; une pompe foulante peut aller jusqu'à 200 ou 300 mètres; mais alors sa construction devient plus difficile, et dans la pratique on s'arrête ordinairement à 100 ou 125 mètres. Si le puits est profond, on établit plusieurs *jeux de pompes* superposés, et les eaux sont élevées par étages, ou comme on dit, par *relais*. La pompe inférieure aspirant l'eau du puisard est presque toujours me pompe *élévatoire* ; sa construction la rend plus propre à cette fonction. Au-dessus, les eaux sont reprises par une, deux, trois pompes *foulantes* étagées. Les pompes sont installées dans le puits, le moteur est établi au jour. Pour donner le mouvement à toutes, une longuè tige de bois pendante, nommée *maîtressetige*, descend jusqu'au fond du puits. A elle sont attachées, *attelées* comme on dit, les tiges des pistons des diverses pompes étagées dans le puits. Par l'action du moteur elle s'élève et s'abaisse alternativement d'une certaine quantité (2 à 3 m.), transmettant son mouvement aux pompes qui lui sont attelées.

Dans un grand puits la *maîtresse-tige* est une très-grosse pièce, formée de poutres de chêne assemblées fortement, consolidées encore par des bandes de fer. Elle est ordinairement carrée, et dépasse souvent 25,

30, 40 centimètres d'épaisseur. Avec ses ferrures, une maîtresse-tige, dans un puits de 500 mètres, peut arriver au poids énorme de 40 à 50 mille kilog.; poids supérieur de beaucoup à l'effort qu'elle est destinée à transmettre. Les étages superposés étant munis de pompes foulantes, qui agissent quand leur piston s'enfonce, la machine motrice dans son mouvement d'ascension a seulement à soulever la maîtresse-tige et tout son attirail, sans éprouver aucune résistance de la part de l'eau. Puis le moteur cessant de faire effort, la maîtresse-tige laissée libre redescend d'elle-même; par son propre poids elle enfonce les pistons des pompes foulantes, en forçant les eaux à monter.

Les pompes d'un système d'épuisement important sont d'énormes et lourdes machines : le corps de la pompe a souvent, intérieurement, 50 cent. de diamètres, parfois le double. L'eau refoulée s'élève par un conduit vertical formé de tuyaux de fonte superposés, presque aussi gros que le corps de la pompe même; ces tuyaux sont solidement assemblés avec de forts boulons, et leurs joints soigneusement ajustés pour éviter les fuites. A chaque *relais*, l'eau qui monte par les tuyaux de la pompe inférieure se déverse dans un réservoir, d'où la pompe située immédiatement au-dessus la puise, et la refoule par une nouvelle longueur de tuyaux faisant suite à la précédente. La série de tous ces tuyaux, qui se prolonge dans toute la hauteur du puits, forme ce qu'on appelle la *colonne d'ascension*. Mais il s'agit de supporter, de maintenir en place dans le puits tout ce système : la grosse colonne de tuyaux de plusieurs centaines de mètres de longueur, les lourds corps de pompe, les réservoirs; le tout rempli, chargé d'un énorme poids d'eau. Et de plus il faut que l'appareil résiste aux violents efforts qui refoulent les pistons, aux chocs, aux ébranlements que ne peut manquer de produire l'énorme maîtresse-tige alternativement soulevée et retombant. Pour cela tout un immense attirail de charpentes s'étage dans le puits des pompes. D'abord,

de distance en distance, de fortes poutres renforcées
de bras obliques, soutenant les tuyaux de la colonne.
Puis à chaque étage, pour porter le corps de la
pompe, le réservoir, résister à l'effort du foulage,
c'est une triple, quadruple série de *sommiers*, formant
comme des grilles superposées et croisées, ayant pour
barreaux d'énormes poutres profondément encastrées
dans des entailles faites à la roche solide ou dans la
maçonnerie ; le tout en outre sous-tendu, raidi par
des pièces en écharpe, étais et contre-étais obliques,
allant chercher leurs points d'appui contre le roc.

La puissante maîtresse-tige a besoin d'être guidée
dans son mouvement. De 50 en 50 mètres, un système de 4 poutres croisées, laissant entre elles juste
le passage de la tige carrée, lui servent de guides, et
l'empêchent de se balancer latéralement. Mais ce n'est
pas tout : quand la tige descend, il faut qu'arrivée
au bas de sa course elle trouve un arrêt contre lequel
elle butte et se repose, afin que son poids énorme
ne fatigue pas les pompes. Pour ce, de gros taquets
nommés *heurtoirs* y sont fixés latéralement, de telle
sorte qu'en descendant avec elle ils viennent se poser sur les poutres-guides : la tige demeure arrêtée
de la sorte, comme suspendue. Pour soutenir la tige
et pouvoir même résister à son choc violent, si tout
à coup la pièce de fer par laquelle elle est accrochée
au moteur venait à se rompre, les poutres guides
doivent être établies avec une solidité extrême. En
outre de l'encombrement de toutes ces charpentes,
sans compter celles de son propre boisage, le puits
des pompes est toujours muni d'échelles avec leurs
paliers, qui permettent aux *pompiers* de visiter, d'entretenir, de réparer les pompes.

Serrements. — Quand une certaine étendue des travaux est dépouillée, qu'elle soit comblée par des
remblais ou livrée aux affaissements, si on doit l'a-
bandonner, on prend soin d'intercepter toute communication entre la partie délaissée et les chantiers
en activité. Et comme presque toujours les excava-

tions désertées finissent par se remplir d'eau, on établit dans les galeries qui y aboutissent de solides barrages appelés *serrements*, capables de résister à l'extrême pression de ces eaux accumulées. Ces sortes de *digues* ou d'écluses se construisent, en travers de la galerie à intercepter, d'énormes madriers de bois juxtaposés, bien sains, dressés avec le plus grand soin sur leurs faces *jointives*. Une large et profonde entaille pratiquée dans la roche tout autour de la galerie leur donne un point d'appui solide. Les pièces de bois dressées, une certaine épaisseur de *mousse* étant interposée entre elles et la roche sur tout le contour de l'entaille, la dernière pièce enfin, celle du milieu, étant mise en place, on *picote* le serrement, c'est-à-dire qu'on enfonce à grands coups de masse, jusqu'à refus absolu, dans tous les joints, des coins de bois sec qui se gonflant à l'humidité, calfeutreront exactement le barrage, et empêcheront toute infiltration. Cela fait, le serrement est encore consolidé du côté opposé à la pression, par d'énormes poutres horizontales formant traverses, elles-mêmes contre-étayées de gros étais obliques prenant leur point d'appui dans de profondes entailles pratiquées au roc vif. Dans les mines très-profondes où la pression des eaux peut devenir énorme, pour lui donner plus de force encore on construit le serrement en forme de niche, les pièces de bois étant taillées obliquement sur leurs faces jointives, comme les clavaux d'un arc de voûte; en sorte que l'effort des eaux qui s'exerce sur le dos convexe (extrados) de cette sorte de voûte n'a pour effet que de serrer plus puissamment les joints. Enfin, dans les mines du Harz on a inventé un mode de serrement capable de résister aux pressions les plus effrayantes, nommé *serrement sphérique*, à cause du principe de sa construction, mais qu'il vaudrait mieux nommer *serrement conique* en raison de sa forme. Figurez-vous en effet un énorme bouchon en forme de *cône tronqué*, long de 2 mètres environ, et formé de fortes pièces de bois assemblées dans le sens de la longueur, en sorte que le côté large du bouchon conique déborde tout autour le côté étroit de 60 centimètres. A l'endroit du barrage le contour de la galerie est dressé avec grand soin, et reçoit la forme arrondie et évasée d'un cône creux, exactement modelée sur celle du bouchon. Le serrement étant construit sur place, assemblé pièce à pièce, il est évident que la pression des eaux tendra à enfoncer le bouchon conique dans l'ouverture ébrasée, trop étroite pour le laisser passer. Eh bien, l'effort est tel, que le bouchon, malgré sa forme élargie et la dureté du chêne dont il est formé, se

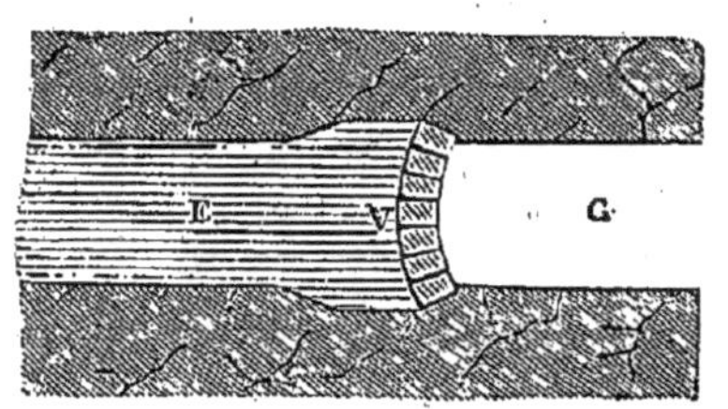

Serrement voûté. G, galerie interceptée; E, espace occupé par les eaux; V, barrage.

comprime assez pour avancer de 40 ou 50 centimètres dans l'entaille. Mais alors il est inébranlable. Des serrements de cette sorte résistent depuis des années, dans les mines de Freyberg, à la pression de 250 mètres de hauteur d'eau, effort qui doit s'évaluer à 1 300 000 kilogr. Enfin dans certains cas on a dû exécuter dans des puits des serrements *horizontaux*. Un puits se trouve ainsi divisé à

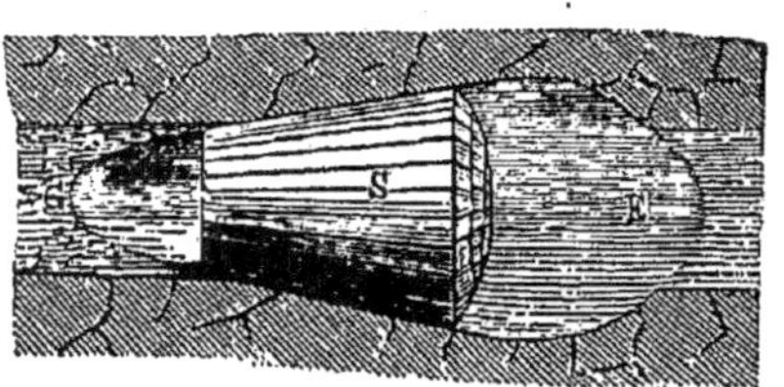

Serrement sphérique. G, galerie; E, espace abandonné aux eaux; S, bouchon conique.

mi-hauteur : toute sa partie supérieure se remplit d'eau, tandis que la partie inférieure reste vide, et continue son service. Un tel serrement porte le nom de *platte-cuve portante*. Fond de cuve en effet, et d'une cuve effroyablement profonde — 200, 300 mètres parfois — et qui doit *porter* à lui seul tout le poids de l'eau amassée au-dessus. Sous cette voûte, sous ce fond de cuve, travaillent les mineurs! Les serrements et plattes-cuves peuvent être opposés à l'irruption des eaux extérieures, aussi bien qu'à celles qui s'accumulent dans les vieux travaux. On comprend tout le luxe de solidité, de précautions apporté dans la construction de tels barrages, quand on vient à songer aux désastres qu'entraînerait leur rupture. Il n'est pas à la connaissance des mineurs qu'aucun ait jamais cédé.

Aérage.

Nécessité de la ventilation des mines. De toutes les causes qui peuvent vicier l'air dans les mines, la respiration des ouvriers et la combustion des lampes sont bien les moins actives. Là où elles agissent seules, la ventilation est facile à établir ; il suffit que l'air circule par les voies et le long des tailles avec une faible vitesse. Mais quand des émanations souterraines abondantes viennent se mêler à l'atmosphère des excavations, il faut qu'un courant d'air rapide, serpentant à travers le dédale des galeries, balaye, entraîne ces gaz perfides. La question de l'aérage alors devient la plus difficile, la plus compliquée dans l'organisation d'une mine.

Le mineur a deux ennemis, d'autant plus dangereux qu'ils sont invisibles : l'acide *carbonique*, le *grisou*. — L'acide carbonique, vous le connaissez : de vue, au moins. C'est le gaz qui se dégage de la cuve en fermentation, de la bière qui mousse, du champagne qui pétille, des eaux gazeuses. Malgré cette apparence pétillante, l'acide carbonique est un gaz lourd, paresseux. — Dans certains sols, surtout dans les sols volcaniques, il émane sans cesse des pores de la roche, il filtre avec abondance par les fissures. Beaucoup plus pesant que l'air, il tend à s'accumuler dans les parties profondes des excavations, dans les grottes, les caves, les galeries de mines. S'il y a de vieux travaux, des galeries abandonnées, vous êtes sûr qu'il les remplit. Il est là, dormant; son niveau monte peu à peu comme un flot invisible, qui gagne, gagne, inonde. On s'y noie, absolument comme dans l'eau. Un homme qui s'y enfonce, tombe tout à coup asphyxié, sans vie : noyé, j'ai bien dit; c'est cela. Nul secours; si vous vous précipitez pour relever le mort, vous faites deux victimes. Si on descend un flambeau allumé dans une de ces cavités envahies par l'acide carbonique, au moment où le flambeau atteint le niveau du lac gazeux il s'éteint subitement, comme si on l'eût plongé dans l'eau. L'air même, dès qu'il en est mêlé dans une proportion qui dépasse un tiers, devient irrespirable et mortel. L'acide carbonique, cependant, n'est pas à proprement parler un poison : mais il ne peut alimenter la flamme ni la vie. Il ne tue pas, il laisse mourir. L'homme, le flambeau s'y éteignent faute d'air, d'air vivifiant et respirable, d'*oxygène* en un mot. L'acide carbonique, gaz pesant, se mêle lentement et difficilement à l'air; pour le déloger des anfractuosités où il dort, il faut un courant rapide, qui produise des remous et l'entraîne malgré lui.

L'autre ennemi, le *grisou*, est en tout le contraste de l'*acide carbonique* — néanmoins plus dangereux encore. Celui-ci est léger, bien plus léger que l'air; au lieu de s'accumuler dans les creux, il s'élève, comme une fumée — mais invisible — vers la voûte des galeries; il remplit les anfractuosités vers le toit, monte par les puits. Lui aussi peut asphyxier; pour cela il faudrait qu'il fût mêlé à l'air en proportion considérable. Mais c'est un autre péril : il est inflammable. Suivant les cas il brûle tranquillement, ou détone comme la poudre, avec d'épouvantables explosions. Mais que dis-je? vous le connaissez aussi, ou du moins vous connaissez qui lui ressemble : le *grisou* est tout à fait analogue au gaz d'éclairage, comme composition et comme propriétés. Le *grisou* se dégage en abondance dans certaines houillères. A quelques pages d'ici nous aurons occasion de signaler tous les dangers que ce gaz redoutable fait courir au mineur, et les précautions minutieuses dont il a fallu s'armer ontre lui. Ici nous n'en parlons qu'au point de vue des nécessités qui résultent de sa présence pour l'organisation de l'aérage. Il est bien évident qu'il faut expulser à tout prix ce gaz funeste. Dans les mines qu'il infeste, le courant d'air circulant par les galeries et les tailles doit être assez rapide pour emporter le grisou à mesure qu'il se dégage, l'empêcher de monter vers la voûte des galeries pour s'accumuler, par sa légèreté, dans les anfractuosités, l'entraîner enfin, délayé dans une masse d'air considérable. Il faut surtout que nulle impasse, nul recoin perdu, nul tronçon de galerie sans issue ne se trouve en dehors de la circulation de l'air. Toute cavité non ventilée est un réservoir à grisou : un baril de poudre, auquel une étincelle peut mettre le feu.

Disposition des voies d'aérage. Un entraînement suffisamment rapide vers une ouverture extérieure ne constitue donc pas à lui seul la solution complète du problème de l'aérage. Il faut encore que les dispositions intérieures soient prises de telle sorte que le courant d'air serpente par toutes les galeries, longe toutes les tailles. Si on laissait ouvertes toutes les voies entre l'orifice d'entrée et l'orifice de sortie, le courant d'air se choisirait un certain parcours, le plus direct et le plus large, et dans les autres parties la circulation se ferait à peine sentir. Pour éviter cet effet, et pour empêcher le courant de se diviser en trop nombreuses branches, on trace à l'air son chemin dans la mine; et pour le contraindre à suivre ce circuit tortueux, on place à l'entrée des voies où il ne doit pas s'engager directement, des *portes* qui l'arrêtent au passage. Lorsque ces galeries ainsi interrompues doivent servir à un roulage actif, il faut que les portes soient ouvertes à chaque passage d'un groupe d'ouvriers ou d'un train de wagonnets, refermées derrière; ce soin est souvent confié à des enfants. **Au** moment où la porte est ouverte, les conditions du courant d'air sont momentanément changées. S'il importe d'éviter cet effet — comme lorsqu'il s'agit d'empêcher un courant d'air chargé de grisou de se diriger vers un foyer allumé — au lieu d'une seule porte, on en établit deux, interceptant entre elles un petit tronçon de galerie. Ces deux portes sont disposées de telle sorte qu'elles ne soient jamais ouvertes ensemble. Un ouvrier qui passe, un wagonnet qu'on roule, franchissent l'une des portes; puis derrière eux celle-ci retombe et ferme la communication, avant que la seconde porte s'ouvre devant eux. C'est le système des *écluses*, appliqué aux courants d'air. Des dispositions analogues sont de même appliquées à certains puits qui doivent servir de voie au courant d'air, lorsque ces puits sont en même temps utilisés à la circulation ou à l'extraction. Seulement les portes sont remplacées par des trappes, qui s'ouvrent pour le passage des ouvriers ou des produits d'extraction. Le parcours intérieur de l'air devant, dans chaque partie des travaux, former un circuit complet entre la voie d'entrée et celle de sortie, il est parfois nécessaire, avons-nous dit, de compléter le parcours qu'offrent les voies de roulage, les descenderies, etc., par des couloirs spéciaux qu'on appelle *voies de retour d'air*. L'air, à chaque étage, doit toujours entrer de préférence par les travaux principaux, et suivre pour le retour les passages les moins fréquentés. Le parcours total des galeries et fronts de tailles que doit ainsi suivre l'air dans un seul *quartier* des travaux s'élève souvent à un kilomètre, parfois à deux ou trois. On peut estimer de 25 c. ou 50 c. jusqu'à 1 m. ou 1 m. 50 par seconde, suivant les cas, la vitesse qu'il doit prendre. Une telle circulation représente, selon l'étendue plus ou moins grande des travaux, un volume de 1 mètre cube à 20 ou 30 mètres cubes, entrant dans la mine à chaque seconde.

Quand il s'agit d'aérer une galerie en voie de

perçage, un puits intérieur encore sans débouché, il est souvent nécessaire d'établir momentanément une division dans la galerie ou le puits, par une cloison ou un plancher. L'air pur arrive par le conduit formé entre la paroi du puits ou de la galerie et la cloison, ou bien entre le sol de la galerie et le plancher élevé à une faible hauteur. Il est ainsi conduit jusqu'au fond de la voie; de là, il se replie pour revenir par le plus large passage. Les conduits à air ainsi formés portent le nom de *royons* ou de *kernets*. Souvent on les remplace par des espèces de gros tuyaux carrés, formés de 4 planches, posés sur le sol de la galerie ou le long de la paroi du puits : c'est ce qu'on appelle — je ne sais pourquoi — des *canards*.

Aérage spontané. Température des mines. Le courant d'air plus ou moins rapide qui doit renouveler l'atmosphère viciée des travaux peut être *spontané* ou *artificiel*. Une certaine circulation tend naturellement à se produire par suite de la différence de température des excavations et de l'air extérieur. Dans une cavité sans communication avec l'extérieur, à la faible profondeur de 10 à 15 m., déjà on observe que la roche offre une température toujours égale ; les variations des saisons ne se font pas sentir jusque-là. Puis, à mesure qu'on descend, on éprouve la sensation d'un air de plus en plus chaud. En effet, la température augmente avec la profondeur ; et cette progression est, en moyenne, d'un degré du thermomètre pour 30 mètres environ ; souvent plus rapide. Ainsi, dans nos pays, vers 100 mètres de profondeur règne en toute saison la température invariable de 15 degrés environ : température printanière. A 200 mètres on rencontre 18 degrés, à 300 mètres 21 ou 22 degrés; 25 degrés à 400 mètres : la chaleur d'un beau jour d'été. — Dans certaines mines même des régions volcaniques, dans quelques houillères échauffées par des incendies souterrains, la chaleur est extrême et gênante. On cite des mines du Mexique où les ouvriers sont plongés dans une atmosphère étouffante de

36 degrés : la température d'un bain chaud... Mais ce sont là de très-rares exceptions.

Or l'air chaud est plus léger que l'air froid; il tend à monter, l'air froid à descendre. C'est pourquoi, par exemple, l'air échauffé par la combustion s'élève par nos cheminées : et c'est cet effet que nous nommons le *tirage*. Une sorte de tirage tend donc à s'établir dans les cavités profondes, communiquant par le haut avec l'air extérieur. Supposons un puits que l'on est en train de foncer : entre la température du fond et celle de l'air extérieur il y a une faible différence : assez cependant pour qu'un tirage se produise. L'air plus tiède monte au contact des parois; l'air froid descend vers le centre du puits. Mais ces deux courants se contrarient, se mélangent. Aussi, dès que le puits atteint une certaine profondeur, ce renouvellement spontané de l'air ne peut plus suffire; à plus forte raison s'il s'agit de vastes travaux, de longues et tortueuses galeries. Pour que la circulation puisse s'établir régulière et active, il faut que la mine communique avec l'air extérieur par deux issues; le courant entrant par l'une et ressortant par l'autre. Lors même que les travaux n'ont avec le dehors qu'une seule voie de communication, les nécessités de l'aérage obligent, comme nous l'avons déjà dit, à diviser par une cloison cette voie unique, puits ou galerie; ce qui revient en fait à en établir deux. La circulation se produit spontanément, régulière et active, si les deux orifices, l'entrée de l'air et la sortie, s'ouvrent au jour *à deux niveaux différents*. Le puits le plus élevé fonctionne alors absolument comme une haute cheminée, où l'air tiède, plus léger, monte, tandis que l'air vif de l'extérieur pénètre par l'ouverture inférieurement située, et circule par les travaux pour se rendre au *puits d'appel*. Évidemment l'appel est d'autant plus énergique, la circulation d'autant plus rapide que la différence de température de l'intérieur à l'extérieur est plus considérable, et, d'autre part, que la différence de niveau entre les orifices d'entrée et de sortie est plus grande ainsi. — L'hiver, l'écart de température entre la mine et l'extérieur est toujours très-notable; mais l'été, à certains jours, à certaines heures de la journée, la chaleur du dehors peut devenir égale à celle du dedans, ou même plus élevée. Il peut donc y avoir des moments d'équilibre, de complète stagnation; ou même le courant d'air peut être *renversé*, c'est-à-dire se produire en sens inverse. Peu importe le sens du courant; mais aux heures où la circulation naturelle est stagnante ou trop ralentie, il faudra y suppléer momentanément par des moyens artificiels. D'autre part, si les orifices d'entrée et de sortie sont situés au même niveau, un équilibre d'indifférence se trouvera toujours à peu près établi, quel que soit l'écart de température; dans une telle mine on ne peut compter sur aucun courant naturel suffisamment actif et régulier.

Beaucoup de mines, sauf les intervalles de stagnation momentanée, sont convenablement aérées par la ventilation naturelle : l'air ainsi appelé parcourt les galeries avec une faible vitesse de 20 à 40 centimètres par seconde, ce qui peut suffire en bien des cas. Mais quand l'air doit parcourir un long et tortueux circuit de couloirs croisés et de vastes tailles, si surtout les dégagements de gaz, acide carbonique ou grisou, sont considérables, il faut un afflux d'air puissant et rapide de 1 mètre, parfois 1^m 50 par seconde. Alors l'aérage naturel est insuffisant. Ainsi est-il rare qu'une houillère puisse se passer d'un aérage *forcé*, d'une ventilation artificielle. Le moyen le plus simple de suppléer au défaut ou à l'insuffisance du tirage spontané était indiqué par la nature même. Il consiste à échauffer plus fortement l'air du puits de tirage, afin de produire un appel plus énergique. Au fond de la fosse donc, quelques mètres au-dessus de l'eau dormante du puisard, est suspendue par de longues chaînes une vaste corbeille de fer, où l'on entretient un feu très-ardent de bois, de coke ou même de houille. C'est ce qu'on appelle un *toque-feu*. Le toque-feu est très-commode comme installation momentanée, en ce qu'il n'entraîne aucune disposition spéciale onéreuse. Cependant cette façon de transformer le puits en cheminée, surtout si des ouvriers, à un moment donné, peuvent avoir besoin de monter et de redescendre par ce puits, n'est ni sans inconvénient, ni même sans danger. La fumée gêne fort ; vu d'en haut, ce brasier suspendu qui éclaire le fond de l'abîme de ses lueurs rouges et se reflète dans l'eau noire du puisard, n'offre rien de trop rassurant... Si donc un foyer doit être employé comme moyen permanent de ventilation, il faut abandonner le toque-feu, et établir le foyer à poste fixe en dehors du puits. On creuse alors un tronçon de galerie latéral, communiquant avec une des voies principales ; là on construit un vaste foyer, une large grille fixe, où l'on entretient le feu jour et nuit allumé. L'air échauffé et les produits de la combustion s'élèvent par une large cheminée qui surmonte la grille et débouche à 10, ou 20 mètres au-dessus, dans le puits. Un tel foyer consomme en moyenne de 500 à 800 k. de houille en 24 heures, dépense qui serait très-onéreuse partout ailleurs que dans une houillère même, où l'on peut alimenter le foyer d'aérage avec des menus débris à peu près sans valeur. Jusqu'à une certaine limite, l'emploi des foyers de tirage est rationnel. Mais en Angleterre, les choses sont souvent poussées à l'extrême. Dans les mines de ventilation difficile, on a établi au bas des puits deux, trois, quatre foyers énormes, échauffant l'air du puits jusqu'à 50 ou 60 degrés, parfois même jusqu'à 100 degrés : la chaleur de l'eau bouillante ! Le premier inconvénient d'un tel système c'est qu'il exige un puits absolument sacrifié à ce seul usage ; on ne peut songer à se servir du puits des pompes, ni du puits aux échelles. Il y a plus : la chaleur devient excessive, elle détériore rapidement les boisages ; il faut de toute nécessité un puits muraillé, une véritable cheminée, en un mot, et faite exprès. D'autre part ces énormes foyers dévorent la houille d'une façon terrible ; et quoique ce soit du combustible de qualité inférieure... Mais en Angleterre on n'y fait pas d'attention. Il y a d'autres inconvénients plus graves. Les mines qui exigent un plus rapide courant d'air, par conséquent des foyers plus ardents, ce sont les *houillères à grisou*. Or ici, l'emploi du feu n'est pas sans danger. L'air qui arrive sur ces foyers, pour y alimenter la combustion, pourrait être en certains cas tellement chargé de grisou qu'il fût explosible ; et alors le moyen même employé pour expulser ce gaz dangereux aurait pour effet de l'enflammer ; l'explosion se propagerait au loin dans les travaux et les désastres seraient effroyables. Contre un tel danger on n'est pas sans prendre ses précautions. Dans nos houillères du Nord, par exemple, le foyer de tirage est alimenté, non pas avec l'air qui a parcouru les travaux, mais avec de l'air arrivant directement du dehors par une série de petits puits latéraux (*goyeaux, burons, bureteaux*), qui servent à la descente des ouvriers. En Angleterre on se contente de choisir, pour l'alimentation du foyer, parmi les diverses *branches* du courant d'air revenant de divers *quartiers* des travaux, celle qui ramène le moins de grisou. Malgré ces précautions, l'emploi des foyers dans les mines infectées par le gaz inflammable n'est pas encore sans périls. On leur a parfois substitué en Belgique, pour échauffer l'air du puits, d'énormes *calorifères* où le feu ne se trouve pas en contact avec l'air venant des travaux. Ailleurs on a employé de puissants *jets de vapeurs*, s'élançant du fond du puits, tourbillonnant, échauffant, entraînant l'air par le double effet de leur impulsion et de la chaleur communiquée. La vapeur, pour cela, produite dans de vastes chaudières établies à la surface, descend au fond du puits par de longs tuyaux. — Ce moyen encore est dispendieux. En réalité, dès qu'une médiocre surélévation de température ne suffit pas à produire la ventilation convenable, il vaut mieux renoncer complétement à l'emploi de la chaleur, et avoir recours aux appareils mécaniques.

Machines employées à l'aérage. Les machines de ventilation, établies au jour sur le puits d'aérage, ont toutes pour but de produire une aspiration qui oblige l'air extérieur à pénétrer par une autre issue et à parcourir les travaux. Ces machines se rapportent en somme, à deux types : les *ventilateurs* et les *pompes à air*. Tout le monde a vu fonctionner cette machine agricole qui sert à nettoyer les grains, et que l'on appelle un *tarare* : le lecteur a donc certainement une idée de ce que c'est qu'un ventilateur. L'organe essentiel du tarare est une sorte de roue à 4 larges palettes; en tournant, ces quatre palettes, comme quatre énormes éventails, chassent l'air, par la force centrifuge, vers la circonférence de la *caisse à vent*; et cet air, s'échappant par un large conduit oblique, est amené sous la trémie d'où tombe le grain mêlé à la paille. Mais l'air ne peut être chassé vers la circonférence qu'il ne soit aspiré quelque part; et, en effet, cette aspiration se produit vers le centre de la roue à palette, là où la caisse présente, de chaque côté, une large échancrure circulaire. Imaginez donc un appareil construit sur le même principe, mais établi sur de vastes proportions, un tarare gigantesque! Son énorme caisse à vent est posée sur le puits. Ses vastes palettes, tournant avec une vitesse relativement modérée (200 tours par minute), entraînent un grand volume d'air avec une vitesse moyenne. L'aspiration se produit par les larges ouvertures centrales (*ouïes*), mises en communication avec le puits. L'air aspiré, chassé par les palettes, est rejeté à l'extérieur par un conduit largement ouvert à la circonférence de la caisse. C'est un jeu pour les visiteurs de s'exposer au vent de la machine, à quelque distance de l'ouverture, pour y sentir ce souffle de tempête qui vous repousse, vous fouette le visage, soulève les cheveux et fait flotter en arrière les plis des vêtements comme une voile qui palpite à la rafale. — D'autres ventilateurs tournants, un peu plus compliqués de structure (ventilateurs Fabre, Lemierre), et fonctionnant d'après un principe un peu différent, sont fort en usage sur les charbonnages belges et français.

L'autre type d'appareils comprend de véritables *pompes à air* — des *machines pneumatiques*, comme on dit dans les cabinets de physique — aspirant l'air du puits, et l'*expirant* à l'extérieur, absolument comme une pompe aspire et rejette l'eau d'un réservoir. Seulement comme ici la machine doit extraire un volume énorme d'une matière très-légère et très-mobile, avec une très-faible différence de pression, le type de la pompe doit être adapté à ces conditions toutes spéciales; c'est-à-dire qu'elle doit être à la fois de dimensions très-vastes et de construction très-légère.

Imaginez sur le puits, un énorme *corps de pompe*, un cylindre creux en bois, construit de douvelles comme une cuve. A l'intérieur se meut un large piston de bois, dont la *garniture* de cuir s'applique contre la paroi du cylindre. Supposez que le piston, qui d'abord reposait sur le fond du cylindre, se soulève. Il laisse au-dessous de lui un vide, où l'air du puits se précipite en soulevant de très-légères soupapes qui recouvrent de larges orifices en communication avec le puits. Le piston arrivé au haut de sa course, une quantité d'air égale à la capacité du cylindre a été aspirée du puits. Il redescend : les soupapes qui avaient permis à l'air du puits d'entrer dans le cylindre, retombent, ferment les passages. Mais en même temps, par la pression que subit l'air emprisonné, d'autres soupapes, posées sur des ouvertures pratiquées dans le piston même, se soulèvent, et l'air chassé s'échappe facilement. Puis le mouvement d'aspiration recommence. Si l'on veut que l'aspiration soit continue, on emploie deux cylindres, où les pistons, suspendus par leurs tiges aux deux bras d'un *balancier* semblable à un long fléau de balance, s'élèvent et s'abaissent alternativement. Dans une

telle machine, afin de ne pas charger le moteur d'un
effort inutile, il faut que le piston glisse contre les
parois du cylindre avec un frottement très-doux,
presque insensible. Il faut que les soupapes soient
très-légères, et très-étendues, afin que la plus petite
différence de pression les soulève, ouvrant à l'air un
large et facile passage. On les construit souvent d'une
simple peau flexible, battant sur une sorte de cadre
divisé en compartiments : tout à fait semblables, sauf
la taille, à la soupape d'aspiration qui forme ce qu'on
appelle l'*âme* d'un vulgaire soufflet de cuisine. Quand
l'appareil doit avoir de très-grandes dimensions, ces
conditions sont plus faciles à réaliser en disposant la
machine *horizontalement,* au lieu de la dresser *verticalement.* Pour plus de simplicité de construction on
donne alors au corps de pompe ou *caisse à vent* non
plus la forme ronde (cylindrique) mais une forme
carrée (prismatique). La caisse à vent est alors une
véritable *chambre,* où plusieurs personnes tiendraient
à l'aise; et le piston devient une *cloison* mobile,
carrée, qui avance et recule. Le fond de la chambre,
communiquant avec le puits, est tout à jour, comme
une grande fenêtre sans vitres. Sur chacun de ces
carreaux vides vient battre une large et légère soupape simplement suspendue par une charnière très-
mobile à sa partie supérieure : une sorte de volet
pendant, oscillant au moindre souffle, qui vient s'appliquer sur l'ouverture ou se soulève largement pour
laisser entrer l'air aspiré. La cloison mobile qui joue
le rôle de piston, est construite de la même façon.
Afin qu'elle glisse sans frottement, elle est portée sur
de petites roulettes (galets) roulant sur des rails. Cet
aspirateur, du reste, fonctionne exactement comme
le précédent, dont il ne diffère que par ces ingénieux
détails de construction. Pour obtenir l'aspiration continue, l'appareil doit être construit double. On le
composera de deux chambres à air disposées en face
l'une de l'autre. Les deux cloisons-pistons étant fixées
sur la même tige, et mises en mouvement par le

même moteur, l'une s'enfonce vers le fond d'une chambre, tandis que l'autre, dans la chambre opposée, recule; l'une aspire l'air, tandis que l'autre l'expire.

Ces appareils sont modernes; mais depuis des siècles on emploie au Harz et dans beaucoup d'autres mines des aspirateurs à *cloches* fondés sur le même principe. La *cloche* est une simple *cuve* cylindrique, renversée dans une autre cuve plus grande et pleine d'eau. Sous cette cloche s'élève jusqu'au-dessus du niveau de l'eau un gros tuyau d'aspiration, fermé à sa partie supérieure par une large et mobile soupape. La cloche elle-même en porte une semblable sur son fonds. Quand la cloche est enfoncée, elle est à peu près remplie par l'eau qui prend son niveau à l'intérieur. Le moteur l'élève : il se produit une aspiration.

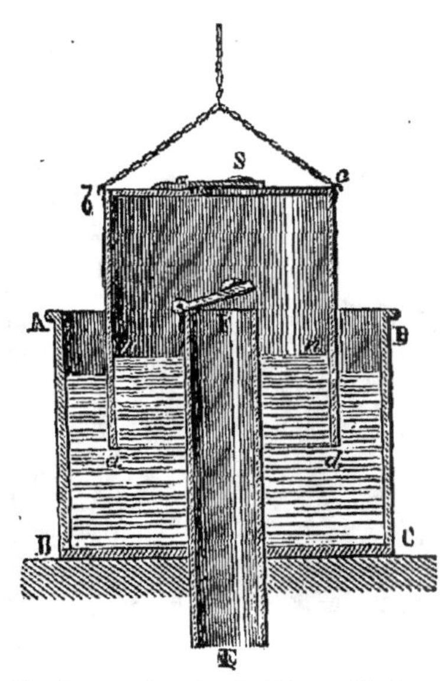

Cloche aspirante du Harz. E, tuyau d'aspiration; F, soupape d'aspiration; S, soupape de dégagement.

L'air arrive par le tuyau, soulève la soupape, pour venir remplir la capacité de la cloche à mesure que celle-ci monte. Inversement, quand la cloche redescend, s'enfonce dans l'eau, l'eau tend à la remplir de nouveau; l'air comprimé s'échappe par la soupape de dégagement qui s'ouvre à la partie supérieure de la cloche. Cette machine, donc, fonctionne absolument comme les pompes que nous venons de décrire; la capacité de la cloche, alternativement remplie d'air et d'eau, représente le corps de pompe; seulement ici l'eau *fait fermeture* et dispense d'un piston joignant exactement. Improvisé avec une grosse tonne défoncée qu'on renverse dans une large cuve, cet appareil est très-commode pour ventiler un puits en voie de fonçage, une longue galerie encore sans débouché. Si on lui demande d'aérer toute une mine, il devra, bien entendu, être construit sur de grandes dimensions. On dispose alors deux vastes cloches de tôle qui, suspendues aux deux bras d'un balancier, mon-

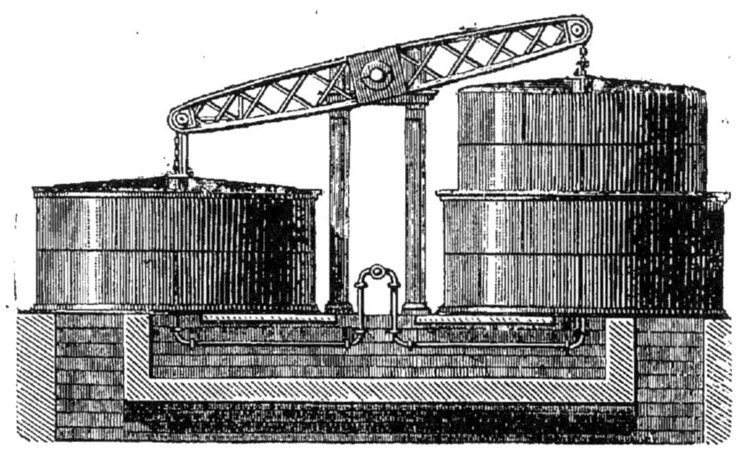

Aspirateur à cloches.

tent et descendent alternativement dans deux cuves en tôle également : le tuyau d'aspiration de chaque cloche communique au puits par de larges canaux.

Quel que soit le système, ventilateurs tournants, pompes à air, appareils à cloches, les machines d'aérage demandent pour être mises en mouvement une certaine somme de force motrice, qui varie, naturellement, suivant les exigences du service : la force de 6 à 12 chevaux peut passer pour une moyenne. Si cette force doit être fournie par une machine à vapeur, sa consommation en combustible représentera une dépense très-faible, comparée à celle du

combustible qu'il eût fallu brûler sur une grille pour
obtenir un courant d'air équivalent; à ce point de vue
encore les ventilateurs mécaniques méritent donc
toute préférence.

Machines motrices.

Moteurs hydrauliques. — Les divers services d'une
mine, l'extraction, l'aérage, la manœuvre des fahr-
kunsts là où ils existent, l'épuisement surtout, exigent,
comme nous l'avons vu, une dépense de force motrice parfois énorme. A part les petites exploitations
qui emploient encore le manége pour l'extraction
et l'épuisement par des bennes, le mouvement est
demandé aux deux grandes sources de travail mécanique exploitées par l'industrie : l'eau, la vapeur.

L'eau est un moteur économique. Mais cette force
n'est pas partout à notre disposition ; il faut la prendre là où la nature l'offre. Les mines étant assez
généralement situées dans des régions accidentées et
montagneuses, il n'est pas rare qu'il se rencontre
aux environs un cours d'eau, torrent ou rivière; mais
encore faut-il que ce cours d'eau ait une pente telle
qu'on puisse y créer une chute à cet endroit. Ces
conditions sont-elles remplies, on détourne par un
canal tout ou partie de l'eau du ruisseau ou de la
rivière jusque sur les haldes du puits. Là, la chute
qui rachète la pente du lit naturel permet d'établir
une roue hydraulique. Cette roue peut être construite
suivant un système quelconque : tantôt l'eau violemment lancée heurte d'un choc puissant les palettes de
la roue (*roue en dessous*), tantôt elle agit en les char-
geant de sa pression (*roue de côté*). Mais le système
le plus commode, s'il s'agit de l'extraction, est celui
des *roues à augets*, où l'eau déversée au haut de la
roue remplit les augets, et agit par son poids ; les
augets pleins descendent d'un côté, et remontent de
l'autre, renversés et vides. Quel que soit le système,
si le moteur doit mettre en activité un mécanisme

tournant d'un mouvement continu et *toujours dans le même sens*, tel qu'un *ventilateur à ailettes* (aérage), la transmission se fait de la manière la plus simple, à l'aide de courroies, d'engrenages. — Quand la machine doit commander le jeu alternatif des pompes, une manivelle, directement fixée au gros arbre (essieu) de la roue, communique, par l'intermédiaire d'une *bielle*, le mouvement d'oscillation à un énorme balancier de bois. La manivelle en tournant, élève et abaisse alternativement la bielle *articulée* à l'une des extrémités du balancier, fait incliner celui-ci successivement dans un sens et dans l'autre ; la maîtresse-tige *attelée* à l'autre extrémité du balancier est à chaque tour soulevée par la force de la roue, puis, redescendant, foule par son propre poids les pistons des pompes ainsi que nous l'avons dit. Ce mécanisme est fort simple ; mais quand on se sert d'une roue hydraulique pour l'épuisement, il est nécessaire de subdiviser le travail ; sans quoi la machine aurait un effort excessif à faire pendant un demi-tour, et pendant l'autre demi-tour, n'ayant aucune force à produire, serait entraînée avec une rapidité désordonnée. Le système de la manivelle, de la bielle et du balancier est donc répété en double ; et les pompes sont distribuées sur deux maîtresses-tiges plus légères, la machine étant disposée de telle sorte que les deux balanciers aient un mouvement contraire, l'une des tiges descendant pendant que l'autre monte. De la sorte l'effort exigé du moteur est continu et régulier. Une semblable disposition permet de transmettre le mouvement à la tige ou aux deux tiges d'une *échelle mobile,* aux *cloches* ou aux *pistons* d'un *aspirateur* d'aérage à mouvement alternatif.

Les roues à augets sont souvent employées pour l'extraction, notamment dans les mines du Harz. La roue motrice est établie à peu de distance du puits ; le double tambour, ou mieux les deux bobines où s'enroulent les câbles peuvent être tout simplement fixées sur l'arbre de la roue. Chaque câble passe de la bobine sur la molette correspondante, établie au haut du chevalet, sur le puits. Mais le service d'extraction exige que la machine marche alternativement en avant et en arrière; de plus, qu'elle puisse s'arrêter court, ralentir à volonté ou accélérer son mouvement. On satisfait à toutes ces conditions par une disposition ingénieuse. La roue motrice est double; il y a, en réalité, deux roues montées sur le même arbre, et accolées l'une à l'autre, la seconde construite à l'*envers* de la première : je veux dire que la position des augets y est inverse, et que l'eau s'y déverse du côté opposé. L'une des roues, quand l'eau y arrive, fait tourner l'arbre dans un sens; l'autre en sens contraire. Le *coursier* (canal) qui amène l'eau motrice est pourvu de deux *versoirs* opposés, chacun muni d'une *vanne*, petite écluse en forme de pelle d'étang, qui soulevée ou abaissée à l'aide d'un levier, ouvre ou ferme passage à l'eau. En soulevant l'une ou l'autre des deux vannes, on dirige l'eau sur l'une ou l'autre des deux roues ; en la soulevant plus ou moins, on ouvre à l'eau un passage plus ou moins large. Un seul ouvrier, agissant sur les leviers des vannes, fait mouvoir la machine en avant ou en arrière, arrête, presse ou modère à son gré le mouvement. — N'est-ce pas chose magique, quand on y pense, que la force sauvage et violente des eaux du torrent puisse être à ce point brisée, contenue et pour ainsi dire apprivoisée, qu'elle obéisse à la volonté de l'homme avec une si étonnante docilité?

Quand les eaux voisines ont au contraire peu de courant, une pente insuffisante pour créer une chute, on peut encore leur emprunter de la force motrice, pourvu que la mine possède une galerie d'écoulement. On amène alors les eaux dans la mine elle-même; ce qui produit une chute d'autant plus considérable que la galerie est située plus profondément. Les eaux de la surface, conduites par des canaux, se précipitent sur la roue, établie alors en contre-bas du sol dans *une chambre* souterraine en communication avec le puits. On peut même obtenir plusieurs étages de chutes, avec plusieurs roues superposées, destinées à mettre en mouvement les divers appareils d'extraction, d'aérage, les pompes d'épuisement pour les étages situés en contre-bas de la galerie d'écoulement. L'eau descend d'une roue sur l'autre, et finalement s'enfuit par la galerie. Un simple filet d'eau, avec de telles hauteurs de chute, peut développer un travail mécanique énorme. Voilà pourquoi nous disions que ces longues galeries d'écoulement qui drainent, comme au Harz, à Schemnitz, de vastes districts miniers, créent une source inépuisable de force mécanique pour toutes les mines du groupe. Les ruisseaux du plateau, captés à la surface, s'engloutissent dans les abîmes : dans leur trajet ténébreux, se précipitant de puits en galeries, ils mettent en mouvement toutes les fantastiques machines qui se meuvent dans ces ombres ; puis se réunissant dans un même lit, ils forment la rivière souterraine aux eaux calmes que le grand canal ramène enfin au jour au fond de quelque large vallée.

Machines motrices à vapeur. — Quant aux machines à vapeur, ne pouvant entrer dans les détails de leur ingénieux mécanisme, ce qui serait sortir de notre sujet, nous devons nous borner ici à quelques indications sommaires sur la construction et le mode de fonctionnement des machines spécialement adaptées aux exigences de divers services de l'exploitation. Elles en remplissent admirablement les programmes si variés; et, comme on sait, c'est justement dans les travaux des mines qu'au siècle dernier la machine à vapeur, dans toute son imperfection primitive et sous sa forme la plus simple, trouva sa première application sérieuse; c'est par là qu'elle fit son entrée dans le domaine de l'industrie, où elle devait bientôt jouer un rôle si merveilleux.

L'organe essentiel de la machine à vapeur est un cylindre fermé, en forme de corps de pompe, à l'intérieur duquel se meut un piston; la vapeur, plus ou

moins fortement comprimée, arrivant de la chaudière
par des *conduits* (tuyaux) convenablement disposés,
peut être *admise* (introduite) à un moment donné
dans le cylindre ; elle agit alors en exerçant un
effort énorme de pression contre la surface du
piston, le pousse, le contraint de se mouvoir, entraînant dans son mouvement toutes les pièces mobiles du mécanisme. C'est à l'*épuisement* que la
machine à vapeur fut tout d'abord employée ; ici,
en effet la donnée n'est pas très-compliquée, puisqu'il s'agit seulement de soulever à une certaine
hauteur la maîtresse-tige, qui, redescendant d'elle-
même, par son propre poids mettra en action le
système des pompes. La disposition la plus simple
qu'on puisse imaginer — et c'est en même temps la
meilleure — consistera à lier directement la tête de
maîtresse-tige à ce piston, à cette pièce mobile première sur laquelle s'exerce la force de la vapeur. —
Imaginez donc, établi à l'aplomb du puits, sur un
solide plancher qui en ferme l'orifice, un vaste
cylindre creux, vertical, fermé à ses deux extrémités :
la plaque inférieure seulement est percée d'une ouverture convenablement garnie d'étoupes, par laquelle
peut glisser, sans laisser aucunement échapper la vapeur, la tige cylindrique qui fait corps avec le piston.
A l'extrémité extérieure de cette tige se suspend, par
une solide armature de fer, la maîtresse-tige des
pompes. De larges tuyaux aboutissant au cylindre,
sont destinés à la circulation de la vapeur motrice ;
et ces conduits peuvent être alternativement fermés
ou ouverts par des soupapes qui font l'office de robinets. La vapeur arrivant de la chaudière à travers
un long conduit peut être arrêtée au passage par
une première soupape. Supposons celle-ci ouverte :
la vapeur se précipite par un orifice qui l'amène dans
le cylindre, à la partie inférieure, sous le piston. Son
puissant effort de pression soulève le piston, malgré
le poids énorme dont il est chargé, le fait monter
jusqu'au haut du cylindre. — Voilà tout le travail

demandé à la vapeur : son rôle actif est accompli.
La soupape qui lui avait donné entrée, la soupape
d'*admission* est alors refermée ; une autre s'ouvre,
qui fait communiquer par un large conduit latéral
les deux extré-
mités du cylin-
dre. La vapeur
peut alors se
répandre éga-
lement au haut
et au bas du cy-
lindre, au des-
sus et au des-
sous du piston.
Exerçant alors
sur les deux
faces du piston
deux pressions
égales et op-
posées qui se
neutralisent ré-
ciproquement,
se font récipro-
quement équi-
libre, la va-
peur n'a plus
d'action : le pis-
ton est devenu
absolument li-
bre. Le poids
de la maîtres-
se-tige qui le
charge le fait
redescendre
jusqu'au bas du
cylindre, et la

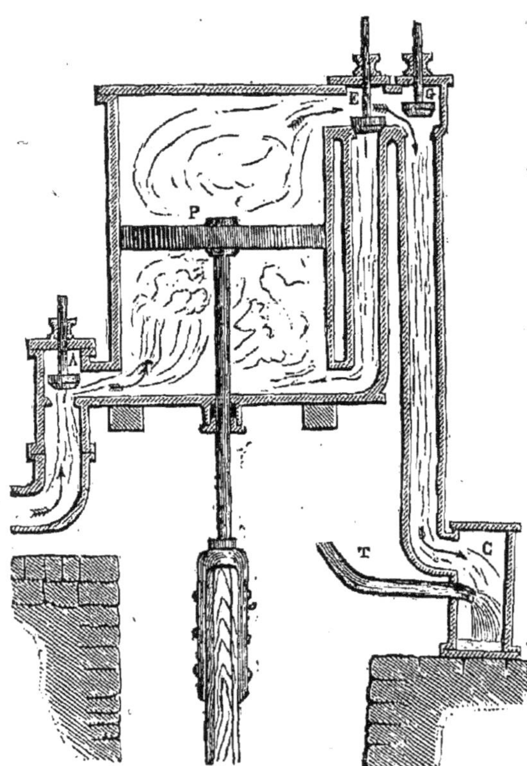

Coupe théorique d'une machine à vapeur à simple effet pour l'épuisement. P, piston; A, soupape d'admission; G, s. de dégagement; E, s.
d'équilibre; C, condenseur; T, tuyau appor-
tant l'eau froide.

vapeur qui était sous le piston passe au-dessus par
le conduit latéral. Le double mouvement d'oscillation est accompli ; les pompes ont donné un coup,

le piston de la machine est revenu à sa position première au bas du cylindre : la même manœuvre peut recommencer. La soupape d'*équilibre* se referme : la soupape d'*admission* se rouvre. — Mais que nous servirait de faire agir la pression de la vapeur arrivant de la chaudière *sous* le piston, si celle qui vient de passer *au-dessus* contre-balance cet effet par la sienne, et reste là, emprisonnée, s'opposant au mouvement du piston? Cette vapeur qui a produit son effet utile est désormais un obstacle ; il faut s'en débarrasser, lui ouvrir un passage. C'est le rôle d'une troisième soupape, qui, s'ouvrant au haut d'un conduit latéral, fait communiquer la partie supérieure du cylindre avec une capacité fermée et constamment maintenue froide, qu'on appelle le *condenseur*. A l'intérieur jaillit en pluie un jet d'eau froide. Au contact des parois rafraîchies, de l'eau, la vapeur se refroidit, se *condense* presque instantanément, reprend l'état liquide, en perdant toute sa force de pression. Cette puissance irrésistible d'expansion que la chaleur du foyer lui avait donnée, par une action inverse le refroidissement la lui enlève, la fait subitement évanouir. La vapeur condensée, un *vide* presque complet est fait sur le piston, tandis que sa face inférieure subit l'effort de la vapeur qui vient de la chaudière ; il va pouvoir remonter sans obstacle. Le même jeu des pressions, les mêmes alternatives d'ouverture et de fermeture des soupapes se reproduisent à chaque oscillation. Les soupapes sont ouvertes et fermées en temps opportun à l'aide d'une série de leviers et de contre-poids que nous ne pouvons décrire ici en détail, et que la machine elle-même met en action, suffisant ainsi à l'entretien de son propre mouvement. Des appareils accessoires s'y adjoignent ; une pompe spéciale enlève à mesure du condenseur l'eau échauffée au contact de la vapeur, et qui sans cela, affluant sans cesse, en aurait bientôt rempli la capacité. — Telle est, esquissée à grands traits, la disposition ingénieuse, originale, des machines d'épuisement les plus usitées aujourd'hui. Successivement perfectionnées depuis l'origine dans le détail du mécanisme, elles comptent parmi les plus puissantes, les plus parfaites de toutes les machines à vapeur : celles qui, pour une somme donnée de *chaleur* dépensée, rendent une somme plus grande de *travail*, d'effet utile. Cette production de force exigée du moteur sera, bien entendu, en raison de l'importance du service d'épuisement de chaque mine ; et les dimensions de la machine varieront dans le même rapport. Dans les puits profonds des grandes exploitations, pour élever à une telle hauteur les eaux qui affluent avec une abondance extrême, la dépense de travail mécanique nécessaire est énorme : les machines qui les desservent sont douées d'une puissance formidable, qui va jusqu'à 200, 400, 600 chevaux ; elles sont construites sur des dimensions grandioses. Le cylindre peut avoir 3 mètres de hauteur, un diamètre de 1 mètre 50 à 2 mètres 50. Une telle machine est réellement une belle pièce de mécanique, monumentale d'aspect, se mouvant avec une lenteur majestueuse. Entre chaque oscillation double il y a ordinairement un instant de repos ; le nombre de coups que le piston doit donner par minute se proportionne à l'affluence variable des eaux ; et la *distribution* de la vapeur est réglée en conséquence à l'aide d'un appareil accessoire nommé *cataracte*, qui commande le jeu des soupapes. En agissant sur un simple robinet de la cataracte, le mécanicien hâte à son gré ou ralentit le rhythme du moteur. — Les machines construites sur ce type sont souvent désignées sous le nom de *machines de Cornouailles*, parce que c'est dans cette région minière qu'elles ont reçu leur forme définitive et leurs plus importants perfectionnements : mais il y en aussi de fort belles dans nos grandes mines françaises. — Certains de ces moteurs diffèrent dans leur disposition de celui que nous venons de décrire en ce que la tige du piston, au lieu d'être directement iée à celle des pompes, lui communique le mouve-

Machine d'épuisement à mouvement direct.

ment par l'intermédiaire d'un énorme balancier. — Des machines construites sur la même donnée, mais de force et de dimensions réduites, servent à mettre en mouvement la tige ou les tiges des *échelles mobiles*.

Le moteur que nous venons de décrire est du genre de ceux qui portent le nom de machines à *simple effet* : ce qui signifie que la vapeur n'agit sur le piston que dans un seul sens, pendant une seule des deux périodes successives du mouvement alternatif. Dans presque toutes les machines destinées à une autre fonction qu'à l'élévation des eaux, il est nécessaire, au contraire, que la force motrice travaille, développe son effort successivement dans les deux sens opposés. Il faut alors que la vapeur venant de la chaudière exerce sa pression alternativement sur les deux faces du piston : la machine est dite à *double effet*. Dans ces appareils la *distribution,* la circulation de la vapeur peut être commandée par quatre soupapes, fonctionnant alternativement : deux soupapes d'*admission* laissant entrer la vapeur à l'une ou à l'autre extrémité du cylindre, deux soupapes d'*échappement* offrant à la vapeur qui a produit son effet utile une issue vers le condenseur. Presque toujours cependant cet ensemble compliqué de soupapes est remplacé par une pièce mobile appelée *tiroir,* qui à elle seule en remplit les fonctions, ouvre et ferme en temps opportun les conduits. — Enfin dans beaucoup de cas, au lieu de *condenser* la vapeur par le refroidissement dans un espace fermé, on se contente de la faire échapper librement dans l'air. Alors la contre-pression de la vapeur qui a produit son effet utile n'étant pas annulée, mais réduite seulement à la simple pression atmosphérique, on. est obligé de produire dans la chaudière la vapeur motrice sous une pression beaucoup plus considérable. Les machines ainsi construites sont appelées pour cette raison machines à *haute pression,* tandis que celles où la vapeur est condensée sont dites machines à *moyenne* ou à *basse* pression. Les machines à haute pression ont le bénéfice d'une simplicité plus grande; tout un ensemble de pièces accessoires y est supprimé en même temps que le *condenseur* : mais, par contre, elles sont moins avantageuses sous le rapport de l'économie, de l'utilisation de la force motrice. En général, dans les services miniers comme dans les autres industries, les machines puissantes sont à *condensation* ; les petites, pour plus de simplicité, sont à haute pression.

La machine à double effet peut transmettre directement son mouvement alternatif aux appareils *oscillants*, tels qu'échelles mobiles, cloches et aspirateurs divers pour l'aérage. Mais d'autres services de l'exploitation demandent un mouvement de *rotation* continue. Le moteur se trouve alors dans la même condition que les machines à vapeur ordinaires usitées dans les diverses industries. Le mouvement oscillant du piston est transmis au moyen d'un balancier et d'une bielle, plus souvent encore d'une bielle seule, à la *manivelle* d'un *arbre* principal, gros essieu de fer tournant. Nous n'insistons pas sur ce mode de transmission et de transformation du mouvement, qu'on a mille occasions d'observer. De l'axe tournant principal, le mouvement se communique par les moyens ordinaires d'engrenages ou de courroies aux appareils qui doivent être mis en action. Mais quand il s'agit de l'extraction, la machine doit pouvoir varier de vitesse à volonté, s'arrêter subitement, marcher en avant ou en arrière. Pour remplir ce programme, on la construit *double*; on la compose de deux machines accouplées, agissant sur le même axe : disposition identique à celle d'une *locomotive*, soumise elle aussi aux mêmes conditions de variation de vitesse, d'arrêt, de changement de marche. Les deux *bobines* où s'enroulent les câbles sont directement fixées sur l'axe principal. Ainsi construite la machine est extrêmement docile ; en agissant sur le mécanisme qui *distribue* la vapeur motrice, le machiniste la gouverne avec la plus grande précision.

Machine à pression d'eau. Enfin nous devons encore citer une machine hydraulique dite à *pression d'eau,* qui, quoique mise en mouvement par l'eau, est construite sur le principe et le plan des machines à

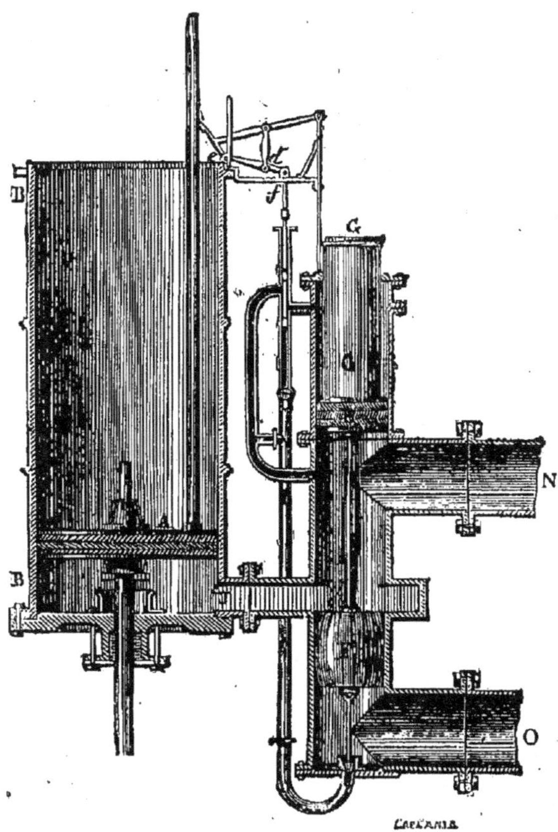

Machine à pression d'eau. A, piston; E, F, petits pistons jouant le rôle de soupapes; N, entrée de l'eau; O, sortie.

vapeur à simple effet, et sert comme elles à l'épuisement. L'eau motrice n'est dépensée qu'en faible quantité, mais elle doit avoir une grande hauteur de chute, pour exercer une puissante pression ; condition qui peut assez souvent se trouver réalisée dans les mines. Amenée par un gros tuyau vertical dans un vaste cylindre, sous un piston, elle exerce contre ce piston son effort de pression, le soulève jusqu'au haut du.cylindre, entraînant le poids énorme de la maîtresse-tige. Le conduit qui amenait l'eau motrice est alors fermé ; et un autre s'ouvre, donnant issue au dehors à celle qui se trouve sous le piston. Le piston redescend donc, en expulsant l'eau qui a produit son effet utile. Puis le même jeu recommence. Une ingénieuse combinaison de petits pistons, disposés dans un tuyau latéral, et jouant le rôle des soupapes de la machine à vapeur, ou si vous voulez, de robinets, ouvre et ferme alternativement les conduits servant à l'*admission* et à l'*expulsion* de l'eau : ils sont mis en action par la machine elle-même, qui entretient ainsi son propre mouvement. — Ces belles machines, dont une faisant la force de 70 chevaux-vapeur a fonctionné à la mine de plomb d'*Huelgoat* (Bretagne), comptent parmi les plus originales productions du génie industriel moderne.

Éclairage.

Dans les mines que n'infeste pas le redoutable grisou, la question de l'éclairage est très-simple. De petites chandelles de suif, implantées dans une boule d'argile molle que l'on colle où l'on veut, ou dans un grossier chandelier de fer, constituent un moyen tout rustique, encore en usage dans beaucoup de mines, surtout en Angleterre. La lampe, plus propre et plus commode, est aujourd'hui presque partout adoptée.

« Ma lampe est mon soleil.... »

dit je ne sais quelle chanson de mineur. — Pâle soleil, sans rayonnement et sans joie ! — Pauvre, plutôt, vacillante étincelle, qui écarte à peine autour d'elle les épaisses ténèbres souterraines , dont la lumière meurt à quatre pas, absorbée par la nuit. —

La lampe est l'amie du mineur. C'est comme un petit être, faible et triste, qu'il a auprès de lui. Sa lueur, c'est tout ce qu'il a du jour. Elle veille poúr lui, l'avertit du danger. Cette petite flamme est sensible à l'excès; dès que l'air s'appauvrit, se charge d'émanations, avant même que l'homme s'en aperçoive, elle en est affectée. Si la flamme languit, s'entoure d'un cerne bleuâtre, c'est signe que l'acide carbonique se mêle à l'air. Lorsqu'il s'y accumule en proportion dangereuse, elle semble prête à défaillir. Le travailleur alors doit soulever sa lampe vers la voûte, là où l'air est moins altéré par le mélange du gaz pesant, appeler ses compagnons et se retirer sans attendre que l'asphyxie soit rendue imminente, qu'un malaise général envahisse tout son être, que ses forces épuisées le trahissent, fassent tomber l'outil de ses mains et chanceler ses jambes alourdies. On reprendra les travaux après qu'un rapide courant d'air, dirigé vers les lieux envahis, aura balayé la mofette (mauvais air) perfide. Se hasarde-t-il dans quelque galerie basse, peu fréquentée, le mineur interroge sa lampe : elle lui révèlera la présence de l'invisible ennemi. Parfois il la porte devant lui, accrochée à une longue perche, sondant les anfractuosités; ou bien il la fait descendre avant lui dans les puits, au bout d'une corde. Là où elle s'éteint.... — mais il est averti.

Dans les mines où le grisou n'est pas à craindre, la seule condition imposée à la lampe du mineur est d'être solide, facile à accrocher aux boisages, de se renverser difficilement. Elle doit être pourvue d'une tige terminée en pointe ou en crochet : on introduit la pointe dans une fente du roc, on la fiche dans le bois d'un étai. Divers modèles satisfont assez bien aux exigences de la pratique. La lampe des houillères de Saint-Étienne est ovale, suspendue à un étrier de fer; celle des mines du Harz rappelle la forme des lampes antiques en terre cuite, qui veillaient près des tombeaux. La lampe d'Anzin est en fer blanc, et se porte au chapeau; celle de Saxe a la forme d'une petite lanterne. D'autres formes sont de tradition ailleurs, à peu près également acceptables. Mais dans les mines *à grisou* la question de l'éclairage devient une question de vie ou de mort. Ce n'est pas que la lampe, là aussi, ne donne au mineur de précieux avertissements. Mais d'autre part elle-même crée le danger le plus imminent : elle peut mettre le feu au grisou et provoquer sa détonation.

Nature du grisou. Avant toute chose rendons-nous compte de la manière de brûler de ce gaz. — Un gaz inflammable, tel que le gaz d'éclairage ou le grisou, *ne peut brûler sans air*, pas plus qu'un autre combustible. Il brûle en se *combinant*, en s'unissant à la partie respirable de l'air, *l'oxygène*, et en produisant, en *dégageant* de la chaleur et de la lumière. Là où il n'y a pas d'air, la combustion ne saurait avoir lieu. — Voyez allumer un bec de gaz. Le robinet étant ouvert, à mesure que le gaz sort par la petite fente, il se mêle à l'air extérieur : si on en approche une allumette enflammée, il prend feu et brûle; mais il brûle tranquillement, parce qu'il n'arrive qu'en petite quantité à la fois, et ne peut brûler qu'à l'orifice, là même où il se mélange à l'air. — Faisons une expérience. Supposez que nous coiffions un bec de gaz, éteint et ouvert, d'une bouteille retournée l'orifice en bas. Le gaz, plus léger que l'air, monte comme une fumée invisible vers le fond de la bouteille, peu à peu la remplit : en quelques instants il déborde par le goulot renversé. Retirons la bouteille, et sans la retourner, approchons de l'orifice une allumette enflammée : le gaz prend feu. Mais j'ai supposé la bouteille *complétement remplie :* il n'y a donc contact, mélange possible, entre le gaz inflammable qui est en dedans, et l'air du dehors nécessaire pour le brûler, qu'à l'ouverture. Il y brûlera donc tranquillement. On voit une flamme vacillante qui se propage à l'intérieur et lèche les parois. *Il n'y a pas d'explosion.* Mais supposez que nous retirions la bouteille tandis qu'elle n'est encore qu'à moitié ou au quart remplie. Bouchons-la de la main, renversons-la une ou deux fois. Le gaz agité va se mêler avec ce qui restait d'air dans la bouteille. Et alors si nous approchons une allumette enflammée, le gaz va prendre feu, et la combustion cette fois va se propager instantanément, se faire à la fois dans toute la capacité de la bouteille, — puisque d'avance le gaz est mélangé avec l'air qu'il lui faut pour brûler. Or cette combustion instantanée d'une certaine masse de gaz inflammable, produisant un subit et intense dégagement de chaleur, une *dilatation* violente de la masse gazeuse avec un effort soudain de pression, une secousse — c'est ce qui constitue l'*explosion*. Dans cette expérience, avec une si faible quantité (1/3 ou 1/4 de litre) de gaz, la détonation pourrait déjà être dangereuse, briser le vase, en lancer au loin les éclats tranchants, si la bouteille, au lieu d'être ouverte et d'offrir un large passage à la flamme qui s'échappe, était fermée d'un bouchon. Jugez de ce que peut être l'explosion d'une masse de gaz inflammable de plusieurs mètres cubes !

Combustion et explosion du grisou. Le *grisou* est un gaz qui se dégage naturellement de la houille, des schistes imprégnés de matières charbonneuses, du sel gemme. Il est, avons-nous dit, analogue à notre gaz d'éclairage, que nous extrayons de cette même houille par l'action du feu, dans nos usines à gaz. Certaines houilles sèches , certaines couches situées peu profondément n'en dégagent qu'une quantité insignifiante ; mais les houilles *grasses* en laissent échapper en abondance, surtout dans les couches profondes. Souvent on entend le long des tailles comme un petit bruissement du grisou qui pétille, de la houille qui *décrépite* comme du sel sur le feu... Avis au mineur ! — Parfois, chose plus dangereuse, le pic de l'ouvrier vient à donner jour à des fentes plus ou moins profondes, remplies de grisou accumulé : le gaz fuit par la fissure, comme un souffle rapide : c'est la source qui jaillit tout à coup avec violence et inonde les tailles... Cela s'appelle un *soufflard*. Le grisou, par sa légèreté, tend à s'élever vers les voûtes; si l'air est tranquille, il s'y accumule; mais si l'atmosphère est agitée par une ventilation active, il est entraîné, et se mélange rapidement à l'air.

Supposons maintenant qu'un mineur pénètre avec sa lampe dans une galerie où l'air est mêlé de grisou; si le gaz inflammable mélangé forme seulement la 30e partie de la masse d'air, proportion sans danger encore, déjà la flamme de la lampe en donne avis; elle s'élargit notablement. Lorsque la quantité de gaz devient double ($\frac{1}{15}$) la flamme très-élargie prend un aspect inquiétant : il est temps, temps de fuir! que le mineur éteigne sa lampe et se retire en tâtonnant dans les ténèbres... Car si le grisou arrive à la proportion du $\frac{1}{12}$ ou du $\frac{1}{10}$ le gaz prend feu subitement; une effroyable explosion s'en suit, et d'irréparables désastres. La détonation est la plus forte possible quand le grisou mêlé à l'air forme $\frac{1}{8}$ de la masse.

Lors au contraire que le grisou s'est élevé vers la voûte des galeries et s'y est accumulé, très-incomplétement mélangé à l'air tranquille, les choses se passent autrement. Au contact de la lampe, le gaz prend feu encore et brûle, mais sans explosion. La flamme se propage en serpentant sous les voûtes; c'est comme une traînée de poudre. Le danger, alors, c'est qu'en se propageant de proche en proche, elle n'aille au loin communiquer le feu en quelque partie où séjourne une masse détonante de grisou mélangé d'air; ce qui ferait comme le tonneau de poudre au bout de la traînée. Tel accident est arrivé plus d'une fois.

Le péril naît donc du contact de la lampe allumée et du gaz inflammable. Aux premiers temps de l'exploitation des houillères, les accidents furent fréquents et désastreux. Dans les *chantiers* où le grisou était abondant, on travaillait sous le poids d'une éternelle menace: Mille circonstances imprévues pouvaient dé-

jouer et déjouaient en effet les mesures prises, vains
palliatifs. La seule garantie de sécurité était l'observation constante de la lampe. On n'avait dans les
tailles que le moindre nombre possible de lampes;
mais c'était trop d'une! On les plaçait près de terre,
le grisou tendant toujours à s'élever vers le haut des
excavations. Les mineurs devaient toujours avoir l'œil
sur la flamme, s'avertir réciproquement, éteindre
leurs lampes si l'élargissement considérable indiquait
une proportion inquiétante de grisou, et se retirer
dans les ténèbres. Mais où s'arrêter? — Car il y en
avait toujours, du grisou; et toujours la flamme était
dilatée plus ou moins : comment apprécier le moment précis où le danger commence? On craignait
de se montrer trop timide, d'interrompre inutilement
les travaux. L'insouciance, un instant d'oubli ren-
daient vain l'avertissement de la lampe. Ou bien
c'était l'invasion subite de l'ennemi, un soufflard tout
à coup débouché, augmentant subitement la proportion du gaz inflammable. — Pour obvier à ces conséquences funestes de la combustion instantanée d'une
masse considérable de gaz, on osa imaginer de mettre
exprès le feu au grisou à intervalles rapprochés, de le
brûler par petites parties, avant qu'il eût le temps de
s'accumuler en grandes quantités. — On avait ainsi
le danger en détail, au lieu de l'avoir en bloc...
D'autre part, pour que le gaz se mélangeât le moins
possible avec l'air, et pût brûler sans explosion, il
fallait le laisser se répandre en repos, craindre de le
troubler par une ventilation un peu vive : c'est-à-dire
d'un autre côté, s'interdire le moyen naturel d'expulser l'ennemi, le garder là pour lui livrer bataille
dans son fort. — Dans les mines du Midi, chaque
soir, après la retraite des ouvriers, un homme, coura-
geux entre tous, se dévouait pour le salut commun.
Couvert d'un épais vêtement de cuir mouillé, le visage protégé par une capuce rabattue sur ses yeux,
il allait rampant sur les genoux, le long des galeries
et des tailles, s'effaçant dans les angles ; portant une

mèche allumée au bout d'une longue perche, il sondait les anfractuosités des voûtes. On l'appelait le *pénitent*, à cause de son costume, rappelant la lugubre cagoule des pénitents dans les processions, — ou bien peut-être y sentait-on comme une allusion à son rôle de victime expiatoire. — Le grisou prenait feu ; souvent c'était sur sa tête comme un torrent de flammes dans la galerie ; il entendait le bruit d'explosions lointaines ; parfois un souffle brûlant et impétueux le terrassait. Après lui, le grisou étant brûlé, les ouvriers pouvaient entrer dans la mine et se mettre au travail. Mais le pauvre pénitent courait de tels dangers, qu'un grand nombre de ceux qui passaient par l'épreuve y périssaient. Et, en certaines mines, il fallait deux fois, trois fois par jour, recourir à cette mesure extrême. En Angleterre, c'était *fireman*, l'homme du feu, qu'on appelait l'homme chargé de la périlleuse mission.

Cela ne pouvait point durer. On fit d'abord un notable progrès en inventant les *lampes éternelles*. C'était des lampes que l'on entretenait toujours allumées et suspendues vers la voûte des galeries, aux points où se rassemblait naturellement le grisou. Il s'y brûlait à mesure qu'il y arrivait. — A chaque instant on voyait, autour de la lampe suspendue, une flamme bleuâtre qui se propageait comme un serpent de feu, rampant sous les voûtes ; on entendait un bruissement, de faibles détonations : c'était le grisou qui prenait feu. On espérait ainsi le détruire avant qu'il eût pu s'accumuler en quantité dangereuse. — Ces mesures étaient bien insufisantes. Toutes, d'ailleurs, offraient un inconvénient grave : c'est qu'elles obligeaient à restreindre la ventilation pour ne pas mélanger le grisou ; précaution qui d'autre part allait contre le but. Il est bien évident, au contraire, que dans une mine à grisou on ne saurait se débarrasser trop vite d'un hôte aussi perfide. Malgré ces palliatifs, des explosions avaient encore lieu, trop fréquentes ; les accidents étaient terribles. — Imaginez une secousse effrayante, des torrents de feu ; les étais ébranlés craquant de toutes parts, et de vastes éboulements se propageant dans les tailles; tout obstacle arraché, brisé, les débris lancés avec une violence extrême, l'incendie allumé dans les boisages.... Imaginez, dis-je, tout cela se produisant instantanément dans un chantier où travaillent 200, 300 ouvriers! c'est une horreur indescriptible. A la détonation épouvantable succède un silence de mort. Pour comble de désastre, l'atmosphère des travaux où vient d'éclater le grisou est devenue irrespirable : la combustion du gaz a dévoré tout l'oxygène... et l'asphyxie achève irrémédiablement ceux qui auraient pu survivre à l'explosion. — Toutes les portes d'aérage sont en pièces, les machines même du puits ont subi des avaries graves. Les appareils de ventilation installés à l'orifice ont été disloqués par la secousse de l'air. Les travaux de secours, périlleux eux-mêmes au suprême degré, avancent lentement, — que dis-je? il n'y a nul secours à porter; il ne s'agit plus que de relever des restes mutilés. — Telles sont les conséquences d'une explosion de grisou dans la mine. Les annales du travail sont pleines de ces lugubres histoires, avec de navrants détails et les listes des morts... 50 ici; là 60; un jour, en Angleterre 400! c'est un martyrologe. Et malgré tout ce qu'a pu faire le génie humain, de telles catastrophes ont encore lieu de nos jours; rarement, il est vrai, grâce à une invention merveilleuse.

Lampes de sûreté. C'était en 1817. Bien des vaines tentatives avaient été faites. On avait, par exemple, imaginé d'éclairer les ouvriers par la lueur de certaines substances *phosphorescentes*, qui brillent faiblement dans l'obscurité comme la trace du frottement d'une allumette chimique; ailleurs c'était une roue d'acier qu'un ouvrier faisait tourner, et contre laquelle il appuyait un morceau de grès; une gerbe d'étincelles jaillissait continuellement, et éclairait un espace restreint environnant de reflets rougeâtres. Mais la lumière était décidément insuffisante. Un grand

nombre de mines avaient été abandonnées comme
inabordables; si d'autres étaient maintenues en exploitation, les accidents étaient fréquents. Une terrible
et meurtrière explosion venait encore d'avoir lieu en
Angleterre. Le chimiste Davy avait entamé une série
d'expériences, qui le conduisirent enfin à la solution
du problème. Il avait reconnu que la flamme d'un
gaz embrasé ne pouvait traverser un treillis de fils
métalliques formant comme une toile fine et serrée.
Il imagina d'entourer la flamme de la lampe du mineur d'une semblable toile. La *lampe de sûreté* était
inventée. (Voir la figure à la page de titre.)

La lampe de Davy est une lampe ordinaire de
mineur de faible dimension, dont la flamme est
renfermée dans une enveloppe cylindrique de toile
métallique. Cette enveloppe close par en haut, est
fixée solidement par le bas sur la lampe; de telle
sorte que l'air ne peut arriver à la flamme ni les
produits de la combustion s'échapper sans traverser
les mailles étroites et serrées de la toile. Cette sorte
de fourreau doit être très-étroit (4 cent. de diamètre
environ); la toile métallique doit être formée de fils
de 1/4 de millimètre de diamètre, et offrir au moins
12 fils par centimètre en chaque sens, ce qui forme
144 mailles par centimètre carré. Une sorte de cage,
formée de quelques barreaux en gros fils de fer,
garantit contre les chocs l'enveloppe protectrice.

Lorsque la lampe de sûreté brûle dans une atmosphère chargée de grisou, le premier effet produit, si
la proportion est faible (5 0/0), est l'élargissement de
la flamme. Cet élargissement va augmentant avec la
quantité de gaz : c'est le grisou qui brûle à l'intérieur.
Si la proportion de grisou s'accroît encore, la capacité
entière de l'enveloppe se remplit de gaz brûlant, au
milieu duquel on distingue à peine la flamme pâlie
de la lampe elle-même. En pareil cas, si la toile
n'existait pas, l'explosion serait inévitable et terrible.
Avec la lampe de Davy, le gaz prend feu, il est vrai,
mais seulement à l'intérieur de l'enveloppe; et grâce

à la propriété *refroidissante* des toiles métalliques, la flamme prisonnière ne peut traverser et se communiquer au dehors. Les mineurs peuvent donc à la rigueur continuer de travailler dans une atmosphère qui en réalité est éminemment explosive. — Si enfin la proportion du grisou dépasse une certaine limite, subitement la lampe *s'éteint*. Mais les ouvriers n'ont pas dû attendre ce moment pour se retirer. Dans aucun cas donc l'explosion ne saurait avoir lieu. — Toutefois on comprend que cette sécurité est toute entière basée sur la bonne construction, le bon état d'entretien de la lampe, et l'exécution rigoureuse des instructions qui en règlent l'emploi. Que l'enveloppe protectrice de la lampe vienne à s'user, à se déchirer, et l'appareil aura tous les dangers d'une lampe ordinaire — plus encore, car on ne sera pas sur la défiance. Qu'un ouvrier imprudent *ouvre* sa lampe en un moment où le grisou est abondant, une catastrophe peut s'en suivre. Une terrible solidarité met la vie de tous à la merci de la témérité d'un seul. La plupart des accidents qui sont encore survenus depuis l'emploi de la lampe de sûreté ont eu pour cause l'imprudence des ouvriers. Ceux-ci, soit insouciance, soit parce qu'ils ne se rendent pas compte du danger, ouvrent parfois leur lampe, pour voir plus clair, par exemple, ou — chose incroyable ! — pour « s'amuser à voir brûler le grisou ! » Le plus souvent c'est un malheureux fumeur qui n'a pu résister à la tentation d'allumer sa pipe — en cachette, dans un coin, malgré de sévères défenses, trop justifiées ! Un jour cela lui coûte la vie; et non pas à lui seul malheureusement ! On ferait assurément quelque chose pour diminuer le nombre de ces catastrophes, si on donnait aux travailleurs une instruction professionnelle plus complète, qui les mît à même de se rendre compte, *scientifiquement*, des dangers et de la valeur des mesures prises. Car habitués à une vie de périls, leur courage même devient pour eux un péril de plus; ils sont trop portés à considérer les précautions im-

posées comme des minuties incommodes et presque
vexatoires, dictées par des craintes exagérées, un esprit
de réglementation excessif ; minuties dont on peut se
départir sans inconvénient, pourvu que l'ingénieur
n'en sache rien, et qu'on ne soit pas mis à l'amende.
Erreur funeste, qui a coûté bien des vies.

La découverte de Davy fait au grand chimiste anglais une place parmi les bienfaiteurs de l'humanité dont il faut prononcer le nom avec respect. Sa
lampe, pourtant, n'est pas absolument sans reproche.
Le plus grave qu'on puisse lui faire, c'est que la toile
métallique diminue considérablement (de 1/3 environ)
l'intensité déjà si faible de la lumière que verse la
lampe du mineur. Sans s'écarter du principe, on a
modifié, perfectionné l'appareil primitif. Ainsi on a
remplacé une partie du cylindre de toile métallique
par une enveloppe de cristal, à la hauteur de la
flamme : la lumière est restituée dans son intensité
ordinaire. Ces lampes à tube de cristal sont surtout
usitées en Angleterre et en Belgique. En France on
est resté fidèle à la dispositon première, sauf de
petits accessoires destinés à rendre plus commode et
plus sûre la manœuvre de la lampe. Partout on a
organisé une surveillance active. Ainsi les lampes
sont toutes déposées, au jour, dans l'atelier d'un
lampiste expert, qui les visite, les entretient et les
répare. Il les remplit chaque jour, et les remet,
allumées et fermées à clé, aux mineurs qui vont descendre dans les puits. Les lampes sont numérotées ;
chaque mineur reçoit toujours la même, et est res-
ponsable de son entretien. Au sortir du puits, le mineur doit remettre sa lampe au lampiste, qui vérifie
si elle n'a pas été ouverte. Un *lampiste du fond,* ins-
tallé dans un lieu spécial, est chargé de rallumer ou
de remplacer celles qui s'éteindraient ou seraient
avariées pendant la durée d'un poste. — A ce pro-
pos notons l'invention ingénieuse d'un fabricant,
M. Dubrulle, qui dispose sa lampe de telle sorte que
si on veut l'ouvrir elle s'éteint d'elle-même. On ne

saurait avoir trop de méfiance contre les imprudences
et les bravades des ouvriers. On recommande surtout
aux mineurs de ne jamais *éteindre leurs lampes en les
soufflant*, comme ils sont tentés de le faire quand le
grisou est en proportion dangereuse ; le souffle pouvant projeter la flamme
au dehors et provoquer
l'explosion. Les ingénieurs
qui doivent visiter les parties de la mine les plus in-
festées de grisou sont, pour
plus de sécurité , pourvus
de lampes à *double enve-
loppe*. On a imaginé, pour
remplacer la lampe de sû-
reté, des appareils électri-
ques portatifs, fournissant
sans danger aucun , une
lumière suffisante ; mais
ces instruments , coûteux
d'ailleurs , compliqués et
délicats, ne se sont pas répandus jusqu'ici dans les
mines.

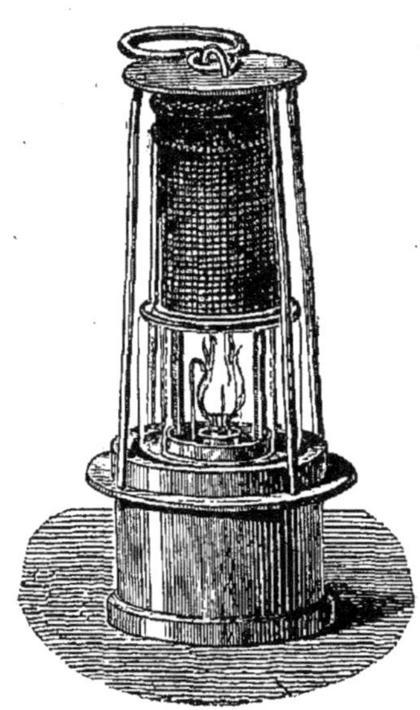
Lampe de sûreté perfectionnée.

Avec les lampes de sû-
reté le mélange du gaz avec
l'air n'étant plus un incon-
vénient, au contraire, on revient nécessairement — et
ce n'est pas le moindre bienfait de l'invention — au
moyen rationnel qui consiste à balayer et expulser le
gaz par un puissant aérage. Le courant d'air, continu
et rapide, devrait toujours être obtenu à l'aide d'appareils mécaniques, à l'exclusion de tous les *foyers*. —
Il est bien évident, en effet, que tout feu, et notamment l'explosion d'un coup de mine, peut, aussi bien
que la lampe , provoquer l'inflammation du gaz.
Dans la houillère à grisou l'emploi des coups de
mine est donc nécessairement soumis aux plus sévères
restrictions. Si on en use, c'est pour le percement des

galeries au rocher, loin des tailles; on a dû prendre des dispositions pour que le point d'attaque soit balayé par un courant d'air rapide, venant du dehors, et n'ayant pas parcouru les quartiers infestés ; enfin au moment de bourrer sa mine et d'y mettre le feu, le coupeur de mur doit vérifier, par une inspection attentive de la flamme de sa lampe, la pureté satisfaisante de l'air jusqu'à une certaine distance autour de lui. Il n'est pas même démontré qu'en certains cas la simple étincelle qui jaillit au choc de l'acier contre la roche dure ne puisse suffire à mettre le feu au grisou. En présence de ces chances diverses, on comprend comment il se fait que, malgré les mesures prises, les règlements sévères, de temps à autre encore de terribles explosions, avec toutes leurs sinistres conséquences, viennent attrister les annales du travail. Quelques-unes certainement sont dues à des coïncidences que nulle prudence humaine ne pouvait prévoir ni détourner.

Incendie des houillères. — L'incendie est peu à craindre dans les mines métallifères où les seules substances combustibles sont les boisages. L'eau ne manque pas d'ailleurs, ni la curaille, pour étouffer un commencement d'embrasement. Les houillères seules ont encore le triste privilége de ce supplément de danger : nul accident n'y est plus commun. Sans compter le grisou lui-même, des causes diverses — une lampe mal surveillée, par exemple, — peuvent déterminer l'inflammation du charbon. Mais bien plus souvent c'est la houille qui s'allume d'elle-même. Certaines houilles surtout contiennent en abondance des *pyrites*, dangereux composés *sulfurés* (contenant du soufre) qui, arrivant au contact de l'air quand la houille est abattue, fermentent pour ainsi dire, s'échauffent par une sorte de combustion lente ; s'échauffent jusqu'à mettre le feu à la houille. La houille elle-même est fortement soupçonnée d'être complice de l'incendiaire. — Les incendies spontanés sont des accidents très-communs, non-seulement dans les mines, mais dans les chantiers de charbon, jusque dans les flancs des bâtiments qui transportent ce combustible. D'après ce que nous venons de dire, ce n'est donc pas dans la masse compacte inattaquée, mais bien dans les tas de houille abattue, surtout dans les tas de *menus* abandonnés, que le feu se déclare le plus souvent. La première des précautions à prendre contre de tels accidents est donc d'enlever le charbon rapidement, à mesure de l'abattage, sans en laisser séjourner au pied des tailles.

Avec les procédés modernes les inflammations sont encore fréquentes ; mais elles ont rarement des suites graves. Dans les premiers temps de l'exploitation de la houille, on usait d'une méthode inintelligente d'abattage, dite *foudroyage,* qui consistait à provoquer des éboulements en masse et sans précaution. De la sorte, si la houille était susceptible d'inflammation spontanée, les incendies étaient inévitables ; et tôt ou tard, les travaux finissaient par là. L'embrasement prenait rapidement des proportions immenses ; les efforts qu'on tentait pour l'éteindre ou le circonscrire, étaient vains, toute la masse brûlait ; la fumée et les flammes s'élevaient par le puits. Il fallait abandonner une partie de la mine, et quelquefois la mine toute entière. On bouchait hermétiquement les galeries, les puits même ; il fallait attendre que l'incendie s'étouffât. Cela durait 15 ans, 20 ans... D'autres fois on détournait une rivière pour l'amener dans la mine, noyer les travaux. Enfin, dans beaucoup de cas le feu n'a pu être éteint ; il brûle encore. Au-dessus du foyer souterrain la terre est calcinée, des vapeurs chaudes s'en élèvent ; on sent le sol brûlant sous ses pieds. Il y a dans presque tous les grands bassins houillers de ces incendies souterrains, plus ou moins circonscrits, véritables volcans artificiels. — Quand on a pu rentrer dans les travaux dévastés par le feu, on a trouvé les roches calcinées ou demi-fondues, la houille convertie en *coke.* Lorsque l'incendie ne prend pas ces graves

proportions, le mineur s'en inquiète médiocrement.
Si on n'a pu l'étouffer dès l'origine, on fait tranquillement la part du feu en isolant le foyer de l'incendie
des autres parties de la mine. On bouche les galeries ;
on obstrue tout passage à l'air en élevant d'épais murs
de pierre cimentés d'argile, appelés *corrois*. Puis on
laisse le feu brûler et s'éteindre comme il veut. Parfois les mineurs travaillent tout près de ces foyers
concentrés dont la chaleur se fait sentir fortement à
travers la roche. La pierre est chaude au toucher,
l'air étouffant ; les mineurs sont contraints de travailler tout nus. — La construction des *corrois* pour
murer la partie incendiée est un travail rude et périlleux. Le mineur doit braver l'excessive chaleur, le
rayonnement intense de l'embrasement ; il a surtout
à craindre les torrents de gaz brûlants, irrespirables,
l'étouffante fumée. En de pareilles circonstances,
toutes les précautions sont prises, les moyens de
secours accumulés ; les ouvriers qui travaillent le
plus près de l'embrasement sont de temps en temps
arrosés : on voit la vapeur s'élever de leurs vêtements mouillés. Pour éviter ces dangers et ces fati-
gues, l'ingénieur prudent des mines modernes fait
construire à l'avance des *corrois* pour isoler certaines parties des travaux où son expérience lui fait
craindre que l'incendie ne se déclare. Ces sortes d'accidents, moins subits que les explosions de grisou,
entraînent rarement mort d'homme ; l'incendie ne se
propage pas instantanément, et l'on a le temps de
fuir s'il devient impossible de s'en rendre maître. Le
danger le plus sérieux est celui d'asphyxie, à cause
des gaz irrespirables produits par la combustion.

Inondations. — Le feu n'est pas le seul ennemi du
mineur ; l'eau, parfois, ne lui est pas moins redoutable. La lutte contre les envahissements des eaux,
au moyen des pompes, des machines d'épuisement,
est de tous les instants : c'est la condition naturelle
de la vie des mines. Les éruptions soudaines et violentes seules apportent des dangers, et exigent de

puissants moyens de secours. Parfois il est arrivé que les eaux de la surface ou des réservoirs souterrains inconnus ont fait tout à coup irruption dans les mines ; on a vu des torrents se déverser par la bouche des puits, des rivières débordées descendre par les *fendues,* ou par quelque fissure naturelle du sol. — L'eau envahit les galeries ; à travers le noir dédale des voies tortueuses, par les descenderies, le courant se précipite vers les travaux inférieurs qu'il submerge d'abord ; puis le niveau monte, monte, l'inondation s'étend, envahit étage par étage. C'est alors surtout qu'il apparaît combien il est important pour une mine d'avoir plusieurs voies communiquant avec les dehors ! — Les mineurs, effrayés par le grondement des eaux déchaînées, s'enfuient, et dans le désordre de la surprise, il en est parfois qui, s'égarant, s'engagent dans des voies sans issue ; l'inondation qui les poursuit leur coupe la retraite. Ou bien les eaux montantes les atteignent et les noient ; ou bien elles les enferment dans l'impasse, et alors ce sont les lentes tortures du désespoir et de la faim. L'air se raréfie et se corrompt ; les lampes s'éteignent ; des ténèbres, épaisses comme les ténèbres du tombeau, les ensevelissent. Viendra-t-on au secours ! Ce bruit, est-ce le craquement des boisages, ou les coups précipités du pic des mineurs, amis dévoués qui, à travers mille dangers, creusent une contre-mine, un boyau souterrain pour venir les délivrer? On fait des prodiges d'activité et de courage ; mais les travaux sont toujours lents, trop lents ! Plus d'une fois on fait fausse route. La galerie de secours s'avance, débouche... sera-t-il temps encore ? — Il y a de ces histoires lugubres de mineurs assiégés par les eaux, noyés, asphyxiés, morts de faim ; ou retirés mourants, hagards, semblables à des spectres. Quelques-uns sont cités pour avoir passé 10, 12 jours ensevelis : ils avaient mangé leurs chandelles, le cuir des courroies, rongé les boisages !

Travaux abandonnés. — Le plus grand péril d'irruption soudaine des eaux provient de l'existence d'anciens travaux. Rien n'est plus dangereux pour une mine que le voisinage de ces excavations, abandonnées parfois depuis un temps immémorial, dont on ne connaît ni la forme ni l'étendue, et qui ne sont pas figurées sur les plans. Délaissées, elles se sont graduellement remplies d'eau : c'est un lac souterrain. Qu'une galerie d'allongement, percée dans cette direction, vienne à les rencontrer, un coup de pic, un coup de mine faisant sauter la dernière barrière ouvre une communication soudaine ; les eaux, accumulées sous une pression énorme, se précipitent dans les travaux avec une violence inouïe, agrandissant l'ouverture, renversant toutes les digues. Inutile de tenter d'enchaîner le torrent ; il n'y a qu'une chose à faire : prendre la fuite. Une telle catastrophe se produisit un jour dans une des houillères de Liége (La Plonterie) ; la mine fut entièrement noyée : les anciens travaux communiquaient par des fissures avec le lit de la Meuse. L'épuisement des eaux coûta des efforts inouïs ; 4 machines, représentant une force totale de 400 chevaux, y furent employées. Ce n'est qu'au bout de *sept ans* qu'on put reprendre les travaux, après avoir coupé, à l'aide de *serrements* d'une résistance à toute épreuve les communications entre la mine et les puits et galeries par lesquels arrivait le torrent.

Les dangers d'inondation ne sont pas les seuls qui résultent de l'existence d'anciens travaux. Les cavités abandonnées qui ne sont pas envahies par les eaux se remplissent de gaz pernicieux. Là s'accumulent à loisir le mortel acide carbonique, et dans les houillères, le grisou. Qu'une ouverture vienne à mettre ces excavations en communication avec la mine, c'est, au lieu d'une cataracte liquide, un torrent invisible qui se précipite dans les galeries, — une véritable inondation gazeuse, dont il peut résulter l'asphyxie des travailleurs, ou d'effroyables, d'immenses explosions. — Parfois il a fallu sonder ces profondeurs oubliées, dont les plans n'existent plus. Mais là même où ni les eaux ni les effluves mortelles n'en interdisent l'accès, rien n'est plus périlleux qu'une telle visite. Les boisages consumés par le temps ont cédé de toutes parts; on marche sur des décombres. On avance la lampe à la main, l'œil sur la lampe ; — avec précaution, en silence ; un choc, un simple bruit peut provoquer des éboulements. Nulle impression plus lugubre que le sentiment de vide et d'abandon qui pèse sur l'âme dans ces souterrains où il y a des échos étranges, par les longues fendues tortueuses et rapides, par le labyrinthe des galeries, ou quand le regard remonte le long des puits à demi écroulés : lieux rendus à la nuit, et que n'animent plus les bruits du travail humain. La noire engeance des rats pullule; et de grands vols de chauves-souris, qui trouvent dans ces ténèbres tièdes un refuge propice, tourbillonnent effarés, heurtant des ailes aux boisages. — D'autres fois enfin, chose sinistre, ces cavités inconnues sont des abîmes abandonnés aux feux souterrains inextinguibles, dont les puits sont devenus des cheminées... Tenter de rentrer dans leurs galeries murées pour jamais, ce serait vouloir pénétrer dans les entrailles embrasées d'un volcan.

Éboulements. — Les accidents les plus fréquents dans les mines sont les éboulements. Parfois, dans les tailles ou les galeries, le toit mal soutenu s'effondre, ou des blocs de pierre se détachent de la voûte, ou la paroi ébranlée d'un front d'attaque s'écroule subitement. Beaucoup d'ouvriers ont péri écrasés, ensevelis sous les décombres ; beaucoup ont été retirés grièvement blessés. Ces accidents font cependant moins de victimes qu'on ne serait tenté de le croire : il est assez rare qu'un écroulement considérable se produise sans que les craquements des roches qui se fissurent, des étais qui fatiguent avant de rompre, n'aient averti les travailleurs. On peut en dire autant d'un éboulement *local*, lorsque, dans une galerie, les boisages ont cédé à la pression : si la chute n'écrase personne au passage, l'accident est de peu de conséquence. Là voie est obstruée sur une longueur plus ou moins grande, on la déblaie ; ou, tout au pis, on en ouvre une autre à côté. Si la galerie n'a pas de débouché et que des travailleurs se trouvent pour ainsi dire emmurés par l'éboulement, on ira à leur délivrance en perçant, au plus court, un tronçon de galerie, et ils en auront été quittes pour une captivité de quelques heures ou d'une couple de journées.

Mais quand l'éboulement se produit dans le puits, les suites sont beaucoup plus graves. Les pierres du revêtement de maçonnerie, les débris des boisages sont précipités au fond du puits d'une hauteur effrayante, rebondissent aux parois, brisant les machines, écrasant les ouvriers qui se trouveraient descendant ou remontant. Si l'accident prend des proportions plus étendues, les débris accumulés formant voûte en quelque endroit où ils s'arrêtent, obstruent le puits parfois sur une grande hauteur, en comblent le fond, murent l'issue des galeries inférieures. Or ces vastes écroulements auront très-rarement lieu sous le seul poids des terres et des roches ; s'ils se produisent, c'est par la pression des eaux ; circonstance malheureuse, car alors les dangers de l'inondation se joignent aux désastres de l'écroulement. Dans ces terrains mouvants et submergés où nous avons vu creuser les puits avec tant de difficultés, si le cuvelage, qui ne résiste à l'effort que par l'appui mutuel de toutes ses parties, vient à manquer sur un point, il s'écroule pièce à pièce sur de vastes étendues. Les sables délayés, les argiles coulantes s'effondrent avec les débris du cuvelage et des machines. On a vu parfois un puits se combler presque entièrement par des écroulements successifs, ne laissant plus qu'une cavité défoncée en forme d'entonnoir, comme un cratère. On frémit de penser ce que deviendront les nombreux ouvriers occupés dans la mine, si les travaux n'ont pas d'autre issue. — Une telle catastrophe se produisit un jour (1860) dans une houillère du Pas-de-Calais; la mine n'avait qu'un seul puits; heureusement, les mineurs eurent le temps de remonter avant que tout passage fût fermé. Mais en Angleterre, quelques années auparavant, un écroulement avait enseveli vivants plus de deux cents ouvriers. Pas un n'échappa. En pareil cas les travaux de secours très-difficiles, très-dangereux eux-mêmes, avancent lentement, contrariés par mille accidents. Presque toujours on arrivera trop tard. Que faire? creuser un nouveau puits dans les terrains mouvants? déblayer l'ancien? Si au contraire le terrain est solide dans certaines parties et l'éboulement restreint à une certaine hauteur, on peut creuser un bout de galerie au-dessus, un petit puits latéral revenant retrouver le grand au-dessous de l'espace obstrué. — Des travaux qui eussent coûté un mois en toute autre circonstance, dans ces moments d'activité fiévreuse et de dévouement téméraire, ont été accomplis en trois ou quatre jours; et des mineurs dont la position semblait désespérée ont pu être retirés vivants.

C. D.

Paris, 15 juillet 1877.